ZOOLOGIE

ZOOLOGIE

À L'USAGE DES ÉLÈVES

DES

CLASSES DE SIXIÈME A et B

(Programme du 31 mai 1902)

PAR

E. CAUSTIER

Agrégé des Sciences naturelles, Professeur au Lycée Condorcet.

NEUVIÈME ÉDITION

PARIS

VUIBERT ET NONY, ÉDITEURS

63, BOULEVARD SAINT-GERMAIN, 63

1906

PROGRAMME OFFICIEL

Description très sommaire de l'Homme (3 leçons environ).

Grandes divisions du règne animal.

Vertébrés. — Caractères essentiels des cinq classes.

Mammifères. — Exemples choisis dans les divers ordres. — Répartition géographique.

Oiseaux. — Exemples choisis dans les différents ordres. — Nids. — Migrations. — Protection des oiseaux.

Reptiles. — Crocodiles, tortues, lézards ; serpents.

Batraciens. — Métamorphoses.

Poissons. — Principaux poissons alimentaires. — Pêche et pisciculture.

Articulés. — Insectes : caractères extérieurs. — Métamorphoses. — Exemples les plus intéressants dans les divers ordres par les mœurs et par les produits.

Arachnides : scorpions, araignées. — Acariens.

Crustacés. — Espèces comestibles.

Mollusques. — Poulpe. — Escargot. — Huîtres et moules. — Ostréiculture. — Nacre et perles.

Vers. — Lombrics. — Sangsues — Vers parasites

Oursins et *étoiles de mer*.

Polypes et *méduses*. — *Corail*.

Éponges.

COURS ÉLÉMENTAIRE DE SCIENCES NATURELLES

ZOOLOGIE

L'HOMME ET LES ANIMAUX

NOTIONS PRÉLIMINAIRES

Les sciences naturelles : zoologie, botanique, géologie. — Tous les corps qui existent dans la nature peuvent être rangés en deux groupes : les *êtres vivants* (animaux et végétaux) et les *corps bruts* (pierres et minéraux).

Les sciences naturelles, qui ont pour objet l'étude de la nature, se divisent en trois branches : la *zoologie* ou science des animaux, la *botanique* ou science des plantes, la *géologie* ou science de la terre.

Les êtres vivants : animaux et végétaux. — Les animaux et les végétaux sont des êtres vivants. On les distingue des corps bruts par ce qu'ils naissent, grandissent et meurent; tandis que les corps bruts conservent toujours leurs formes.

Tous les êtres vivants, animaux ou végétaux, se *nourrissent,* c'est-à-dire qu'ils absorbent des aliments pour les transformer ensuite en matière vivante.

Il existe cependant une différence essentielle entre les animaux et les végétaux ; les animaux doivent aller eux-mêmes à la recherche de leur nourriture, c'est pourquoi ils sont doués de *mouvement* et de *sensibilité* ; les végétaux, au contraire, trouvent leur nourriture sur place, dans le sol par leurs racines et dans l'air par leurs feuilles : aussi ils sont *immobiles* et *insensibles*.

Cette différence n'est pas absolue, car certaines plantes peuvent se mouvoir et paraissent sensibles. Exemples: la Sensitive, dont les feuilles se reploient au moindre choc, au moindre souffle (*fig*. 1), comme si elles étaient sensibles ; les plantes, comme le *Drosera*, qui peuvent saisir et digérer des Insectes et qu'on appelle pour cette raison plantes carnivores.

Fig. 1. — Rameau de Sensitive.

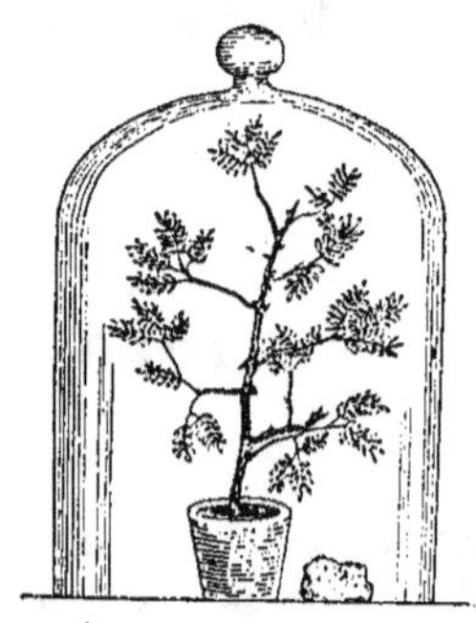

Fig. 2.— Sensitive endormie ou anesthésiée par le chloroforme.

On peut même endormir une de ces plantes comme on endort un homme ou un animal en plaçant dans leur voisinage une éponge imbibée de chloroforme (*fig*. 2). La plante, comme le malade que le chirurgien va opérer, est privée de tout mouvement, de toute sensibilité : elle est *endormie* ou *anesthésiée*.

Organes et fonctions. — Le corps d'un animal est composé de différentes parties appelées *organes* : tels sont l'estomac, le cœur, le foie, etc.

Plusieurs organes travaillant dans un même but peuvent se grouper pour donner un *appareil*. Exemple : l'estomac, l'intestin, le foie, etc., forment dans leur ensemble l'appareil digestif, dont le rôle est de transformer, de digérer les aliments. Le but de cet appareil, le résultat de son travail est appelé *fonction*.

Les fonctions accomplies par les divers organes d'un animal sont de deux sortes :

1° les fonctions de *nutrition*, qui ont pour rôle de nourrir le corps et de lui conserver sa forme et sa structure ;

2° les fonctions de *relation*, destinées à mettre l'animal en rapport, en relation, avec tout ce qui l'entoure.

Ces fonctions peuvent se prêter un mutuel secours : un Renard, par exemple, pour capturer sa proie, pour prendre un Lièvre, utilisera sa vue, sa sensibilité et son agilité ; il mettra donc ses fonctions de relation au service de ses fonctions de nutrition.

L'Homme et les animaux. — Par son intelligence l'Homme s'élève au-dessus des bêtes les mieux douées, mais par son organisation il n'en est pas moins un véritable animal. Comme il est, de tous les animaux, celui que nous pouvons observer le plus facilement, et celui qui possède l'organisation la plus parfaite, il est juste que son étude serve d'introduction à celle des animaux.

Le cours de zoologie sera donc divisé en deux parties : 1° l'étude sommaire de l'organisation de l'Homme ; 2° l'étude des animaux, qui sera développée davantage.

RÉSUMÉ

La *zoologie* est la partie des sciences naturelles qui a pour objet *l'étude des animaux*.

Les *êtres vivants* (animaux et végétaux) se distinguent des corps bruts en ce qu'ils naissent, grandissent et meurent, et en ce qu'ils se nourrissent.

Il existe une différence essentielle entre les animaux et les végétaux : les *animaux* sont doués de mouvement et de sensibilité, les *végétaux* en sont privés.

Le corps d'un animal se compose de parties appelées *organes* qui peuvent se grouper en *appareils*, et dont les *fonctions* sont de deux sortes : 1° les fonctions de *nutrition* ; 2° les fonctions de *relation*.

PREMIÈRE PARTIE

L'HOMME

ÉTUDE SOMMAIRE DE SON ORGANISATION

Les régions du corps de l'Homme. — Le corps de l'Homme présente trois régions bien distinctes : la *tête*, le *tronc* et les *membres*.

1º La *tête* comprend le *crâne*, qui contient le cerveau, et la *face*, qui porte les principaux organes des sens (yeux, nez, oreilles).

2º Le *tronc* est creusé d'une cavité qui est partagée en deux parties par une cloison musculaire horizontale appelée *diaphragme*. Au-dessus du diaphragme, se trouve la poitrine ou *thorax*, qui contient le cœur et les poumons ; au-dessous du diaphragme, c'est le ventre ou *abdomen*, qui renferme l'estomac, l'intestin, le foie, le pancréas, la rate, les reins, etc.

3º Les *membres* sont au nombre de deux paires : les membres *supérieurs* ou *thoraciques*, qui se rattachent au tronc par l'épaule ; les membres *inférieurs* ou *abdominaux*, qui se relient à l'abdomen par le bassin.

CHAPITRE PREMIER

LA NUTRITION

Les fonctions de nutrition sont indispensables à l'entretien de la vie. Elles comprennent : la *digestion*, la *circulation*, la *respiration*, et l'*excrétion*.

I. — La digestion.

La digestion est la transformation des aliments en substances liquides qui pourront ensuite passer dans le sang et servir à la nourriture des organes. Cette transformation se fait dans l'*appareil digestif*. Il nous faut donc étudier l'*appareil digestif* et la *digestion des aliments*.

Appareil digestif. — L'*appareil digestif*, formé par un ensemble d'organes dont le rôle est de digérer les aliments, comprend deux parties :

1° Le *tube digestif* (*fig.* 3), sorte de canal commençant par la *bouche*, se continuant par le *pharynx*, l'*œsophage*, l'*estomac*, l'*intestin*, et se terminant par l'*anus* ;

2° Les *glandes digestives*, produisant des liquides nécessaires à la digestion ; ce sont les *glandes salivaires*, le *pancréas* et le *foie*.

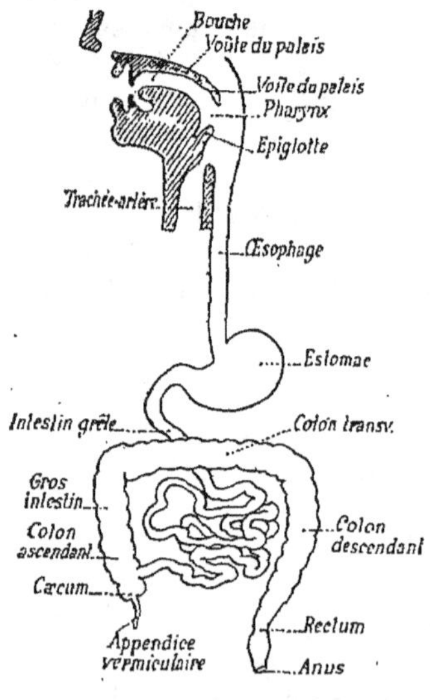

Fig. 3. — Tube digestif.

1° **Tube digestif.** — La *bouche* (*fig.* 3) est une cavité limitée en avant par les lèvres et les dents, sur les côtés par les joues, en haut par la voûte du palais, en bas par la langue, en arrière par le voile du palais qui se prolonge par la luette.

A l'intérieur de la bouche se trouvent les deux *mâchoires*, qui portent les *dents*. La mâchoire supérieure, soudée aux os de la tête, est immobile; la mâchoire inférieure, au contraire, est articulée avec le crâne, et peut par suite s'élever ou s'abaisser, de façon à diviser les aliments solides en petits morceaux qui se laisseront plus facilement imprégner par la salive et les autres sucs digestifs.

Les *dents* sont des organes durs implantés, sur le bord des mâchoires, dans des cavités appelées *alvéoles*. Une dent (*fig.* 4) présente : une partie visible, la *couronne* ; une partie enfoncée dans la mâchoire, la *racine* ; entre les deux, une partie rétrécie, le *collet*.

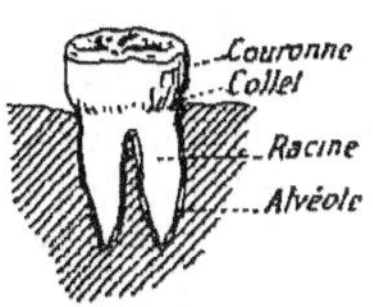

Fig. 4. — Une dent molaire.

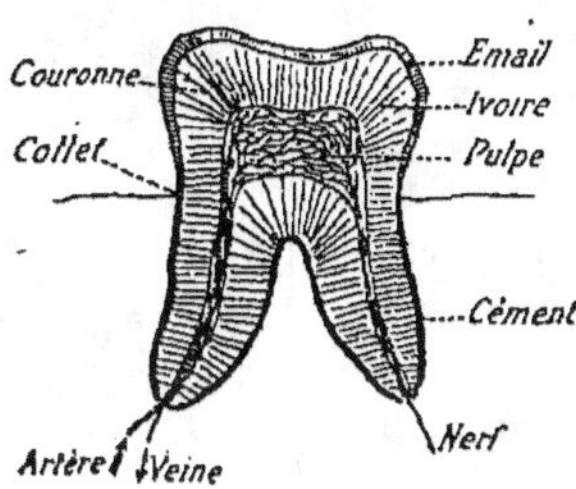

Fig. 5. — Coupe longitudinale d'une dent.

Une dent coupée en long (*fig.* 5) montre qu'elle est formée de quatre parties essentielles : l'*ivoire*, la *pulpe dentaire*, l'*émail* et le *cément*.

1° L'ivoire est la partie fondamentale de la dent ; il a la structure de l'os.

2° La *pulpe dentaire* est une substance molle remplissant la cavité creusée dans l'ivoire et où viennent se ramifier des artères, des veines et des nerfs qui donnent la sensibilité aux dents et qui ont pénétré par l'extrémité des racines.

3° L'*émail* est une substance dure, cassante, et d'un blanc brillant ; il recouvre complètement la couronne et est protégé contre les acides des aliments et les microbes de la bouche par une mince membrane ou *cuticule* ; mais dès que cette cuticule disparaît, l'émail et l'ivoire peuvent être rongés : il se produit ce qu'on appelle la *carie dentaire* ; cette carie peut mettre à découvert les nerfs de la pulpe dentaire et être ainsi la cause de douleurs très vives (maux de dents). Une grande propreté de la bouche s'impose donc si l'on veut éviter ces accidents.

4° Le *cément* a une couleur jaunâtre ; il enveloppe la racine et a la même composition que l'os.

L'homme adulte a 32 dents, 16 à chaque mâchoire. Ces dents n'ont pas toutes la même forme (*fig.* 6) ; il y en a de trois sortes :

1° les *incisives*, à couronne plate et tranchante ; il y en a 4 à chaque mâchoire.

2° les *canines*, coniques et pointues ; il y en a 2 à chaque mâchoire ;

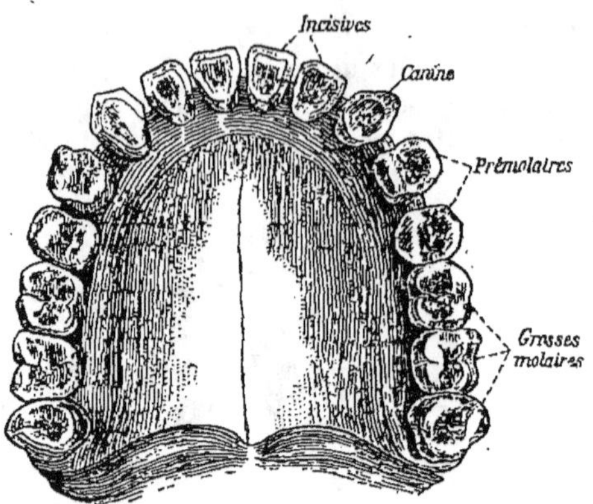

Fig. 6. — Mâchoire supérieure vue en dessous.

3° les *molaires*, situées en arrière, ont la couronne hérissée de petits tubercules ; il y en a 10 à chaque mâchoire.

En somme, les incisives servent à *couper*, les canines à *déchirer*, et les molaires à *écraser* les aliments.

Chez l'enfant, il n'y a que 20 dents, 10 pour chaque mâchoire : 4 incisives, 2 canines et 4 molaires. Les premières dents ou *dents de lait* commencent à apparaître dès la première année. Puis vers l'âge de sept ans, les dents de lait tombent et sont remplacées par les dents définitives. Les dernières grosses molaires ou *dents de sagesse* peuvent n'apparaître que fort tard, vers 30 ans par exemple : elles peuvent même manquer complètement.

A la suite de la bouche vient le *pharynx* ou arrière-bouche, qui communique, en haut, avec la bouche et les fosses nasales, en bas, avec l'œsophage et la trachée-artère qui est surmontée d'une petite lamelle appelée *épiglotte* (*fig.* 7).

Lorsque les aliments ont été bien mâchés et imprégnés de salive, ils passent dans le pharynx, puis dans l'œsophage : c'est ce qu'on appelle la *déglutition*. Elle se fait en deux temps : 1° la pointe de la langue s'appuie contre la voûte du palais (*fig.* 8) et pousse les aliments en arrière contre le voile du palais, qui se relève et vient fermer l'orifice des fosses nasales ; 2° la trachée-artère se soulève et se place contre l'épiglotte, qui en ferme l'entrée. Dès lors les aliments ne peuvent pénétrer que dans l'œsophage.

Cependant les aliments peuvent pénétrer dans la trachée-artère ; c'est ce qu'on appelle *avaler de travers*. Ou bien ils peuvent être rejetés par les fosses nasales lorsqu'on rit ou tousse au moment de la déglutition.

L'*œsophage* (*fig.* 3), qui fait suite au pharynx, est un long

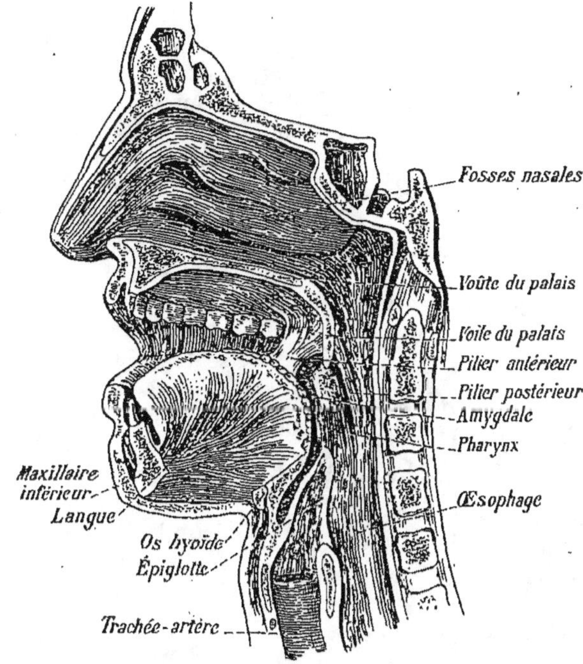

Fig. 7. — Coupe verticale et médiane de la face et du cou.

tube, qui descend verticalement dans la poitrine, le long de la colonne vertébrale, et en arrière de la trachée-artère (*fig.* 7). Il traverse le diaphragme, pénètre dans l'abdomen et vient déboucher dans l'estomac.

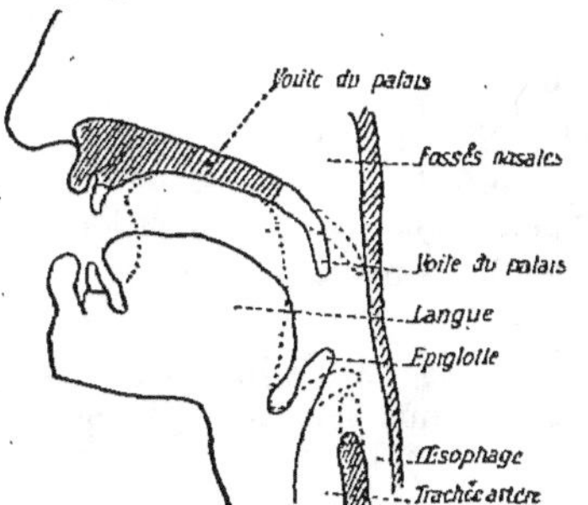

Fig. 8.— La bouche.
Le pointillé indique la place des organes
au moment de la déglutition.

L'*estomac* est une poche ayant la forme d'une cornemuse (*fig.* 9), située dans l'abdomen, au-dessous du diaphragme et un peu à gauche. L'entrée de l'œsophage dans l'estomac s'appelle *car-*

dia ; l'orifice de l'intestin à la sortie de l'estomac est le *pylore* (*fig.* 9).

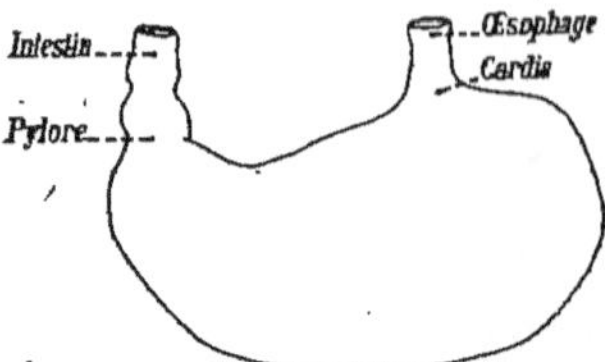

Fig. 9. — Estomac.

Les parois de l'estomac contiennent de nombreuses glandes qui fournissent un liquide, le *suc gastrique*. Ces parois sont très musculeuses (*fig.* 10) et peuvent se contracter facilement pour bien mélanger les aliments avec le suc gastrique.

L'*intestin* (*fig.* 3), qui vient à la suite, est un tube long de 10 mètres et qui, pour se loger dans l'abdomen, se contourne un grand nombre de fois sur lui-même. On le divise en deux parties :

1° L'*intestin grêle*, dont le diamètre est faible, mais dont la longueur est de 8 mètres ; il contient dans l'épaisseur de ses pa-

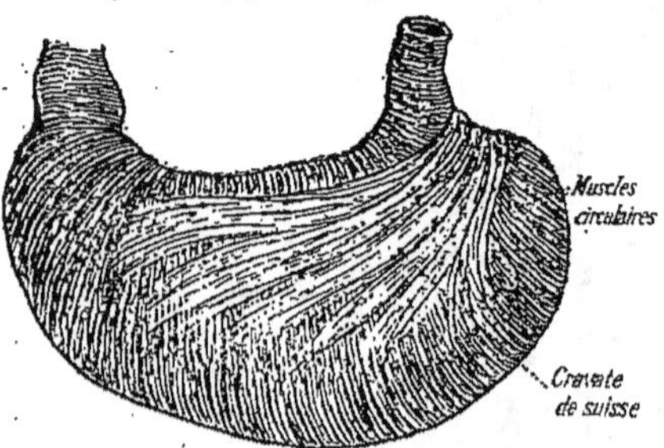

Fig. 10. — Muscles de l'estomac.

rois des glandes qui produisent un liquide, le *suc intestinal* ; à sa surface interne, il présente de nombreuses petites saillies appelées *villosités intestinales*, dont le rôle est d'absorber les substances provenant de la digestion ;

2° Le *gros intestin*, qui a un diamètre plus large et qui comprend trois régions : le *cæcum*, le *colon* et le *rectum*. Le cæcum est pourvu d'un prolongement appelé *appendice vermiculaire* (*fig.* 3) dont l'inflammation est cause de la maladie appelée *appendicite*.

Tous les organes ou *viscères* contenus dans l'abdomen sont reliés les uns aux autres et maintenus en place par une membrane appelée *péritoine*.

2° **Glandes digestives.** — Ces glandes, qui sont rattachées au tube digestif, sont : les *glandes salivaires*, le *foie* et le *pancréas*.

Les *glandes salivaires* (*fig.* 11), dont le produit, la *salive*, vient s'écouler dans la bouche, sont au nombre de trois paires : 1° les *glandes parotides*, situées au-dessous de l'oreille ; 2° les *glandes*

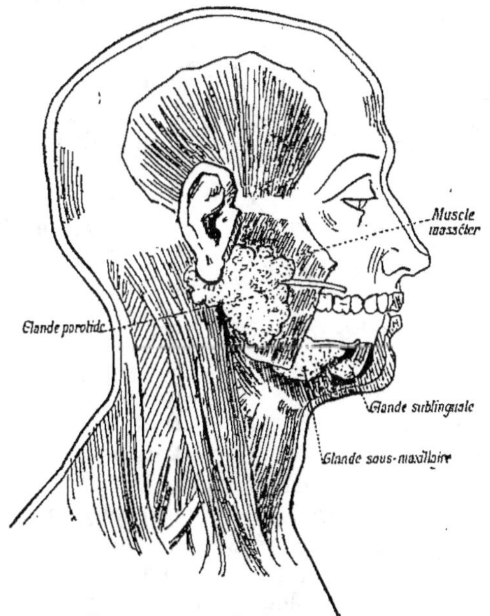

Fig. 11. — Les glandes salivaires.

sous-maxillaires, situées sous la mâchoire inférieure ; 3° les *glandes sublinguales*, situées sous la langue.

Ces glandes ont la forme d'une grappe de raisin (*fig.* 12) dont les grains seraient serrés les uns contre les autres. C'est dans ces grains que la salive se forme pour s'écouler ensuite par de fins canaux qui l'amènent dans la bouche.

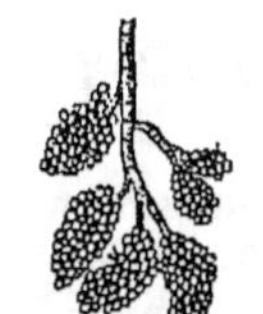

Fig. 12. — Une portion de glandes salivaires.

Le *foie* est la glande la plus volumineuse de l'organisme ; il pèse environ 2 kilogrammes. Il est situé sous le diaphragme, dans la partie droite de l'abdomen et un peu au-dessus de l'estomac. Le foie fournit un liquide de couleur jaune verdâtre appelé *bile* ou *fiel*. La bile en sortant du foie vient

se rassembler dans une petite poche appelée *vésicule du fiel*
(*fig.* 13). Au moment de la digestion, la bile s'écoule par le *canal cholédoque*, qui vient déboucher dans l'intestin grêle au voisinage de l'estomac.

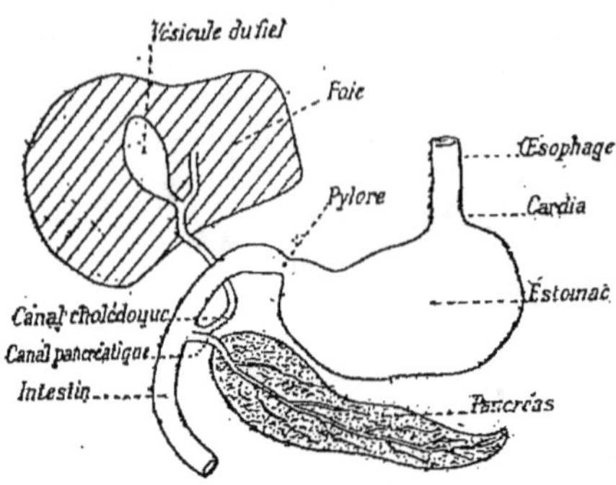

Fig. 13. — Estomac, foie et pancréas.

Le *pancréas* est situé derrière l'estomac ; il a la forme d'une languette ; il produit un liquide appelé *suc pancréatique*, qui s'écoule par un canal venant déboucher dans l'intestin à côté du canal cholédoque (*fig.* 13).

Digestion des aliments. — Les *aliments* sont des matériaux destinés à réparer les pertes subies par l'organisme. La nécessité de prendre des aliments se manifeste par des besoins tels que la *faim* et la *soif*. Il est impossible de résister longtemps à la privation complète d'aliments ; cependant les animaux à sang froid, les Crapauds par exemple, peuvent vivre pendant plusieurs années enfermés dans un bloc de plâtre et privés par conséquent de tout aliment.

On peut grouper les aliments, suivant leur composition, en cinq catégories :

1° Les aliments *minéraux*, tels que l'eau, le sel de cuisine ;

2° Les *féculents*, comme l'amidon du Blé, la fécule de la Pomme de terre ;

3° Les *sucres*, tels que ceux de Betterave, de Canne, de fruits, etc. ;

4° Les *graisses*, telles que la graisse proprement dite, le beurre, l'huile, etc. ;

5° Les aliments *albuminoïdes*, ainsi appelés parce qu'ils ont la même composition que le blanc d'œuf ou *albumine* : tels sont la viande, la caséine du lait, qui forme la base du fromage, le gluten du pain, la légumine des Haricots et des Pois, etc.

La plupart de nos aliments sont *mixtes*, c'est-à-dire qu'ils sont composés d'aliments appartenant à ces diverses catégories. C'est ainsi que le pain, outre de l'eau et du sel, contient du gluten (albuminoïde) et de l'amidon (féculent) ; l'œuf est composé du blanc (albuminoïde) et du jaune (graisse) ; le lait est un aliment complet, car il renferme toutes les catégories d'aliments : eau et sels (minéraux), sucre, crème (graisse) et caséine (albuminoïde).

Les sucs digestifs, tels que la *salive*, le *suc gastrique*, le *suc pancréatique*, le *suc intestinal* et la *bile*, transforment, digèrent les aliments.

La *salive* digère les *féculents* en les transformant en sucre, qui peut être absorbé par l'intestin pour passer dans le sang. On peut se convaincre de cette transformation en conservant pendant quelques minutes dans la bouche de la mie de pain : on sent alors une saveur sucrée.

Le *suc gastrique* digère les *albuminoïdes* (viandes), grâce à une substance particulière appelée *pepsine*. Les produits de cette digestion ou *peptones* sont absorbés ensuite par l'intestin.

Le *suc pancréatique* continue l'action de la salive et du suc gastrique, c'est-à-dire qu'il *digère les aliments féculents et albuminoïdes* ; de plus il agit sur les *graisses*.

Le *suc intestinal* digère les *sucres*, qui peuvent alors être absorbés par l'intestin.

La *bile* digère les graisses, ce qui explique pourquoi les ménagères se servent du fiel de Bœuf pour enlever les taches de graisse.

Les aliments, après avoir subi l'action de ces différents sucs, sont transformés en une bouillie claire appelée *chyle*. Les parties qui ont résisté à la digestion vont dans le gros intestin et sont rejetées au dehors ; tandis que le chyle, absorbé par les villosités intestinales, passe à travers les parois de l'intestin et arrive dans le sang pour être transporté ensuite dans toutes les parties de l'organisme, grâce à la *circulation*.

II. — La circulation.

La circulation est le mouvement, à l'intérieur de l'organisme, d'un liquide nourricier appelé *sang*. Ce mouvement continu s'effectuant dans un ensemble d'organes constituant l'appareil circulatoire, nous aurons à étudier : 1° l'*appareil circulatoire* ; 2° le *sang et sa circulation*.

1° **Appareil circulatoire.** — Cet appareil est composé par des organes destinés à contenir le sang et à le distribuer dans toutes les régions du corps. Il comprend quatre parties : le *cœur*, les *artères*, les *veines* et les *capillaires*.

Le *cœur* est un organe charnu, musculeux, qui lance le sang dans l'organisme ; il est situé dans la poitrine entre les deux poumons (*fig.* 23) ; il a la forme d'un cône dont la pointe est située en

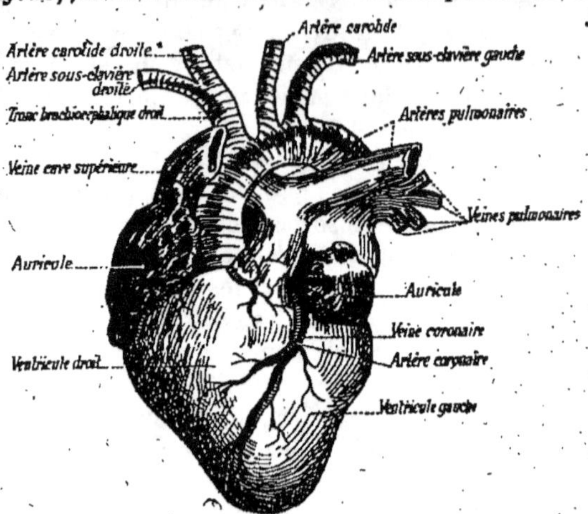

Fig. 14. — Le cœur vu par sa face antérieure.

bas et un peu à gauche ; il a la grosseur du poing et pèse environ 300 grammes ; il est enveloppé par une membrane appelée *péricarde*.

L'intérieur du cœur présente quatre cavités : deux *oreillettes* en haut, et deux *ventricules* en

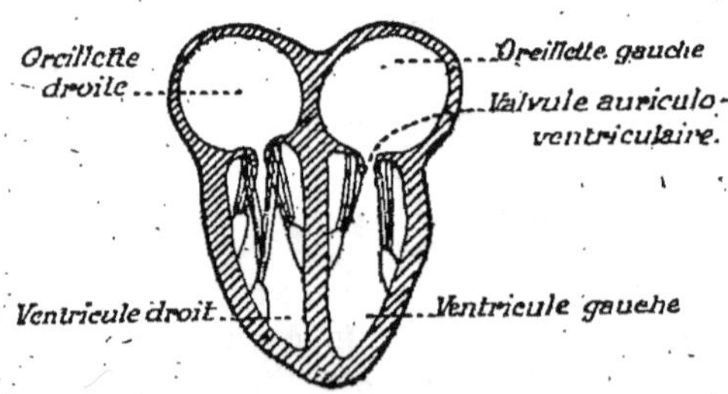

Fig. 15. — Intérieur du cœur et valvules.

bas. De chaque côté des oreillettes on aperçoit (*fig.* 14) deux masses déchiquetées qui sont des prolongements des oreillettes:

ce sont les *auricules*. Les oreillettes ne communiquent pas entre elles (*fig.* 15); les ventricules non plus ; mais chaque oreillette communique avec le ventricule du dessous par un orifice garni d'un repli appelé *valvule*. Ces valvules permettent au sang de passer des oreillettes dans les ventricules, mais elles l'empêchent de revenir des ventricules vers les oreillettes.

Les *artères* sont des tubes ou *vaisseaux qui partent du cœur* pour aller distribuer le sang dans toutes les régions du corps. Deux artères partent du cœur : *l'aorte* et *l'artère pulmonaire*.

1° L'*aorte* part du ventricule gauche, se recourbe en arrière (*fig.* 14) pour former ce qu'on appelle la *crosse de l'aorte* et donner des ramifications qui portent le sang à tous les organes. Un organe qui ne recevrait pas de sang ne pourrait pas vivre.

2° L'*artère pulmonaire* (*fig.* 14) sort du ventricule droit et se divise en deux branches qui vont porter le sang aux deux poumons.

Les *veines* sont des *vaisseaux qui reviennent au cœur* et ramènent le sang qui a circulé dans les organes ; elles aboutissent aux oreillettes. Dans l'oreillette gauche arrivent quatre *veines pulmonaires* ramenant le sang des poumons ; dans l'oreillette droite débouchent les deux *veines caves* ramenant le sang des différentes régions de l'organisme.

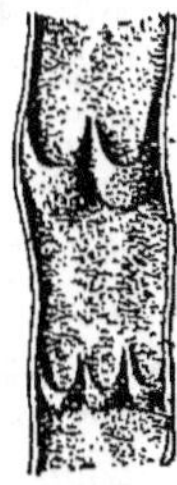

A. — Le sang passe.

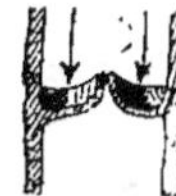

B. — Le sang est empêché de revenir en arrière.

Fig. 16. — Veine ouverte montrant les valvules.

Fig. 17. — Rôle des valvules.

Les veines présentent à leur intérieur (*fig.* 16) de nombreux replis appelés *valvules*, qui ont pour rôle d'empêcher le sang de revenir en arrière (*fig.* 17).

Les veines sont plus nombreuses que les artères et forment à la surface du corps un réseau bleuâtre qu'on aperçoit à travers la peau.

Les *capillaires* (*fig*. 18) sont des vaisseaux très fins qui font communiquer les artères avec les veines. De sorte que le sang passant des artères dans les capillaires, puis des capillaires dans les veines, est toujours renfermé dans des vaisseaux. C'est à travers les parois très minces des capillaires que le sang fournit les matières nutritives aux organes.

Fig. 18. — Les capillaires unissent les artères aux veines.

2° **Le sang et sa circulation.** — Chez l'Homme, la quantité de sang est d'environ 5 litres. C'est un liquide dont la couleur varie du rouge vermeil (*sang artériel*) au rouge foncé presque noir (*sang veineux*); il a une saveur légèrement salée.

Le sang est formé de deux parties essentielles : 1° de petits corps appelés *globules*; 2° d'un liquide appelé *plasma*.

Les *globules* sont de deux sortes : les *globules rouges* et les *globules blancs*.

a) Les *globules rouges* sont de petits corps arrondis dont le diamètre est d'environ 7 millièmes de millimètre; aussi ne sont-ils visibles qu'au microscope. En revanche ils sont très nombreux : environ 5 millions par millimètre cube; et par suite 5 billions par centimètre cube et 5 trillions par litre; comme il y a 5 litres de sang, le total des globules rouges est d'environ 25 trillions.

b) Les *globules blancs* sont un peu plus gros que les globules rouges, mais ils sont moins nombreux et de forme irrégulière.

Le *plasma* est la partie liquide du sang dans laquelle nagent les globules. Il se compose de deux parties : 1° d'un liquide incolore appelé *sérum*; 2° d'une matière albuminoïde appelée *fibrine*, qui a la propriété de se coaguler, c'est-à-dire de se solidifier, dès que le sang est sorti de l'organisme. Souvent la fibrine en se coagulant emprisonne les globules et prend alors l'aspect de la gelée de groseille; c'est ce qu'on appelle le *caillot* (*fig*. 19).

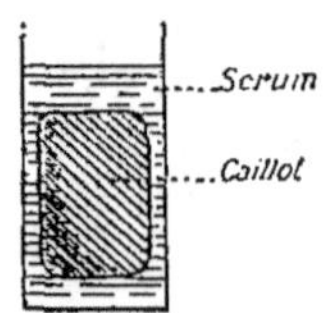

Fig. 19. — Coagulation du sang.

Dans les hémorragies, le caillot forme une sorte de bouchon qui empêche le sang de s'écouler par le vaisseau ouvert.

Le sang est lancé dans les artères par des contractions régulières du cœur : ces mouvements réguliers sont appelés *battements*. Chez l'Homme adulte, le cœur bat 75 à 80 fois par minute, mais chez le jeune enfant il peut battre jusqu'à 120 à 140 fois par minute.

A chaque contraction, le sang lancé par le cœur dans les artères fait gonfler celles-ci et soulève leurs parois, de sorte qu'en plaçant le doigt sur une artère on sentira un soulèvement, un léger choc : c'est le *pouls*. Le nombre de battements du pouls indique donc le nombre de battements du cœur.

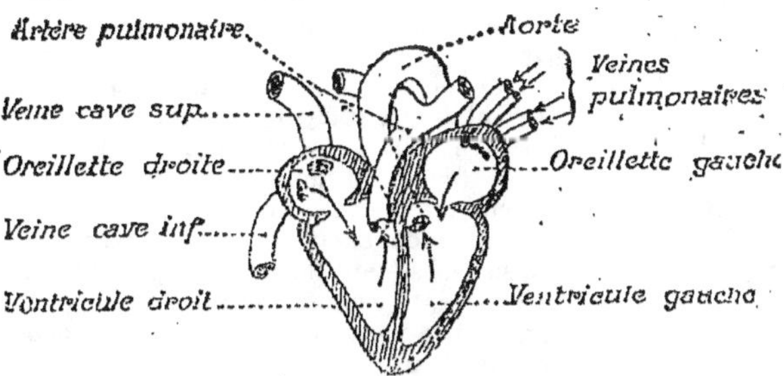

Fig. 20. — Circulation du sang dans le cœur et les vaisseaux.

Le sang part du ventricule gauche (*fig.* 20) par l'artère aorte, qui va le distribuer à tous les organes ; dans ces organes le sang artériel cède son oxygène et se charge d'impuretés, en particulier de gaz carbonique : le *sang artériel* se transforme ainsi en *sang veineux* qui va être ramené au cœur par les deux *veines caves*, lesquelles viennent déboucher dans l'oreillette droite. Ce mouvement du sang allant du ventricule gauche aux organes et revenant des organes au ventricule droit est appelé *grande circulation*.

De l'oreillette droite le sang veineux passe dans le ventricule droit, d'où il est lancé dans l'*artère pulmonaire*, qui se bifurque pour le conduire aux deux poumons. Dans les poumons le sang veineux abandonne son gaz carbonique et prend de l'oxygène : le *sang veineux* se transforme ainsi en *sang artériel* qui revient au cœur, dans l'oreillette gauche, par les *veines pulmonaires*.

Ce mouvement du sang allant du ventricule droit à l'oreillette gauche en passant par les poumons est appelé *petite circulation.*

Le sang, après avoir parcouru tout le corps, est revenu au point de départ : son mouvement mérite donc bien le nom de *circulation.*

III. — La respiration.

La *respiration* est la fonction par laquelle l'Homme absorbe l'*oxygène* de l'air et rejette du *gaz carbonique* et de la *vapeur d'eau.*

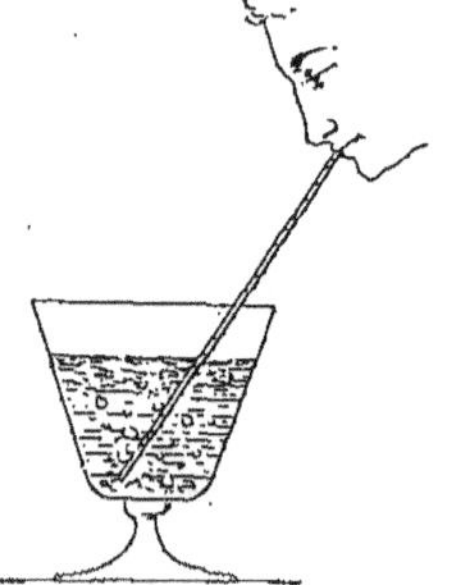

Fig. 21. — Expérience montrant que l'air expiré contient du gaz carbonique.

Si, en effet, on place un animal dans une chambre close, on constate que l'oxygène disparaît.

Pour montrer que l'Homme rejette du gaz carbonique, il suffit de souffler avec un tube de verre dans un vase contenant de l'eau de chaux (*fig.* 21). Cette eau, d'abord limpide, devient laiteuse, se trouble : il s'est formé du carbonate de chaux, insoluble dans l'eau et qui se dépose sous forme d'une poudre blanche. Ce carbonate s'est formé parce que l'air rejeté contenait du gaz carbonique qui s'est combiné avec la chaux.

Pour montrer le rejet de vapeur d'eau, il suffit de souffler sur un miroir ; on voit alors se former une légère buée due à la vapeur d'eau qui se condense en fines gouttelettes.

Tous les êtres vivants respirent : l'Homme et les animaux aériens respirent l'*air libre* ; les Poissons et les animaux aquatiques respirent l'*air dissous* dans l'eau ; le petit Poulet qui se développe à l'intérieur de l'œuf respire l'air qui passe à travers les pores de sa coquille ; enfin, les plantes elles-mêmes respirent comme les animaux.

1° Appareil respiratoire. — Il comprend deux parties : 1° les *voies respiratoires*, qui amènent l'air dans l'organisme ; 2° les *poumons*, qui sont les organes essentiels de la respiration.

Les *voies respiratoires* comprennent les *fosses nasales*, la *bouche*, le *pharynx*, le *larynx*, la *trachée-artère* et les *bronches*.

L'air, en effet, passe d'abord par la bouche et le nez, et il s'y réchauffe avant de pénétrer dans les poumons.

Le *larynx* (*fig.* 22) est une partie renflée située en haut de la trachée-artère ; c'est l'organe qui produit la voix. Il est protégé par des cartilages qui forment, sous la peau du cou, une saillie appelée *pomme d'Adam*.

La *trachée-artère* est un long tube qui descend verticalement le long du cou, en avant de l'œsophage, pour pénétrer dans la poitrine, où elle se bifurque en deux conduits appelés *bronches*. La trachée-artère est maintenue béante par des anneaux cartilagineux.

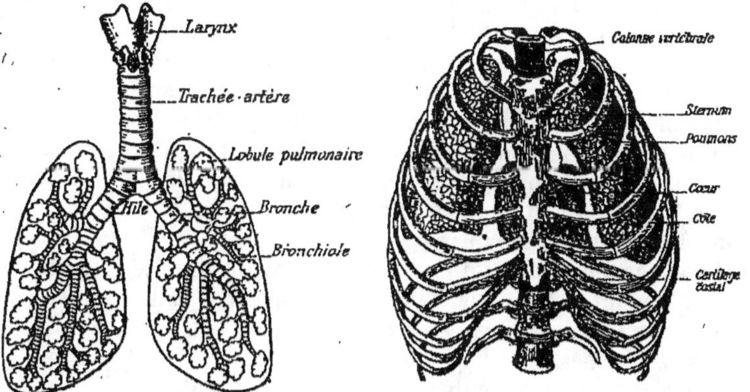

Fig. 22. — Ramification des bronches.

Fig. 23. — La cage thoracique avec les poumons et le cœur.

Les *bronches* se rendent chacune à un poumon et, comme la trachée-artère, elles sont maintenues par des anneaux cartilagineux.

Les *poumons* sont au nombre de deux et situés dans la poitrine de chaque côté du cœur (*fig.* 23).

Arrivée dans le poumon, la bronche (*fig.* 22) se divise en ramifications de plus en plus fines, et les dernières appelées *bronchioles* se terminent par de petites poches renflées appelées *lobules pulmonaires*. Ces bronchioles et ces lobules sont réunis par un tissu mou et élastique : d'où le nom de *mou* que les bouchers donnent aux poumons des animaux.

Le sang veineux arrive aux poumons par l'artère pulmonaire, puis il abandonne son gaz carbonique et prend de l'oxygène; il

se transforme donc en sang artériel, qui va être ramené au cœur
par les veines pulmonaires.

Les poumons sont enveloppés d'une membrane appelée *plèvre*,
dont la maladie est connue sous le nom de *pleurésie*.

2° Respiration. — L'air se renouvelle à l'intérieur des pou-
mons par des mouvements de contraction et de dilatation de la
poitrine. Ces *mouvements respiratoires* se font 15 à 20 fois par
minute.

Chaque mouvement respiratoire se décompose en deux :

1° L'*inspiration*, qui assure l'entrée de l'air pur dans les pou-
mons, environ un demi-litre à chaque mouvement ;

2° L'*expiration*, qui est le rejet de l'air ayant servi à la respi-
ration et chargé par suite de gaz carbonique et de vapeur d'eau.

Les mouvements du corps développent la poitrine et par suite
font pénétrer plus d'air dans les poumons. Aussi, chez l'enfant,
les jeux en plein air ont une grande utilité, car ils élargissent
la poitrine, donnent plus de force aux poumons et par suite
plus de vigueur à l'organisme.

La respiration est absolument nécessaire à la vie : le premier
cri de l'enfant et le dernier soupir du mourant sont des mouve-
ments respiratoires. Aussi *vivre* et *respirer* sont deux expres-
sions synonymes.

Donc, si les mouvements respiratoires s'arrêtent, la mort sur-
vient : on dit qu'il y a *asphyxie*.

L'asphyxie peut se produire par défaut d'air respirable, ou
par des gaz toxiques, c'est-à-dire des gaz qui agissent comme
des poisons ; tels sont ceux qui se produisent dans les cheminées
dont le tirage est insuffisant
et en particulier dans les
poêles mobiles.

On peut montrer le phénomène
de l'asphyxie par l'expérience sui-
vante : on place un Oiseau sous
une cloche en verre hermétique-
ment fermée (*fig.* 24). L'Oiseau va
absorber l'oxygène de l'air con-
tenu dans la cloche, et va rejeter
du gaz carbonique, qui est un
gaz irrespirable. Aussi à travers les parois de la cloche on voit l'Oiseau

Fig. 24. — L'oiseau enfermé sous la
cloche cessera bientôt de vivre,
comme la bougie cessera de brûler.

devenir inquiet ; ses plumes se hérissent et sa respiration devient haletante : enfin la mort survient. Si nous introduisons dans la cloche une allumette enflammée, elle s'y éteint ; donc l'air de la cloche n'entretient plus ni la respiration, ni la combustion. Cet air est vicié par la trop grande quantité de gaz carbonique qu'il contient.

Au lieu d'un Oiseau, introduisons dans la cloche une bougie allumée. On voit, au bout de quelques minutes, la flamme qui a d'abord été brillante, pâlir, puis s'éteindre. La bougie, comme l'Oiseau, a rendu l'air irrespirable.

Donc, un animal qui respire et un corps qui brûle *absorbent de l'oxygène* et *rejettent du gaz carbonique*. Il n'y a donc pas de différence entre la respiration d'un animal et la combustion d'un foyer. Cette combustion produit de la chaleur qui maintient la température de notre corps ; mais en même temps elle use nos organes, et par suite nous oblige à prendre des aliments pour réparer ces pertes. C'est un des plus illustres chimistes français, Lavoisier, qui, en 1777, fit cette grande découverte.

IV. — L'excrétion.

L'*excrétion* est la fonction qui a pour but de débarrasser le sang de certains produits devenus inutiles ou même nuisibles à l'organisme. Telles sont la *sueur* et l'*urine*.

1° La *sueur* se forme à l'intérieur de glandes situées dans l'épaisseur de la peau. Ces glandes (*fig.* 25) sont de petits tubes très étroits qui se pelotonnent dans la profondeur de la peau et viennent déboucher à la surface par un orifice appelé *pore*. Ces glandes sont au nombre de 2 à 3 millions sur la surface du corps.

Épiderme

Canal excréteur

Derme

Fig. 25. — Glande de la sueur.

La sueur vient s'écouler par les pores ; c'est un liquide qui a presque la même composition que l'urine et qui enlève par conséquent au sang certaines substances nuisibles. De plus en s'évaporant à la surface du corps, la sueur rafraîchit l'organisme, ce qui permet à l'Homme de supporter des températures élevées.

2° L'*urine* est extraite du sang par des glandes spéciales appelées *reins*.

Les reins sont au nombre de deux ; ils ont la forme d'un haricot (*fig*. 26) et sont situés dans l'abdomen, de chaque côté de la colonne vertébrale. Chez les animaux on les désigne sous le nom de *rognons*.

Le sang arrive au rein par l'artère rénale ; il contient les substances qui forment l'urine. Cette urine va filtrer à travers le rein et sera amenée par deux canaux, les *uretères*, dans un réservoir appelé *vessie*, d'où elle sera rejetée au dehors.

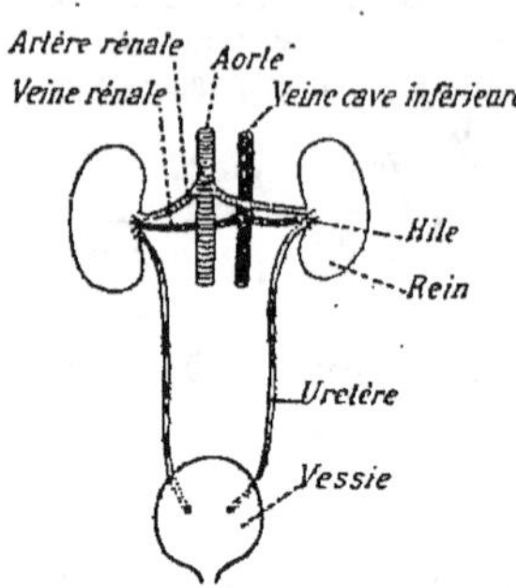

Fig. 26. — Appareil urinaire.

RÉSUMÉ

Fonctions de nutrition : digestion, circulation, respiration, excrétion.

I. La digestion. — La *digestion* est la transformation des aliments en substances liquides et absorbables.

1. Appareil digestif. — Il comprend deux parties :

1° *tube digestif* : bouche, pharynx, œsophage, estomac, intestin, anus;
2° *glandes digestives* : glandes salivaires, pancréas, foie.

La *bouche* contient deux *mâchoires*, qui portent les *dents* :

Dents
- Trois régions : *couronne, racine et collet ;*
- Structure : *ivoire, pulpe dentaire, émail et cément.*
- Trois formes : *incisives, canines et molaires.*
- Homme adulte : 32 dents, 16 à chaque mâchoire.
- Enfant : 20 dents, 10 à chaque mâchoire.

Le *pharynx* ou *arrière-bouche* communique, en haut, avec la bouche et les fosses nasales, et en bas, avec l'œsophage et la trachée-artère.

L'*œsophage* descend verticalement dans l'estomac.

L'*estomac*, situé au-dessus du diaphragme, fournit le *suc gastrique*.

L'*intestin* comprend deux parties : l'*intestin grêle* et le *gros intestin*.

Les *glandes digestives* sont :

1. *Glandes salivaires* : donnent la *salive*.
2. *Foie* : situé sous le diaphragme, fournit la *bile*.
3. *Pancréas* : situé derrière l'estomac, fournit le *suc pancréatique*.

2. Digestion des aliments. — Les principaux aliments sont : *minéraux, féculents, sucrés, gras et albuminoïdes*.

L'alimentation est généralement *mixte*, c'est-à-dire formée du mélange de ces divers aliments.

On peut résumer dans le tableau suivant l'action des sucs digestifs :

SUCS DIGESTIFS	ALIMENTS	PRODUITS DE LA DIGESTION	
Salive	Féculents . . .	Sucre.	
Suc gastrique . .	Albuminoïdes . .	Peptones.	
Suc pancréatique.	1. Féculents . . .	Sucre.	Chyle
	2. Albuminoïdes . .	Peptones.	
	3. Graisses	Emulsion.	
Suc intestinal . .	Sucres ordinaires .	Sucre absorbable . .	
Bile.	Graisses. . . .	Emulsion.	

II. La circulation. — La *circulation* est le mouvement, à l'intérieur de l'organisme, d'un liquide nourricier appelé *sang*.

1. Appareil circulatoire. — Il comprend quatre parties : *cœur*, *artères*, *veines* et *capillaires*.

1° *Cœur* { situé dans la poitrine, entre les deux poumons.
Quatre cavités : en haut, *2 oreillettes* ; en bas, *2 ventricules*.

2° *Artères* : Ce sont les vaisseaux qui partent du cœur.
L'aorte va distribuer le sang aux organes.
L'artère pulmonaire va porter le sang veineux aux poumons.

3° *Veines* : Ce sont les vaisseaux qui ramènent le sang au cœur.

4° *Capillaires* : Ce sont des vaisseaux très fins qui font communiquer les artères avec les veines.

2. Le sang et sa circulation. — Le sang est un liquide rouge vermeil (*sang artériel*) ou rouge foncé, presque noir (*sang veineux*). Il est formé de deux parties : 1° les *globules* qui sont de deux sortes, *rouges* et *blancs* ; 2° le *plasma* formé du *sérum* et de la *fibrine* qui peut se coaguler (*caillot*).

Les contractions régulières ou *battements* du cœur chassent le sang dans les artères.

Le sang part du ventricule gauche pour se distribuer aux organes et revenir au cœur (oreillette droite) : c'est la *grande circulation*.

Le sang part du ventricule droit, va se purifier aux poumons et revient à l'oreillette gauche du cœur : c'est la *petite circulation*.

III. La respiration. — La *respiration*, chez tous les êtres vivants, consiste dans l'absorption d'oxygène et le rejet de gaz carbonique.

1. Appareil respiratoire. — Il comprend deux parties : les *voies respiratoires* et les *poumons*.

1° *Voies respiratoires.* {
nez, bouche, larynx ;
trachée-artère : tube vertical situé en avant de l'œsophage ;
bronches : tubes pénétrant dans le poumon pour s'y ramifier.

2° *Poumons* . . . . . . {
situés dans la poitrine, de chaque côté du cœur ;
formés par les ramifications des bronches et les *lobules* ;
enveloppés par une membrane appelée *plèvre.*

2. Mouvements respiratoires. — Les mouvements respiratoires sont au nombre de 15 à 20 par minute. Chaque mouvement se décompose en deux :

1° *l'inspiration* . . . . } entrée de l'air dans les poumons par agrandissement de la poitrine.

2° *l'expiration* . . . . { rejet de l'air chargé de gaz carbonique et de vapeur d'eau.

Les mouvements du corps développent la poitrine et donnent plus de force aux poumons.

L'*asphyxie* est l'arrêt des mouvements respiratoires. Elle peut se produire :

1° par défaut d'air respirable. . . . . { abondance de gaz carbonique ; défaut d'oxygène.

2° par des gaz toxiques agissant comme des poisons.

La respiration est une véritable combustion, et c'est cette combustion qui est l'origine de la chaleur animale.

IV. L'excrétion : la sueur et l'urine. — L'*excrétion* a pour but de débarrasser l'organisme des produits inutiles ou nuisibles contenus dans le sang.

1° La *sueur,* qui par sa composition se rapproche de l'urine, est formée par des glandes situées dans l'épaisseur de la peau. Elle purifie le sang et rafraîchit l'organisme en s'évaporant.

2° L'*urine* est extraite du sang par les *reins,* qui sont situés dans l'abdomen. Des reins l'urine s'écoule par les uretères dans la vessie, d'où elle est rejetée au dehors.

CHAPITRE II

FONCTIONS DE RELATION

Les *fonctions de relation* permettent à l'Homme et aux animaux de se mettre en rapport avec les objets et les êtres qui les entourent, de se mouvoir à leur gré. Elles comprennent le *mouvement* et la *sensibilité*, et s'effectuent à l'aide du *squelette*, des *muscles*, du *système nerveux* et des *organes des sens*.

I. — Le squelette.

Le *squelette*, qui forme la charpente du corps, est constitué par l'ensemble des os. Chez l'Homme, ces os sont au nombre de plus de 200 ; et c'est sur eux que s'attachent les muscles dont la contraction détermine les mouvements. Les *os* et les *muscles* sont donc les organes essentiels du mouvement.

En coupant transversalement un os long (*fig.* 27), on voit trois parties, qui sont, de dehors en dedans : le *périoste*, l'*os* proprement dit et la *moelle*.

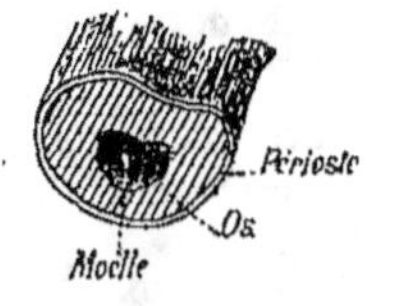

Fig. 27. — Coupe transversale d'un os long.

1° Le *périoste* est une membrane fibreuse formant comme une gaine autour de l'os.

2° L'*os* proprement dit est la partie dure ; il est formé de deux parties : 1° une partie *minérale* constituée par du carbonate de chaux et du phosphate de chaux ; aussi dans l'industrie, c'est avec le phosphate de chaux des os des animaux qu'on fabrique le phosphore ; 2° une partie *organique* appelée *osséine*, qui est élastique et qui a la propriété de se transformer en gélatine par l'eau bouillante.

Si l'on place un os dans un acide, la matière minérale est détruite, et il ne reste plus que l'osséine, qui est élastique ; si l'on calcine l'os, on détruit au contraire la matière organique, l'osséine, et il ne reste plus que la matière minérale.

3° La *moelle* est une substance de couleur jaunâtre ayant l'aspect de la graisse et remplissant une cavité creusée au centre des os longs et appelée *canal médullaire*.

Le squelette de l'Homme comprend trois régions : le *tronc*, la *tête* et les *membres*.

1° Squelette du tronc.— Le squelette du tronc est formé de trois parties : la *colonne vertébrale*, en arrière ; les *côtes*, sur les côtés ; le *sternum*, en avant.

1° La *colonne vertébrale* (*fig.* 28), qui forme l'axe du corps, est constituée par une série d'os empilés les uns au-dessus des autres ; ce sont les *vertèbres*.

Chaque vertèbre (*fig.* 29) se compose d'une partie centrale appelée *corps*, prolongée en arrière par une sorte d'anneau dans lequel passe la moelle épinière. Cet anneau porte trois prolongements : deux sur les côtés, ce sont les *apophyses transverses* ; un en arrière, c'est l'*apophyse épineuse*. L'ensemble de ces apophyses épineuses forme ce qu'on appelle l'*épine dorsale*.

Les anneaux des différentes vertèbres en se superposant constituent le *canal rachidien*, qui loge la moelle épinière.

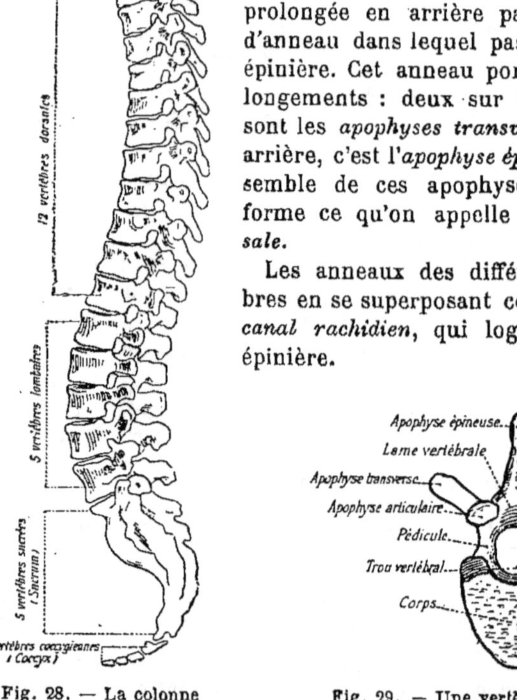

Fig. 28. — La colonne vertébrale.

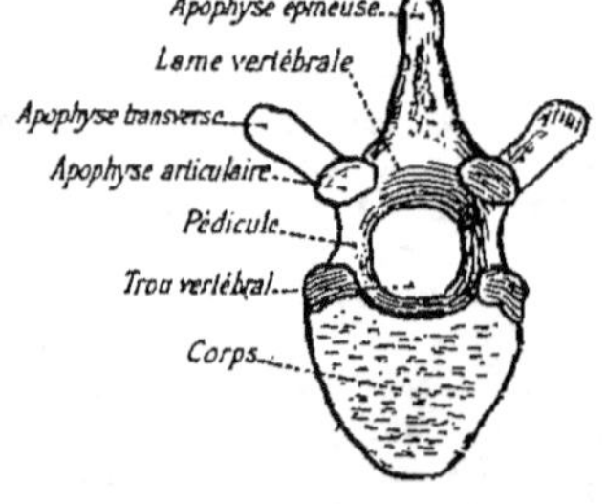

Fig. 29. — Une vertèbre dorsale.

La colonne vertébrale comprend 33 vertèbres, qu'on peut répartir en cinq régions :

1. Les *vertèbres cervicales*, au nombre de 7, occupent la région du

cou ; la première, appelée *atlas*, sur laquelle s'appuie la tête ; la deuxième, appelée *axis*, est surmontée d'un prolongement autour duquel tourne la tête ;

2. Les *vertèbres dorsales*, au nombre de 12, sur lesquelles viennent s'articuler les 12 paires de côtes ;

3. Les *vertèbres lombaires*, au nombre de 5, occupent la région des reins ;

4. Les *vertèbres sacrées*, au nombre de 5, se soudent pour donner un seul os, le *sacrum* ;

5. Les *vertèbres coccygiennes*, au nombre de 4, se soudent pour donner un seul os, le *coccyx*, qui termine la colonne vertébrale.

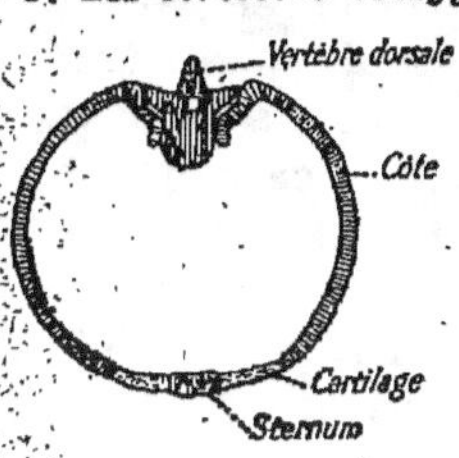

Fig. 30. — Coupe transversale du squelette.

2° Les *côtes* sont des os plats, courbés en cerceau, s'appuyant en arrière sur les vertèbres, et en avant sur le sternum par l'intermédiaire de cartilages (*fig.* 30). Il y a 12 paires de côtes.

3° Le *sternum* est un os plat situé en avant de la poitrine et sur lequel viennent s'appuyer les côtes.

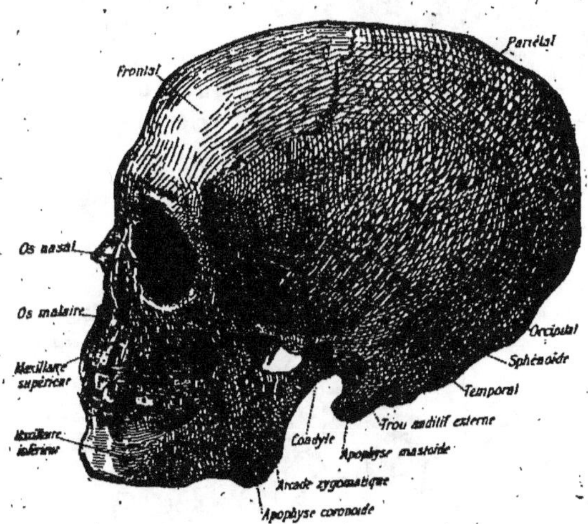

Fig. 31. — Squelette de la tête (profil).

2° **Squelette de la tête.** — Le squelette de la tête comprend deux parties : le *crâne* et la *face* (*fig.* 31 et 32).

Le *crâne* est une boîte osseuse de forme ovoïde et formée de 8 os solidement unis les uns avec les autres. Ce sont (*fig.* 33) : le *sphénoïde* au centre de la base du crâne ; l'*ethmoïde* un peu en avant ; le *frontal* en avant ; l'*occipital* en arrière, percé d'un trou pour le passage de la moelle épinière ; les deux *temporaux* sur les côtés, et enfin les deux *pariétaux* fermant la boîte à la partie supérieure.

La *face* a son squelette formé de 14 os. Un seul est mobile et articulé avec le crâne : c'est la mâchoire inférieure ou *maxillaire*

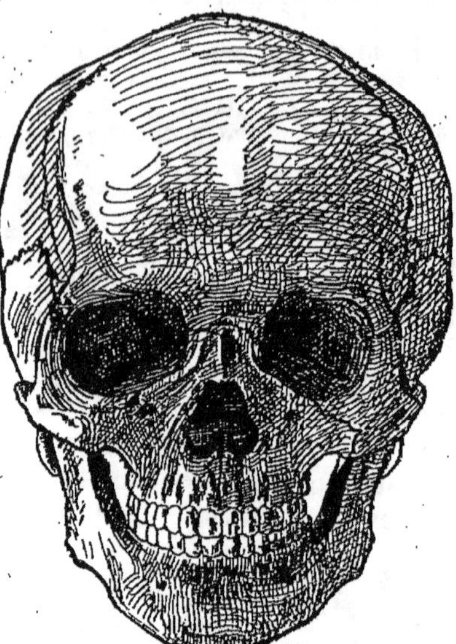

Fig. 32. — Squelette de la tête (face).

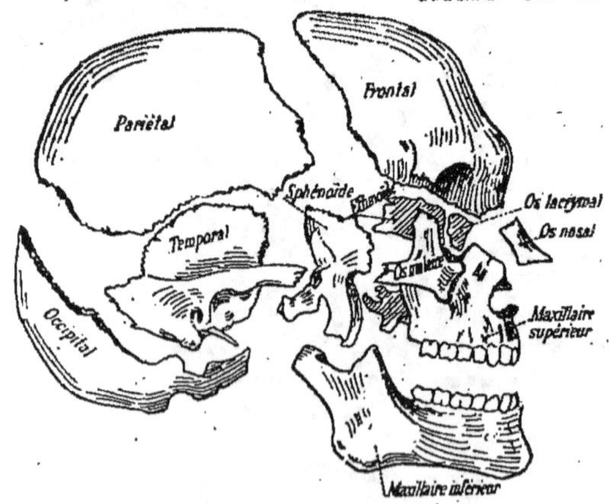

Fig. 33. — Os de la tête désarticulés.

inférieur, qui a la forme d'un fer à cheval. Les 13 autres os sont soudés au crâne ; parmi eux citons les deux *maxillaires supérieurs*, les deux os *nasaux*, les deux os *malaires* ou de la *pommette*, les deux os *palatins*, qui constituent avec les maxillaires supérieurs la voûte du palais.

3° Squelette des membres. — Les membres sont au nombre de deux paires : les *membres supérieurs* et les *membres inférieurs*.

1° Le membre supérieur comprend trois parties : le *bras*, l'*avant-bras* et la *main*.

Le *bras* (*fig.* 35) a pour squelette un seul os, l'*humérus*, qui va depuis l'épaule jusqu'au coude.

L'*avant-bras* comprend deux os : le *cubitus*, situé en dedans, et le *radius*, en dehors.

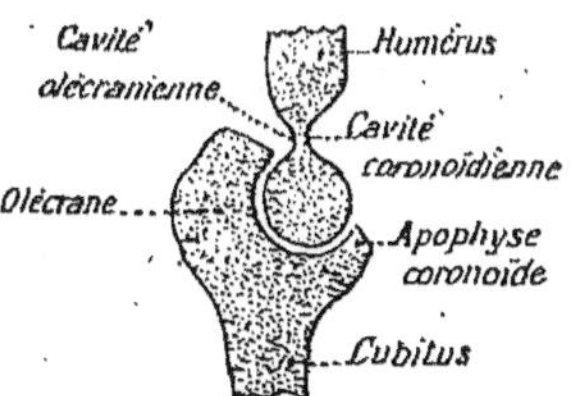

Fig. 34. — Le coude.

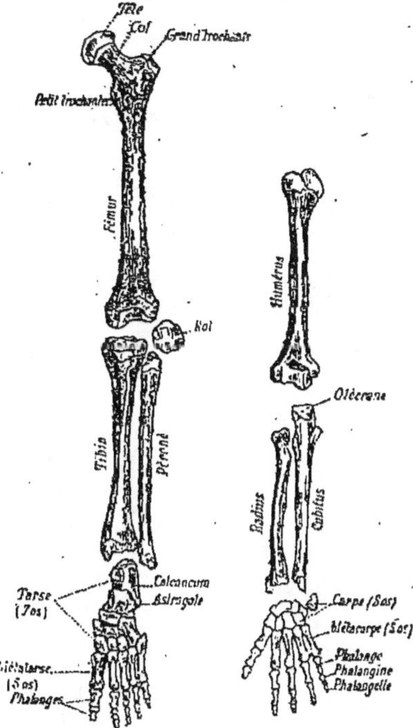

A. Membre abdominal ou inférieur.   B. Membre thoracique ou supérieur.
Fig. 35. — Squelette des membres.

Le radius peut tourner autour du cubitus en entraînant la main dans ce mouvement. Le cubitus (*fig.* 34) présente à sa partie supérieure un prolongement en forme de bec, l'*olécrane*, qui vient heurter contre l'humérus, empêchant ainsi le bras de se ployer en arrière.

La *main* se divise en trois parties : le *poignet*, la *paume* et les *doigts*. Le *poignet* présente 8 petits os disposés sur deux rangées : c'est le *carpe*. La *paume* a son squelette formé par 5 os allongés :

c'est le *métacarpe*. Enfin les *doigts*, au nombre de 5, formés

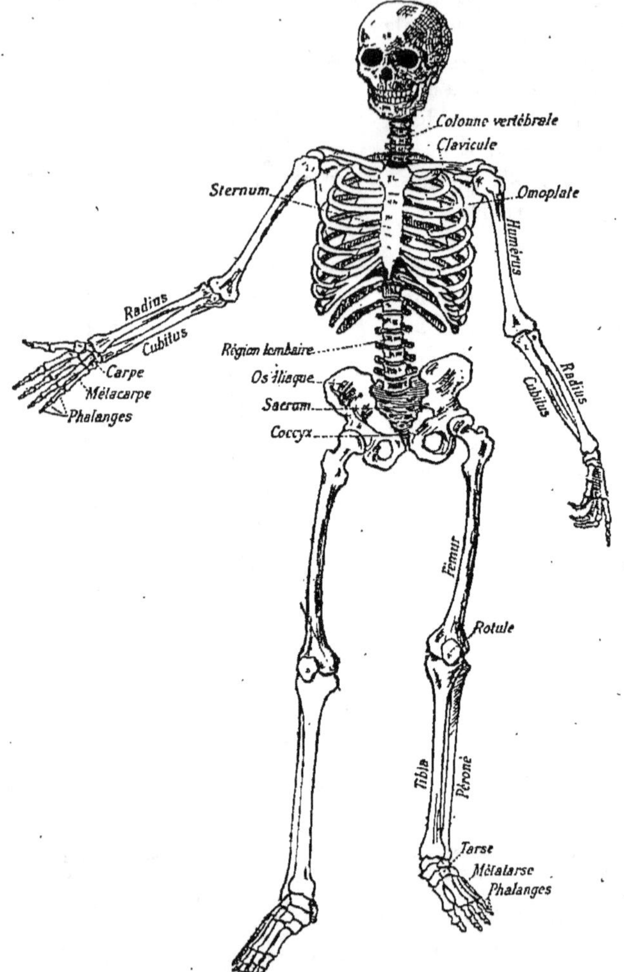

Fig. 36. — Squelette de l'Homme.

de 3 petits os appelés *phalanges*, sauf le pouce qui n'en a que
deux. On désigne souvent ces phalanges sous les noms de *pha-*

lange, *phalangine* et *phalangette*, cette dernière portant l'ongle.

Le membre supérieur est rattaché au tronc par l'*épaule*, dont le squelette comprend deux os : la *clavicule* en avant et l'*omoplate* en arrière.

2° Le MEMBRE INFÉRIEUR comprend aussi trois parties : la *cuisse*, la *jambe* et le *pied*.

La *cuisse* a pour squelette le *fémur*, qui est l'os le plus long du corps et qui va depuis la hanche jusqu'au genou.

La *jambe* comprend deux os : le *tibia*, en dedans, et le *péroné*, en dehors.

Le tibia forme avec le fémur l'articulation du genou ; en avant de cette articulation se trouve un petit os appelé *rotule*, destiné à empêcher la jambe de se ployer en avant; la rotule joue le même rôle que l'olécrane pour le bras.

Le *pied* se divise en trois parties : le *cou-de-pied*, la *plante* et les *doigts* ou *orteils*. Le *cou-de-pied* a son squelette, appelé *tarse*, formé de 7 os, dont l'un, le *calcaneum*, est l'os du talon. La *plante* est soutenue par 5 os formant le *métatarse*. Enfin les *doigts* ou *orteils* sont au nombre de 5, et chaque doigt possède 3 phalanges, sauf le gros orteil qui n'en a que 2.

Les membres inférieurs sont reliés au tronc par les deux os de la hanche qu'on appelle *os iliaques*. Ces deux os s'appuient en arrière sur le sacrum et viennent s'articuler en avant, constituant ainsi ce qu'on appelle le *bassin*.

Les membres inférieurs et supérieurs sont construits sur le même plan, ainsi que le résume le tableau suivant :

MEMBRE SUPÉRIEUR		MEMBRE INFÉRIEUR	
Bras. . . .	*Humérus.*	Cuisse . . .	*Fémur.*
Avant-Bras .	*Cubitus.* *Radius.*	Jambe . . .	*Tibia.* *Péroné.*
Coude . . .	*Olécrane.*	Genou . . .	*Rotule.*
Poignet. . .	*Carpe* (8 os).	Cou-de-pied.	*Tarse* (7 os).
Paume . . .	*Métacarpe* (5 os).	Plante . . .	*Métatarse* (5 os).
Doigts . . .	*3 phalanges.*	Orteils. . .	*3 phalanges.*

Les articulations. — Le mode d'union de deux os constitue une *articulation*. Les articulations sont de deux sortes : *immobiles* et *mobiles*.

1º Les articulations *immobiles* sont constituées par des os soudés entre eux : tels les os du crâne et de la face.

2º Les articulations *mobiles* permettent aux os de se mouvoir les uns sur les autres. Telles sont les articulations des membres.

Dans une articulation mobile, les deux parties des os en contact s'emboîtent et sont recouvertes d'un cartilage destiné à amortir les chocs. Les deux os sont rattachés par une membrane solide appelée *capsule articulaire*; en dedans de cette membrane se trouve une poche remplie d'un liquide huileux appelé *synovie* et destiné à faciliter le glissement des os.

II. — Les muscles.

Les *muscles* sont les organes actifs du mouvement. Ils forment ce qu'on appelle la *chair*. Leur couleur est d'un rouge vif ; leur structure est fibreuse, c'est-à-dire que les muscles sont formés par un grand nombre de fibres parallèles qu'on aperçoit facilement sur de la viande bouillie.

La plupart des muscles (*fig.* 37), en particulier ceux des bras et des jambes, ont la forme d'un fuseau allongé : la partie moyenne renflée est appelée *ventre*, les deux extrémités, blanches, dures et élastiques, s'appellent *tendons*. Il ne faut pas confondre, comme on le fait souvent, ces tendons avec les nerfs. Ainsi quand on dit vulgairement qu'une viande est nerveuse, c'est tendineuse qu'il faudrait dire ; et ce qu'on appelle un *nerf de Bœuf* est un simple tendon.

Fig. 37. — Un muscle.

Les muscles ont la propriété de se contracter, c'est-à-dire de se raccourcir sous l'influence de la volonté. Comme ils s'attachent par leurs extrémités sur des os différents, en se raccourcissant ils rapprocheront forcément les deux os sur lesquels ils sont attachés.

Prenons un exemple : le *biceps* (*fig.* 38) est un muscle qui s'attache en bas sur un os de l'avant-bras, le radius, et en haut par deux tendons.

sur l'épaule. En se contractant (*fig.* 39) il se renfle en son milieu, se durcit et se raccourcit; il fera par conséquent ployer l'avant-bras sur le bras.

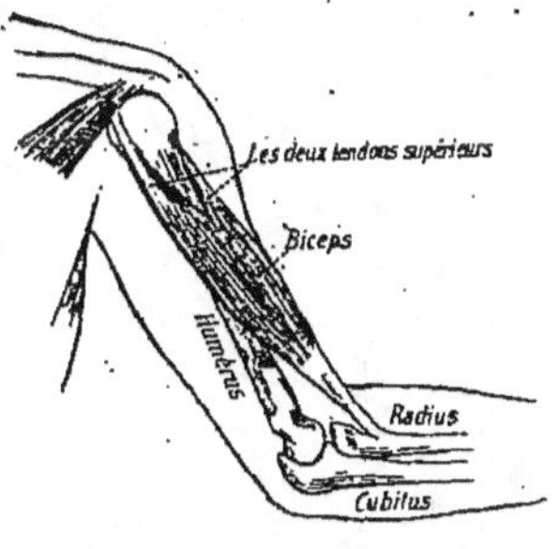

Fig. 38. — Biceps au repos.

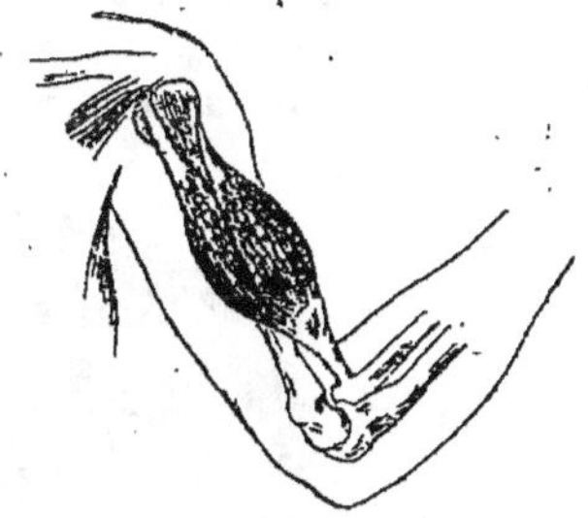

Fig. 39. — Biceps contracté.

Les muscles du corps humain sont très nombreux, environ 450. Ce sont eux qui nous permettent d'accomplir des mouvements comme la marche, la course, le saut, etc. Ce sont aussi les muscles du visage qui donnent à notre physionomie sa mobilité et son expression.

Tous les muscles ne sont pas sous l'influence de la volonté; c'est ainsi que le cœur, les muscles de l'estomac, de l'intestin, lui échappent complètement.

Enfin, les muscles ne se contractent pas tout seuls. Il faut pour qu'un muscle se contracte qu'il reçoive un ordre, lequel lui est transmis par un nerf. Nous devrons donc étudier maintenant le système nerveux.

III. — Le système nerveux.

Le *système nerveux* a pour fonction de donner à l'organisme le *mouvement* et la *sensibilité*.

Il comprend deux parties : les *centres nerveux* et les *nerfs*.

1° **Les centres nerveux.** — Les centres nerveux sont le *cerveau* et la *moelle épinière*. Ils sont enveloppés et protégés par des membranes appelées *méninges*, dont la maladie est connue sous le nom de *méningite*.

Le CERVEAU remplit la cavité du crâne; il est formé de trois parties essentielles : les *hémisphères cérébraux*, le *cervelet* et le *bulbe rachidien.*

1° Les *hémisphères cérébraux* sont au nombre de deux ; ils constituent la partie la plus volumineuse du cerveau et pèsent en moyenne 1.300 grammes : enfin, ils présentent à leur surface de nombreux replis appelés *circonvolutions cérébrales* (*fig.* 40).

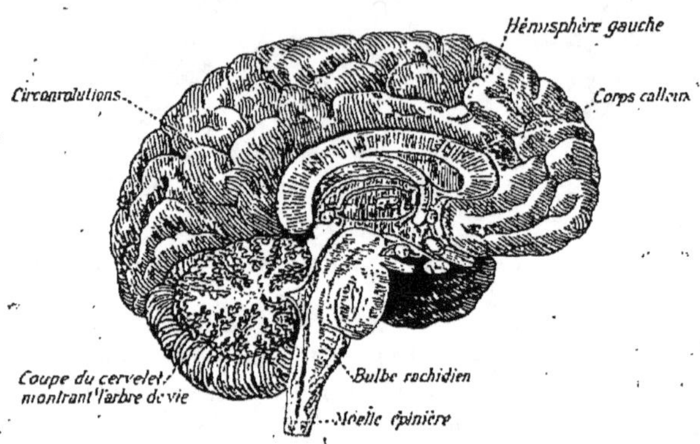

Fig. 40. — Coupe verticale du cerveau.

Les hémisphères cérébraux sont le siège de la *volonté*, de l'*intelligence*, et de toutes les *facultés intellectuelles*.

2° Le *cervelet* (*fig.* 40), situé au-dessous des hémisphères cérébraux, présente aussi de nombreux replis ; à son intérieur se trouve une matière nerveuse blanche qui dessine ce qu'on appelle l'*arbre de vie*.

Le cervelet a pour fonction de *régler les mouvements* du corps, en particulier la marche chez l'Homme, le vol chez les Oiseaux.

3° Le *bulbe rachidien* ou *moelle allongée* (*fig.* 40) est situé au-dessous du cervelet et se rattache à la moelle épinière. Si l'on vient à blesser cet organe vers sa partie inférieure, on arrête les mouvements du cœur et de la respiration, et la mort survient. C'est pourquoi cette région du bulbe rachidien a été appelée *nœud vital*. C'est, en effet, dans cette région que prennent naissance les nerfs qui se rendent aux organes de la circulation et de la respiration. La fonction du bulbe est donc de régler les mouvements de la circulation et de la respiration.

La MOELLE ÉPINIÈRE est un long cordon nerveux situé dans le canal rachidien et qui fait suite au bulbe rachidien. Au niveau de chaque vertèbre, il naît une paire de nerfs, l'un à droite, l'autre à gauche de la moelle épinière.

La moelle a pour fonctions : 1° de transmettre au cerveau les impressions reçues par les nerfs ; 2° de transmettre aux muscles les ordres venus du cerveau ; 3° d'être le siège de mouvements *involontaires*, comme le cerveau était le siège de mouvements *volontaires*.

2° Les nerfs. — Les *nerfs* sont de longs cordons fibreux, blanchâtres, qui partent du cerveau ou de la moelle épinière et qui vont se terminer dans toutes les régions du corps, dans tous les organes. Ce sont comme des fils télégraphiques qui relieraient toutes les régions organiques à un bureau central, constitué par le cerveau et la moelle épinière, qui, seuls, ont la direction de l'organisme. Le cerveau et la moelle sont comme une administration centrale où viennent aboutir toutes les informations recueillies par les nerfs, et d'où partent tous les ordres transmis également par les nerfs.

Les nerfs qui partent du cerveau sont appelés *nerfs crâniens* : ils sont au nombre de 12 paires. Ceux qui partent de la moelle, au nombre de 31 paires, sont les *nerfs rachidiens*.

Au point de vue de leurs fonctions, on peut classer les nerfs en trois catégories :

1° Les *nerfs sensitifs*, qui donnent de la sensibilité aux organes. Tel est le *nerf optique*, qui transmet au cerveau l'impression reçue par l'œil ; de sorte que si l'on coupe le nerf optique d'un animal, la lumière agira sur l'œil, mais l'animal ne verra plus cette lumière.

2° Les *nerfs moteurs*, qui transmettent le mouvement aux organes. Tel est le nerf *grand hypoglosse*, qui va se distribuer à la langue ; si on le coupe sur un animal, la langue ne peut plus se mouvoir.

3° Enfin les *nerfs mixtes*, qui transmettent à la fois la sensibilité et le mouvement : tels sont les nerfs rachidiens. Si, en effet, on coupe le nerf rachidien qui se rend dans un membre, on supprime dans ce membre le mouvement et la sensibilité.

Ces diverses expériences justifient la comparaison faite plus haut entre les nerfs et les fils télégraphiques. Les nerfs sont donc bien des organes de transmission.

IV. — Les organes des sens.

Les *organes des sens* sont destinés à nous faire connaître tout ce qui nous environne. L'organe des sens, l'œil par exemple, reçoit l'*impression lumineuse*; puis cette impression est transmise par le nerf optique jusqu'au cerveau ; et c'est dans le cerveau que se produit la *sensation lumineuse*. Ainsi l'œil reçoit la lumière, et c'est le cerveau qui nous donne la sensation lumineuse.

L'Homme et la plupart des animaux possèdent cinq sens : le *toucher*, le *goût*, l'*odorat*, l'*ouïe* et la *vue*.

1° **Le toucher.** — Le sens du *toucher* nous permet d'apprécier la forme des corps, leur dureté, leur poli, leur température et leur mouvement. Ce sens s'exerce par la *peau*.

La peau est formée de deux parties : l'*épiderme* et le *derme*.

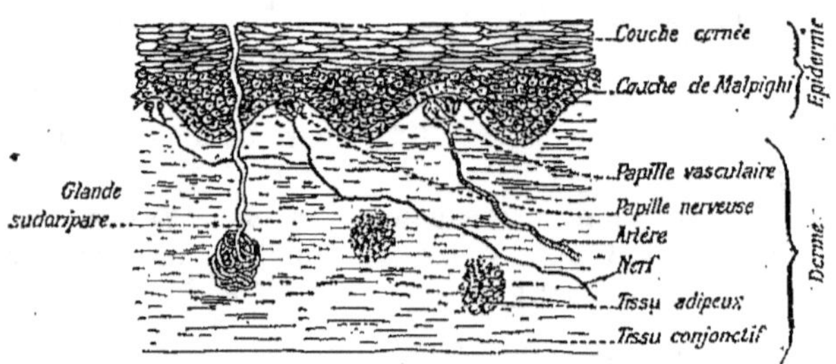

Fig. 41. — Coupe de la peau.

1° L'*épiderme* (*fig.* 41) est insensible ; il forme à la surface du corps une couche protectrice. Sa partie externe, qui est dure, *cornée*, se dessèche et tombe par plaques ; tandis que la partie profonde est plus vivante et contient des *pigments* qui donnent la coloration à la peau. La couleur caractéristique du nègre est due à ces pigments.

L'épiderme peut produire les poils ; et sa partie cornée peut donner les ongles, les griffes et les sabots de certains animaux.

2° Le *derme* est plus épais que l'épiderme ; il contient des vaisseaux, des nerfs et des amas de graisse qui peuvent former une couche épaisse chez les personnes obèses. On trouve dans l'épaisseur du derme trois sortes d'organes : des *glandes de la sueur*, des *poils* et des petits corps où viennent se terminer les nerfs, ce sont les *corpuscules du toucher.*

Les *poils* prennent naissance dans l'épiderme, mais ils s'enfoncent profondément dans la peau. A la base des poils arrivent les vaisseaux qui amènent le sang, et les nerfs qui donnent la sensibilité. Dans certains cas, les poils ont une très grande sensibilité et peuvent servir à l'animal pour se guider (moustaches du Chat, et poils de la membrane des Chauves-Souris).

Les *corpuscules du toucher* sont les terminaisons des nerfs qui donnent la sensibilité à la peau ; ils sont situés dans des saillies du derme appelées *papilles.*

Le sens du toucher nous donne des renseignements divers :

1° Sur la *forme des objets* ; l'extrémité des doigts est particulièrement sensible ;

2° Sur le *poids* des objets ;

3° Enfin sur la *température* des objets. La peau des joues et le dos de la main sont très sensibles à la chaleur : aussi le médecin, pour apprécier la chaleur du corps, se sert du dos de la main ; la repasseuse, pour savoir si son fer n'est pas trop chaud, approche ce fer de la joue.

2° Le goût. — Le *goût* nous renseigne sur la *saveur* des substances ; il a pour organe la *langue.*

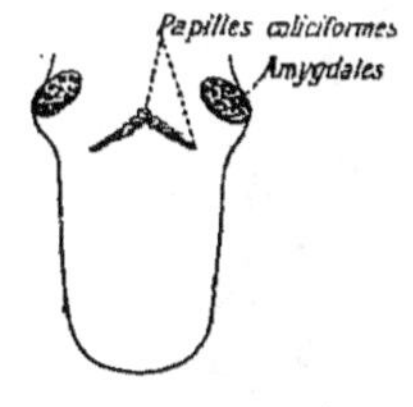

Fig. 42. — Face supérieure de la langue.

La *langue*, située dans la bouche, est un organe charnu formé d'un grand nombre de muscles qui lui donnent une grande mobilité. Elle est recouverte d'une membrane appelée *muqueuse*, dans laquelle viennent se ramifier des nerfs. En arrière (*fig.* 42), la langue présente des petites saillies, les *papilles caliciformes*, qui sont surtout sensibles aux saveurs.

3° L'odorat. — L'odorat, qui nous renseigne sur les odeurs, a son siège dans les *fosses nasales.*

Les *fosses nasales* (*fig.* 43 et 44) sont deux cavités s'ouvrant par les narines en avant, et dans l'arrière-bouche en arrière. Les parois de ces fosses nasales présentent trois replis, les *cornets supérieur, moyen* et *inférieur* ; ces replis sont tapissés par une membrane mince appelée *pituitaire* et dans laquelle se ramifie le *nerf olfactif*, qui vient du cerveau.

Les particules infiniment petites qui se détachent des matières odorantes, sont amenées par l'air que nous respirons et viennent impressionner les terminaisons du nerf olfactif dans la pituitaire.

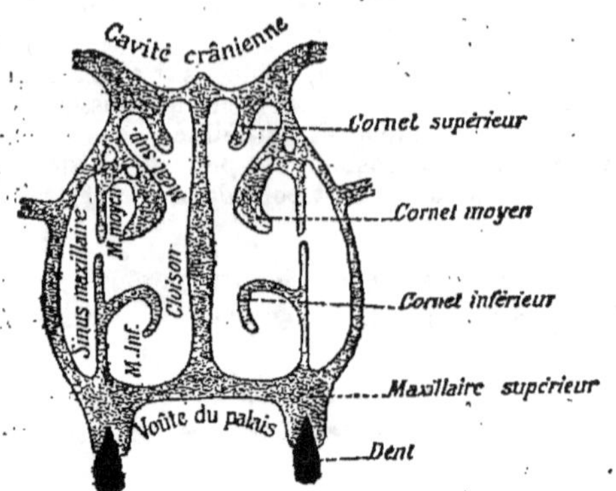

Fig. 43. — Coupe transversale des fosses nasales.

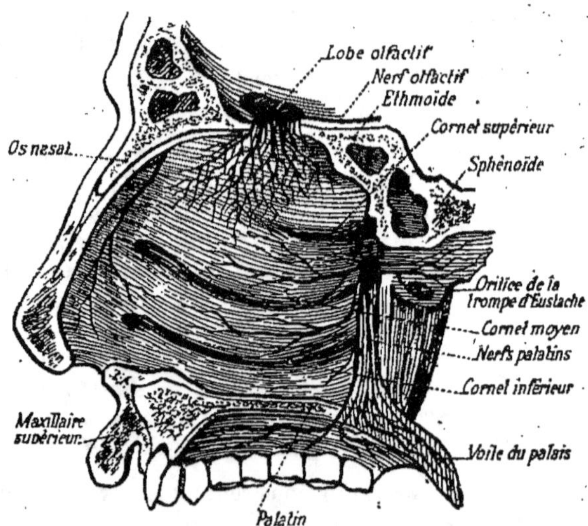

Fig. 44. — Intérieur des fosses nasales.

Ce sens est d'une grande finesse chez certains sauvages, et surtout chez certains animaux comme le Chien de chasse, qui peut suivre la piste d'un gibier longtemps après le passage de celui-ci.

4° **L'ouïe**. — L'*ouïe* est le sens qui nous permet d'apprécier les *sons* et leurs diverses qualités.

Le son est produit par des mouvements rapides des corps : ces mouvements, appelés *vibrations*, sont faciles à observer. Il suffit par exemple de placer quelques grains de sable dans une cloche en verre assez mince, puis de frapper les parois de la cloche, on voit alors les grains de sable animés d'une sorte de tremblotement en même temps que le verre émet un certain son.

Les *vibrations* ou mouvements des corps sont transmises par l'air jusqu'à l'organe de l'ouïe, qui est l'*oreille*.

L'*oreille* est composée de trois parties : l'*oreille externe*, seule visible à l'extérieur, l'*oreille moyenne* et l'*oreille interne* qui sont logées à l'intérieur de l'os temporal.

a) Oreille externe. — Elle comprend deux parties : le *pavillon* et le *conduit auditif externe*.

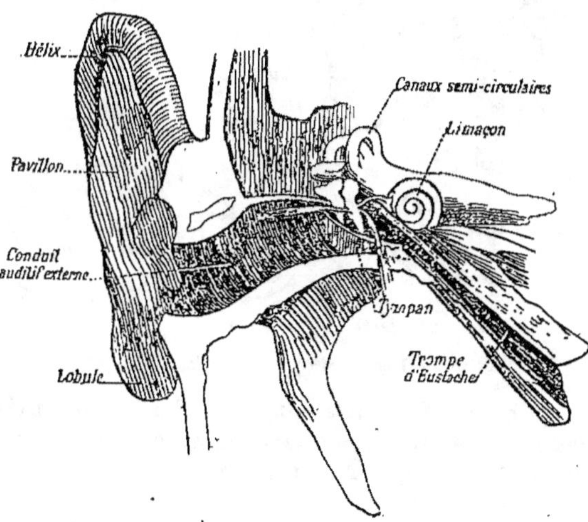

Fig. 45. — Ensemble de l'oreille.

Le *pavillon* (*fig.* 45) est cartilagineux et présente de nombreux replis. Il recueille les vibrations à la façon d'un cornet acoustique pour les diriger vers le conduit auditif externe.

Le *conduit auditif externe* est fermé à son extrémité par une membrane mince, tendue, appelée *membrane du tympan.*

b) OREILLE MOYENNE. — L'*oreille moyenne* (*fig.* 46) ou *caisse du tympan* est une petite cavité creusée dans l'os temporal.

Elle est séparée de l'oreille externe par la membrane du tympan ; et elle communique avec l'oreille interne par deux fenêtres sur lesquelles sont tendues des membranes : la *fenêtre ovale* et la *fenêtre ronde.* Enfin, elle communique avec l'arrière-bouche par un conduit appelé *trompe d'Eustache,* dont le rôle est de renouveler l'air à l'intérieur de l'oreille moyenne.

Entre le tympan et la fenêtre ovale se trouvent quatre petits

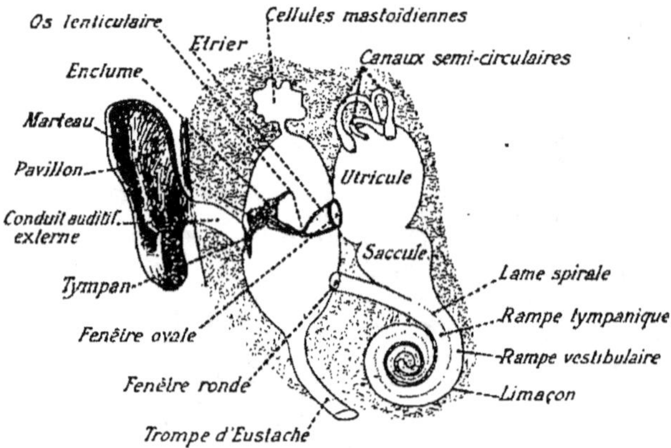

Fig. 46. — Figure simplifiée de l'oreille.

os formant la *chaîne des osselets* (*fig.* 46). Ces os articulés les uns avec les autres sont : le *marteau,* dont le manche s'appuie sur le tympan, l'*enclume,* l'*os lenticulaire* et l'*étrier,* qui vient reposer sur la fenêtre ovale.

L'oreille moyenne sert à transmettre les sons, c'est-à-dire les vibrations reçues par l'oreille externe, à l'oreille interne. En effet, le tympan vibre à la façon d'une peau de tambour, et ces vibrations sont transmises par l'intermédiaire de la chaîne des osselets jusqu'à l'oreille interne.

c) OREILLE INTERNE. — L'*oreille interne* est logée dans une cavité de l'os temporal. A cause de sa complication, on lui a donné le nom de *labyrinthe*. Elle comprend (*fig.* 46) le *vestibule*, formé de l'*utricule* et du *saccule*, les *canaux semi-circulaires* et le *limaçon*. Les canaux semi-circulaires sont au nombre de trois et ont chacun la forme d'un demi-cercle. Le limaçon est un tube enroulé en spirale à la façon d'une coquille d'escargot. A l'intérieur de ce limaçon se trouvent de nombreuses petites cordes tendues comme les cordes d'un piano, et qui sont en relation avec les ramifications du *nerf auditif*.

En résumé, les mouvements sonores reçus par l'oreille externe, transmis par l'oreille moyenne, arrivent à l'oreille interne où les terminaisons du nerf auditif vont être impressionnées; et c'est le nerf auditif qui transmettra ensuite ces impressions au cerveau.

5° **La vue.** — La vue est le sens qui nous fait percevoir la lumière ; son organe est l'*œil*.

L'ensemble de l'œil comprend deux parties : 1° les *parties accessoires*, destinées à protéger l'œil et à ne laisser passer que la lumière ; 2° le *globe de l'œil*, qui est la partie essentielle, sensible à la lumière.

a) Parties accessoires. — L'œil est logé dans une cavité du crâne appelée *orbite*. En avant, l'œil est protégé par les deux *paupières* (*fig.* 47), qui sont des replis de la peau et qui portent

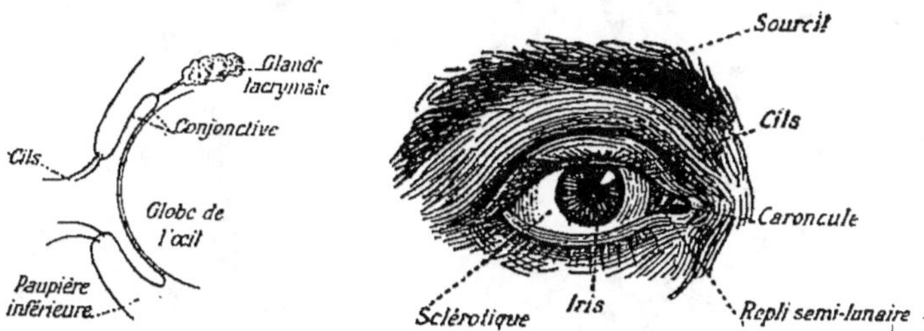

Fig. 47. — Les paupières.   Fig. 48. — Œil droit.

sur leurs bords des petits poils appelés *cils*. Les cils empêchent les poussières d'arriver à l'œil. Au-dessus de l'orbite se trouvent les *sourcils* (*fig.* 48), destinés à arrêter la sueur qui s'écoule du front.

Dans l'angle supérieur et externe de l'orbite se trouve une

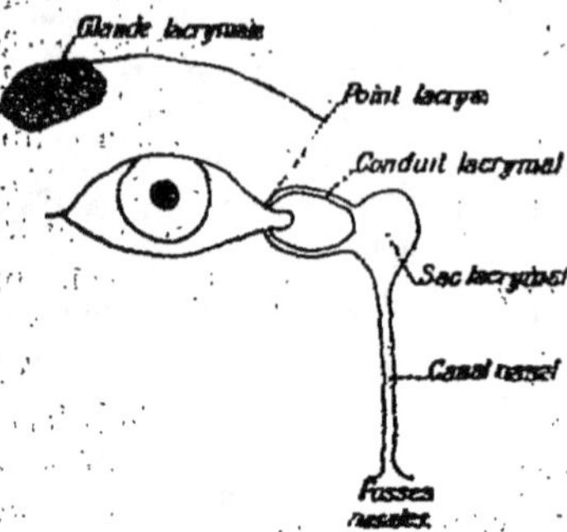

Fig. 49. — Appareil lacrymal.

petite glande, la *glande lacrymale* (*fig.* 47 et 49), qui produit les larmes destinées à humecter l'œil.

Si les larmes se forment en trop grande quantité, elles viennent dans le coin interne de l'œil s'écouler par deux conduits qui les amènent dans les fosses nasales. Cette disposition explique le fait bien connu, à savoir qu'on éprouve le besoin de se moucher quand on pleure : c'est que les larmes arrivent en grande quantité dans le nez.

Les mouvements de l'œil se font à l'aide de six muscles qui sont attachés sur le globe de l'œil. Ces mouvements sont rapides et nombreux ; ils contribuent à donner de l'expression à notre physionomie.

b) Globe de l'œil. — Le *globe de l'œil* (*fig.* 50) est à peu près sphérique : il est constitué par trois enveloppes superposées,

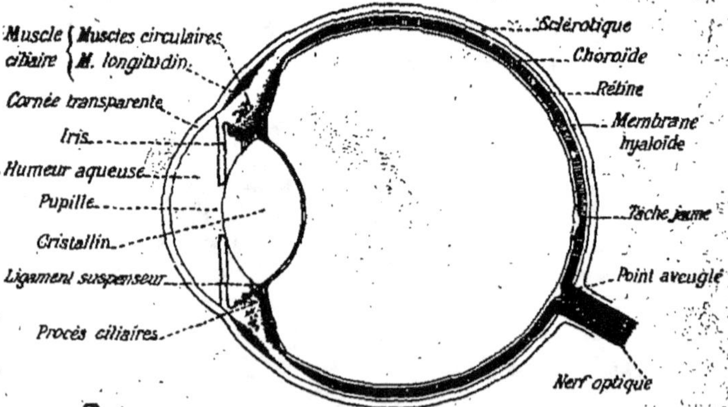

Fig. 50. — Coupe de l'œil.

qui sont, de dehors en dedans : la *sclérotique*, la *choroïde* et la *rétine*.

La *sclérotique* est extérieure ; c'est une membrane résistante qui protège l'œil ; en avant elle est transparente et devient la *cornée transparente*. La sclérotique forme ce qu'on désigne vulgairement sous le nom de *blanc de l'œil*.

La *choroïde* est une membrane mince, située en dedans de la sclérotique, et colorée en noir. A l'endroit où la choroïde vient se souder à la sclérotique se trouve une cloison verticale appelée *iris*, percée d'un orifice central, la *pupille*. Cette pupille qui paraît noire, parce que la cavité de l'œil n'est pas éclairée, se rétrécit à la lumière et s'agrandit à l'ombre.

La *rétine*, située en dedans de la choroïde, est la membrane sensible de l'œil ; c'est dans cette mince membrane que se ramifie et se termine le *nerf optique* qui vient du cerveau.

En arrière de l'iris se trouve une lentille transparente, biconvexe, qui a pour rôle de produire des images sur la rétine : c'est le *cristallin*.

Les objets, pour être vus, doivent venir se peindre sur la rétine, qui est la membrane sensible. Les images des objets se font sur la rétine comme sur la plaque sensible d'un appareil photographique. C'est cette impression lumineuse qui est transmise ensuite au cerveau par le nerf optique.

RÉSUMÉ

I. Le squelette. — Le squelette est formé par un ensemble d'os au nombre d'environ 200.

Structure des os .
- 1. *Périoste* . . . . Membrane fibreuse.
- 2. *Os* proprement dit
  - 1. Matière *minérale* (carbonate et phosphate de chaux).
  - 2. Matière *organique* : osséine.
- 3. *Moelle* . . . . . Substance grasse.

Le squelette comprend trois régions : *tronc, tête, membres.*

1° *Le tronc* . . . . .
- 1. *Colonne vertébrale* (33 vertèbres)
  - 7 cervicales.
  - 12 dorsales.
  - 5 lombaires.
  - 5 sacrées = sacrum.
  - 4 coccygiennes = coccyx.
- 2. *Côtes* : 12 paires.
- 3. *Sternum.*

2° *La tête* . . . . . $\left\{\begin{array}{l}\textbf{1. } \textit{Crâne} \text{ (8 os) : sphénoïde, ethmoïde, frontal,} \\ \text{occipital, 2 temporaux, 2 pariétaux.} \\ \textbf{2. } \textit{Face :} \text{ (14 os).}\end{array}\right.$

3° *Les membres.*

MEMBRE SUPÉRIEUR		MEMBRE INFÉRIEUR	
Bras. . . .	*Humérus.*	Cuisse . . .	*Fémur.*
Avant-Bras .	*Cubitus.* / *Radius.*	Jambe . . .	*Tibia.* / *Péroné.*
Coude . . .	*Olécrane.*	Genou . . .	*Rotule.*
Poignet. . .	*Carpe* (8 os).	Cou-de-pied.	*Tarse* (7 os).
Paume . . .	*Métacarpe* (5 os).	Plante . . .	*Métatarse* (5 os).
Doigts . . .	*3 phalanges.*	Orteils. . .	*3 phalanges.*

II. Les muscles. — Les *muscles* sont les organes actifs du mouvement. Un muscle présente une partie renflée et deux extrémités amincies, ou *tendons.*

Les muscles ont la propriété de se contracter sous l'influence de la volonté ; quelques-uns (cœur, estomac, intestins) cependant sont indépendants de la volonté. Mais tous se contractent par l'intermédiaire des nerfs.

III. Le système nerveux. — Le *système nerveux* a pour fonction de donner à l'organisme le *mouvement* et la *sensibilité.* Il comprend les *centres nerveux* et les *nerfs.*

Les **centres nerveux** comprennent le *cerveau* et la *moelle épinière,* qui sont protégés par les *méninges.*

1° *Cerveau* . . $\left\{\begin{array}{ll}\text{1° } \textit{Hémisphères cérébraux} & \left\{\begin{array}{l}\text{circonvolutions cérébrales.} \\ \text{siège de } \textit{l'intelligence} \text{ et de la vo-} \\ \text{lonté.}\end{array}\right. \\ \text{2° } \textit{Cervelet :} & \text{règle les mouvements.} \\ \text{3° } \textit{Bulbe rachidien} & \left\{\begin{array}{l}\textit{nœud vital} \text{ : arrêt du cœur et des} \\ \text{mouvements respiratoires.}\end{array}\right.\end{array}\right.$

2° *Moelle épinière* $\left\{\begin{array}{l}\text{Long cordon nerveux situé dans le canal rachidien.} \\ \text{Relie les nerfs au cerveau.}\end{array}\right.$

Les nerfs sont des cordons fibreux se rendant à tous les organes.
12 paires de *nerfs crâniens* partent du cerveau.
31 paires de *nerfs rachidiens* partent de la moelle.
Les nerfs servent à relier tous les organes aux centres nerveux. A ce point de vue il y a trois sortes de nerfs :
1° Les *nerfs sensitifs,* qui transmettent la sensibilité ;
2° Les *nerfs moteurs,* qui transmettent le mouvement ;
3° Les *nerfs mixtes,* qui transmettent le mouvement et la sensibilité.

IV. Les organes des sens. — Les *organes des sens* sont destinés à nous faire connaître ce qui nous environne. Les sens sont au nombre de cinq : le *toucher*, le *goût*, l'*odorat*, l'*ouïe* et la *vue*.

Le toucher et la peau. — La *peau*, organe du toucher, comprend deux parties : l'*épiderme* et le *derme*.

L'*épiderme* produit les poils et les ongles ; le *derme* contient les terminaisons nerveuses (*papilles*) qui donnent la sensibilité.

La peau nous renseigne sur la *forme* des objets, leur *poids* et leur *température*.

Le goût et la langue. — La *langue* est l'organe du goût. Elle est formée de muscles et présente des papilles sensibles aux saveurs.

L'odorat et les fosses nasales. — Les *fosses nasales* présentent des replis (*cornets*) tapissés par une membrane, la *pituitaire*, qui est sensible aux odeurs.

L'ouïe et l'oreille. — L'*oreille* est l'organe qui perçoit le *son* ; le son est dû à des vibrations des corps. Elle est formée de trois parties :

1° *Oreille externe*, comprenant le *pavillon* et le *conduit auditif externe*. Elle recueille les vibrations pour les diriger vers le *tympan*.

2° *Oreille moyenne* ou *caisse du tympan*, creusée dans l'os temporal. La *chaîne des osselets* (marteau, enclume, os lenticulaire, étrier) relie le tympan à l'oreille interne. Communique avec l'arrière-bouche par la *trompe d'Eustache*.

3° *Oreille interne* ou *labyrinthe*, formée de trois parties : *vestibule*, *canaux semi-circulaires*, et *limaçon*. C'est elle qui est sensible aux impressions sonores.

La vue et l'œil. — La *vue* est le sens qui nous fait percevoir la lumière. L'*œil*, organe de la vue, comprend deux parties :

1° *Parties accessoires.* { protectrices : orbite, paupières et cils, sourcils.
sécrétrices : glande lacrymale (larmes).
motrices : 6 muscles.

2° *Globe de l'œil.* { 3 *membranes.* { 1. *Sclérotique* et *cornée transparente.*
2. *Choroïde.* En avant *iris* et *pupille.*
3. *Rétine :* sensible à la **lumière.**
Cristallin.

L'œil fonctionne comme un appareil photographique ; les **objets,** pour être vus, doivent se photographier sur la rétine, car c'est elle qui contient les terminaisons du *nerf optique,* lequel transmettra les impressions lumineuses au cerveau.

DEUXIÈME PARTIE

LES ANIMAUX

CHAPITRE PREMIER

LES GRANDES DIVISIONS DU RÈGNE ANIMAL

La zoologie comprend non seulement l'étude de la forme et de la structure des animaux, mais encore l'étude de leurs mœurs, de leur distinction en animaux utiles et nuisibles, de leur répartition à la surface de la terre, etc.

Les animaux qui existent à la surface du globe sont en nombre si considérable qu'il est nécessaire pour faciliter leur étude de les *classer*, c'est-à-dire de les ranger, de les grouper, suivant leurs ressemblances. On fait ce qu'on appelle une *classification*.

Le *règne animal* comprendra donc un certain nombre de groupes d'animaux, que l'on pourra réunir à leur tour pour former des groupes de plus en plus importants. Voici, en commençant par les plus simples, les différents groupes qu'on est convenu d'établir.

Espèce. — On a mis dans un même groupe appelé *espèce*, tous les animaux qui se ressemblent entre eux autant qu'ils ressemblent à leurs parents. Ainsi tous les Chiens domestiques, depuis le petit Chien d'appartement et le massif Bouledogue jusqu'au Lévrier, aux formes élancées, et au robuste Terre-Neuve, tous forment une même espèce. Si variés en effet que soient ces Chiens, ils ont suffisamment de points de ressemblance pour que personne n'hésite à distinguer un Chien d'un autre animal, d'un Chat par exemple.

On peut subdiviser l'espèce en *races* en se basant sur les différences qui existent entre les individus d'une même espèce. C'est ainsi que les Chiens comprennent plusieurs races : Epagneuls, Caniches, Dogues, Bassets, Lévriers, etc.

Genre. — Les espèces qui se ressemblent beaucoup entre elles sont réunies en un groupe plus vaste : le *genre*.

Exemple : l'espèce *Chien domestique*, l'espèce *Loup*, l'espèce *Renard*, sont bien distinctes ; mais elles ont cependant assez de ressemblance pour être rangées dans le même genre.

Pour désigner un animal, on a coutume de lui donner le nom du *genre* et le nom de l'*espèce* auxquels il appartient. Le nom de genre sera employé comme notre nom de famille, et le nom de l'espèce comme notre prénom. On est convenu d'emprunter ces noms au latin, car le latin a l'avantage d'être compris dans tous les pays, ce qui évite des confusions.

Exemples : le Chien domestique, le Loup, le Renard sont des espèces différentes du même genre, le genre Chien ou *Canis* ; on les distinguera sous les noms de *Canis familiaris*, *Canis lupus*, *Canis vulpes*. De même le Chat, la Panthère, le Tigre, le Lion qui forment un seul genre, le genre *Felis*, s'appellent respectivement : *Felis catus*, *Felis pardus*, *Felis tigris*, *Felis leo*.

Mais dans le langage ordinaire on emploie seulement les noms français ; c'est ce que nous ferons dans la suite de cet ouvrage.

On a groupé ensuite les genres les plus semblables entre eux en *familles* ou *tribus* ; puis les familles voisines ont été groupées en *ordres*, les ordres en *classes*, et les classes en *embranchements* ; les embranchements sont les groupes les plus importants dont l'ensemble constitue le *règne animal*.

Un animal est donc parfaitement défini quand on connaît ses noms d'espèce, de genre, de famille, d'ordre, de classe et d'embranchement. Ainsi le Chien domestique *Canis* (genre) *familiaris* (espèce) appartient à la famille des Canidés, ordre des Carnivores, classe des Mammifères et embranchement des Vertébrés.

On peut avoir une idée nette de l'importance de plus en plus grande de ces groupes en comparant cette classification avec les groupements faits dans notre armée, où les *soldats* sont réunis en *compagnies*, les compagnies en *bataillons*, les bataillons en *régiments*, les régiments en *brigades*, les brigades en *divisions*, les divisions en *corps d'armée*.

Les principaux embranchements. — Le règne animal comprend huit principaux embranchements :

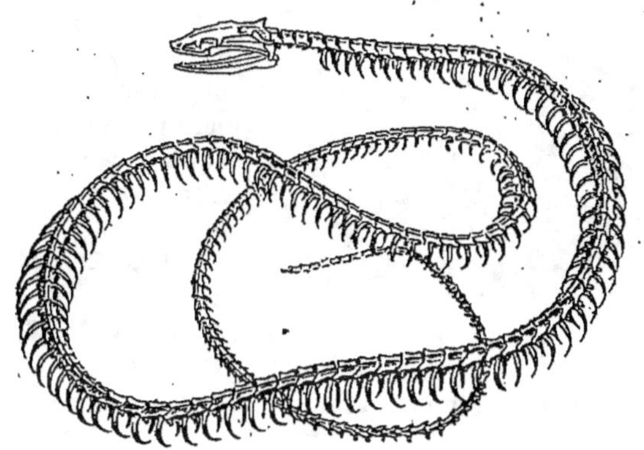

Fig. 51. — Un Vertébré : Serpent (squelette).

1° Les **Vertébrés** (*fig.* 51), qui ont un squelette interne osseux dont l'axe est la colonne vertébrale, constituée par une série de pièces appelées *vertèbres*. Exemples : Homme, Serpent ;

2° Les **Articulés** ou **Arthropodes** (*fig.* 52), dont le corps est formé d'anneaux placés bout à bout et portant des pattes articulées, c'est-à-dire formées de parties qui peuvent se mouvoir les unes sur les autres. Le corps est généralement protégé par une enveloppe résistante. Exemples : Hanneton, Araignée, Scolopendre ou Mille-pattes, Ecrevisse ;

Fig. 52.
Un Articulé :
Scolopendre.

Fig. 53. — Un Ver : Sangsue.

3° Les **Vers** (*fig.* 53), qui ont le corps mou et formé de plusieurs segments ou anneaux placés bout à bout ; ils sont dépourvus de pattes. Exemples : Sangsue, Ver de terre ;

4° **Les Mollusques** (*fig.* 54), qui ont le corps mou généralement protégé par une coquille calcaire. Exemples : Escargot, Huître, Pieuvre ;

5° **Les Echinodermes** (*fig.* 55), qui sont généralement recouverts de piquants.

Fig. 54. — Un Mollusque : Escargot.

Exemples : Étoile de mer, Oursin ;

Fig. 55. — Un Échinoderme : Étoile de mer.

Fig. 56. — Un Polype : Corail.

6° **Les Cœlentérés** ou **Polypes** (*fig.* 56), dont le corps est réduit à une simple poche. Ces animaux peuvent se fixer et se ramifier comme des végétaux. Chaque individu étalé ressemble à une petite fleur. — Exemples : Corail, Méduse.

Les Cœlentérés et les Échinodermes ont une structure *rayonnée*, c'est-à-dire que les diverses parties de leur corps sont disposées autour d'un axe central, comme les rayons d'une roue. Aussi on les groupe parfois ensemble sous le nom de **Rayonnés**.

7° **Les Eponges** sont des animaux fixés au sol et semblables extérieurement à des végétaux.

8° **Les Protozoaires** sont les animaux les plus simples, car ils sont réduits à une petite masse de substance vivante et sont dépourvus d'organes. Exemple : Infusoire.

Les sept derniers embranchements comprennent des animaux qui n'ont pas de squelette interne, pas de vertèbres ; c'est pourquoi on les désigne sous le nom d'*Invertébrés*.

RÉSUMÉ

Classer les animaux, c'est les ranger d'après leurs ressemblances.

Les principaux groupes établis sont l'*espèce*, le *genre*, la *famille*, l'*ordre*, la *classe* et l'*embranchement*.

On désigne toujours un animal par deux noms : 1º le nom de *genre* ; 2º le nom d'*espèce*. Exemples : le Chien domestique (*Canis familiaris*), le Loup (*Canis lupus*).

Le règne animal comprend huit principaux embranchements :

1º Les *Vertébrés* : Homme.
2º Les *Articulés* : Mille-Pattes.
3º Les *Vers* : Sangsue.
4º Les *Mollusques* : Escargot.
5º Les *Échinodermes* : Oursin.
6º Les *Polypes* : Corail.
7º Les *Éponges*.
8º Les *Protozoaires* : Infusoire.

CHAPITRE II

EMBRANCHEMENT DES VERTÉBRÉS

Caractères généraux. — Les *Vertébrés* sont des animaux ayant un squelette interne, dont l'axe, la colonne vertébrale, est formé d'os superposés appelés *vertèbres*. Leur sang est rouge et contient des globules. Leur système nerveux, comme celui de l'Homme, comprend le cerveau, logé dans le crâne, et la moelle épinière, logée dans le canal rachidien. La colonne vertébrale et le système nerveux sont situés au-dessus du tube

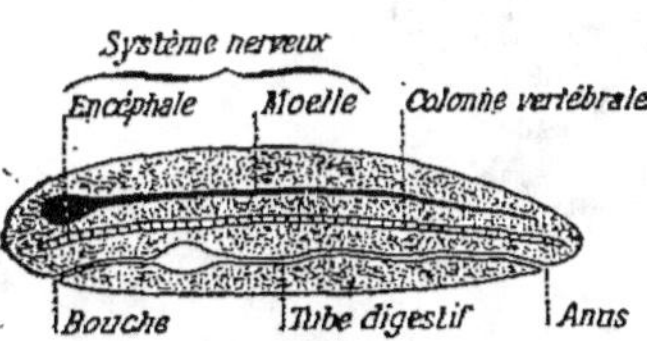

Fig. 57. — Schéma d'un Vertébré.

digestif (*fig.* 57) ; nous verrons que la disposition inverse existe chez les *Invertébrés*..

Les cinq classes des Vertébrés. — Les Vertébrés se divisent
en cinq classes :

1° Les *Mammifères*, qui portent des *mamelles* et dont le corps
est couvert de *poils* (*fig*. 58). Exemple : Le Chien ;

Fig. 58. — Chien griffon.   Fig. 59 — Coq et Poule.

2° Les *Oiseaux* (*fig*. 59), qui ont le corps couvert de *plumes*, et
leurs membres antérieurs transformés en ailes ; ils ont un bec
corné. Exemple : Le Coq ;

Fig. 60. — Orvet.

3° Les *Reptiles* (*fig*. 60), qui ont le corps couvert d'*écailles* et
les membres rejetés sur les côtés, de sorte que leur ventre

traîne sur le sol ; parfois même ils sont complètement dépourvus de membres. Dans tous les cas leur corps *rampe* sur la terre, d'où leur nom. Exemples : Le Lézard, l'Orvet ;

4° Les *Batraciens* ou *Amphibiens* (*fig.* 61), dont le corps est nu, et qui ont une respiration *aquatique* dans leur jeune âge et *aérienne* quand ils sont adultes. Exemples : La Grenouille, la Rainette ;

5° Les *Poissons* (*fig.* 62), qui ont le corps couvert

Fig. 61. — Rainette.

d'*écailles* ; ils respirent pendant toute leur vie dans l'eau, et leurs membres sont transformés en *nageoires*.

Si l'on place la main sur un Oiseau, puis sur un Lézard, on reconnaît facilement que

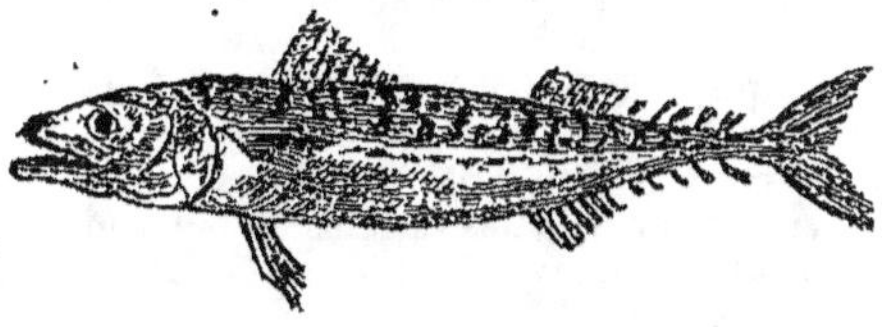

Fig. 62. — Maquereau.

le premier est *chaud* et que le second est *froid*. C'est que l'Oiseau a une respiration active ; et comme la respiration est une combustion, elle produit beaucoup de chaleur si elle est active ; c'est pourquoi l'Oiseau a une température élevée et *constante* dans toutes les saisons. Les Mammifères sont dans le même cas ; aussi appelle-t-on parfois les Mammifères et les Oiseaux animaux *à sang chaud*.

Le Lézard, au contraire, a une respiration peu active ; aussi sa température est peu élevée et *variable* avec la température extérieure. Les Reptiles, les Batraciens, les Poissons et tous les Invertébrés sont dans ce cas ; c'est pourquoi on les appelle parfois animaux *à sang froid*.

CLASSE DES MAMMIFÈRES

Caractères généraux. — Les *Mammifères* sont des Vertébrés qui portent des *mamelles* et dont le corps est couvert de *poils*.

Leur température est invariable et ils respirent toute leur vie au moyen de poumons.

1° Les *mamelles* sont des glandes destinées à fournir le *lait* qui doit servir à l'alimentation des petits. Elles sont situées par paire sur la poitrine ou sur l'abdomen suivant les espèces de Mammifères; leur nombre est en rapport avec le nombre de petits qui naissent à la fois. Ainsi chez les Mammifères qui n'ont qu'un petit, il n'y a qu'une paire de mamelles; tandis qu'il peut y en avoir deux ou trois paires ou davantage chez les Mammifères dont la fécondité est plus grande.

Le *lait* est un liquide très nutritif contenant : 1° des gouttelettes de graisse qui se rassemblent à la surface du lait pour donner la *crème*, et qui par le battage pourront se souder pour donner le *beurre*; 2° une matière albuminoïde liquide, la *caséine*, qui peut se coaguler et qui est la base du fromage; 3° un liquide ou *petit-lait* contenant surtout de l'eau et une faible quantité de *sucre*.

2° Les *poils* sont des appendices qui naissent dans l'épaisseur de la peau (voir p. 37). On peut les ranger en deux catégories : 1° ceux qui sont longs et raides; ce sont les *jarres*; 2° ceux qui sont fins et moelleux et qui forment le *duvet*. Parmi les principales variétés de poils on peut citer : les *soies* du Porc, les *crins* du Cheval, la *laine* du Mouton, les *piquants* du Porc-épic et du Hérisson, etc.

Les poils ont pour rôle de conserver la chaleur de l'animal et de préserver celui-ci du refroidissement extérieur; aussi ils sont d'autant plus abondants que l'animal vit dans des régions plus froides. C'est pourquoi les belles *fourrures*, aux poils longs et soyeux, proviennent de la Sibérie et de l'Amérique boréale, où les hivers sont des plus rudes et des plus longs. Une peau de Martre de France a une valeur bien inférieure à une peau de Martre de Sibérie. C'est pour la même raison que la chasse des animaux à *pelleteries*, c'est-à-dire à *fourrures*, ne se pratique que pendant la saison froide. La beauté des fourrures est due à l'éclat lustré des jarres et à leurs couleurs variées. La couleur de la fourrure des animaux des régions polaires est blanc bleuâtre, tandis que e pelage des animaux des pays chauds est de couleur intense, sauf le ventre qui est blanc.

Les animaux habitant les régions chaudes ont au contraire un pelage sec, peu fourni et dépourvu de duvet.

Enfin, les poils tombent généralement une fois par an et sont remplacés par des poils nouveaux qui naissent dans les mêmes follicules : c'est ce qu'on appelle la *mue*.

Le froid semble empêcher la matière colorante du poil de se développœr, car le poil d'hiver est généralement blanc et celui d'été coloré. Ainsi le pelage de l'Écureuil de nos bois est d'un rouge brun en été, et grisâtre en hiver; dans les régions boréales cet animal fournit une des fourrures les plus estimées, le *Petit-gris*.

Classification des Mammifères. — On peut faire dans la classe des Mammifères cinq groupes principaux :

1° Les ONGUICULÉS, dont les doigts sont terminés par des *ongles* ou des *griffes*. Exemples : l'Homme, le Chien;

2° Les ONGULÉS, dont les doigts se terminent par des *sabots*. Exemples : le Bœuf, le Cheval;

3° Les MAMMIFÈRES PISCIFORMES, dont le corps a la forme d'un Poisson. Exemple : la Baleine ;

4° Les MARSUPIAUX, qui portent à la partie ventrale une poche où les petits achèvent leur développement. Exemple : la Sarigue ;

5° Les MONOTRÈMES, qui pondent des œufs et qui n'ont pas de dents. Exemple : l'Ornithorhynque.

RÉSUMÉ

Les Vertébrés. — Les *Vertébrés* ont un squelette interne dont l'axe est formé de vertèbres. On les divise en cinq classes.

Sang chaud ou température constante	1° *Mammifères* : mamelles et poils. 2° *Oiseaux* : plumes et bec corné.
Sang froid ou température variable	3° *Reptiles* : écailles, corps rampant. 4° *Batraciens* : corps nu, respiration aquatique, puis aérienne. 5° *Poissons* : écailles, respiration aquatique.

Les Mammifères. — *Mamelles* et *poils*.

1° *Mamelles* : glandes fournissant le *lait* (crème, caséine, sucre et eau).

2° *Poils* : conservent la chaleur. Abondants dans les pays froids, donnent les fourrures (*pelleteries*); peu développés dans les pays chauds.

La *mue* : poils d'hiver et poils d'été.

On les partage en cinq groupes :

1° *Onguiculés* : ongles et griffes.

2° *Ongulés* : sabots.

3° *Mammifères pisciformes* : forme de Poisson.

4° *Marsupiaux* : poche ventrale où les petits achèvent leur développement.

5° *Monotrèmes* : pondent des œufs ; pas de dents.

CHAPITRE III

LES MAMMIFÈRES ONGUICULÉS

Parmi ces Mammifères qui portent des ongles ou des griffes, les principaux ordres sont : les Primates, les Chéiroptères ou Chauves-Souris, les Insectivores, les Carnassiers, les Amphibies, les Rongeurs, les Édentés.

ORDRE DES PRIMATES

Les *Primates* sont des Mammifères pourvus de *mains*. Ils comprennent deux groupes : les *Hommes* et les *Singes*.

I. — Les Hommes.

Caractères généraux. — L'*Homme* est caractérisé par ce qu'il se tient *verticalement*, et par ses mains qui servent seules à la préhension des objets. Par sa structure il ressemble aux Mammifères et en particulier aux Singes, mais il s'en distingue nettement par la supériorité de son *intelligence* et par son *langage articulé*, qui lui permet d'échanger ses idées avec ses semblables. Enfin le crâne de l'Homme est très développé, surtout dans la région frontale.

On admet que l'Asie fut le berceau de l'humanité, et que partis de l'Asie centrale, les Hommes primitifs se sont répandus dans toutes les directions et sont venus peupler l'Inde, l'Europe, l'Afrique et plus tard l'Amérique. Ces Hommes primitifs se seraient alors modifiés peu à peu suivant les climats, suivant les nécessités de la vie, et auraient donné les races humaines existantes.

Les races humaines. — Tous les Hommes appartiennent au même genre et à la même espèce, mais ils présentent cependant des différences qui ont permis de les grouper en un certain nombre de *races*, dont les trois plus importantes sont : la *race blanche,* la *race jaune* et la *race noire*.

1° La *race blanche* ou *caucasique* (*fig.* 63), caractérisée par le teint blanchâtre, les cheveux souples, blonds ou noirs, la barbe abondante, le front large, les yeux fendus horizontalement, et les lèvres minces.

Elle habite l'Europe, l'ouest de l'Asie et le nord de l'Afrique. Les Sémites (Juifs et Arabes) forment un rameau de cette race; un autre rameau est fourni par les types *céltiques, germains* et *hindous.*

2° La *race jaune* ou *mongolique* (*fig.* 64) qui a la peau jaunâtre, les cheveux noirs et durs, la barbe rare, les yeux fendus obliquement, les lèvres épaisses, et les pommettes saillantes.

Fig. 63. — Race blanche.

Elle habite la Chine, le Japon, et les îles de l'Extrême-Orient. Les Polynésiens, les Malais, les Hovas de Madagascar sont des variétés de cette race.

Fig. 64. — Race jaune.

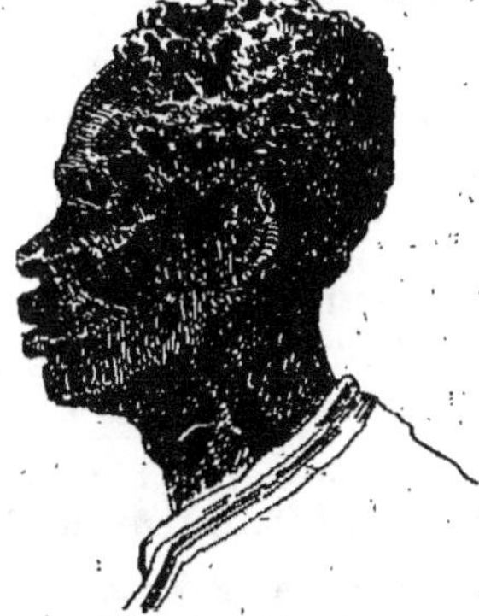

Fig. 65. — Race noire.

3° La *race noire* ou *éthiopique* (*fig.* 65) a la peau noire ou brune, luisante, les cheveux crépus et laineux, la barbe noire et peu fournie, le front fuyant, le nez écrasé, les lèvres épaisses, les pommettes saillantes et la mâchoire inférieure proéminente en avant.

Cette race habite l'Afrique centrale et australe, les îles de l'Océan indien, l'Australie, etc. Les principaux types sont les Sénégalais, les Hottentots, les Papous, les Négritos, etc.

Il existe encore un certain nombre d'autres races, en particulier la *race rouge*, qui a la peau cuivrée, les cheveux longs et rudes, le front étroit et les pommettes saillantes. Mais cette race est en voie de disparition et *n'est plus représentée*, en Amérique, que par les Peaux-Rouges, les Mexicains, les Péruviens, etc.

II. — Les Singes.

Caractères généraux. — Les *Singes* sont caractérisés par ce qu'ils ont le pouce du pied *opposable* aux autres doigts, c'est-à-dire que le pouce peut venir toucher les autres doigts ; il en résulte que le pied peut saisir les objets, comme la main ; donc les Singes se servent de leurs pieds comme de leurs mains : c'est pourquoi on les appelle aussi *Quadrumanes*, tandis que les Hommes ne sont que des *Bimanes*. En réalité, si l'on étudie la structure du pied des Singes (*fig.* 66), on voit qu'elle est exactement celle d'un pied et non d'une main.

Enfin, les Singes ont le corps recouvert de poils fins, et leurs membres supérieurs sont plus longs que leurs membres inférieurs.

La conformation de leurs pattes leur permet de grimper avec une grande facilité, puisqu'ils peuvent se cramponner par quatre points à la fois. Du reste ils vivent surtout sur les arbres pour y chercher leur nourriture, car ils sont presque tous *frugivores*.

Les noix de Coco sont un régal pour les Singes ; aussi faut-il voir avec quelle habileté ils savent les éplucher : ils arrachent l'enveloppe fibreuse avec leurs dents, agrandissent les trous naturels avec leurs doigts, boivent le lait et frappent la noix sur un objet dur pour s'emparer de l'amande.

On peut diviser les Singes en deux groupes : 1º ceux de l'Ancien Continent ; 2º ceux du Nouveau Continent.

I. Singes de l'Ancien Continent. — Ils ont 32 dents comme l'Homme et disposées de la même façon ; les narines sont séparées par une mince cloison ; la bouche porte de chaque côté de vastes poches appelées *abajoues* qui servent à loger les provi-

sions que ces animaux emportent avec eux pour les manger à
loisir ; leur queue, quand ils en ont une, n'est qu'un ornement
et ne sert pas aux mouvements du corps comme chez les Singes
du Nouveau Continent.

On peut aussi les ranger en deux groupes : 1° ceux qui sont
dépourvus de queue et qu'on appelle *Anthropomorphes*, à cause
de leurs ressemblances avec l'Homme ; 2° ceux qui ont une
queue non prenante.

1° Anthropomorphes. — Ils ressemblent beaucoup à l'Homme
par la conformation générale de leur corps. Ils marchent de-
bout comme l'Homme. Aussi le squelette
de ces grands Singes (*fig.* 66) rappelle-t-il
beaucoup celui de l'Homme. La ressem-
blance est surtout très grande quand on
compare un jeune Singe et un jeune en-
fant ; mais en vieillissant le crâne du
Singe s'ossifie rapidement et ne se déve-
loppe pas comme celui de l'enfant. Les
mâchoires du Singe
deviennent proémi-
nentes (*fig.* 67), le
front reste étroit et
fuyant ; en somme
la physionomie du
Singe devient plus
bestiale et son ca-
ractère devient de
plus en plus brutal.
Si grande que soit

Fig. 66. — Squelette du   Fig. 67. — Crâne d'Orang-
Chimpanzé.   Outang.

l'intelligence du Singe, elle est toujours inférieure à celle de
l'Homme ; de plus il n'a pas la faculté du langage articulé.

Il ne faudrait pas non plus faire du Singe une caricature hu-
maine n'ayant de notre espèce que nos défauts ; il a aussi des
qualités de premier ordre.

Ces Singes comprennent le Chimpanzé, le Gorille, l'Orang-
Outang, le Gibbon.

Le *Chimpanzé* (*fig.* 68), appelé parfois l'*Homme des Bois*, habite en

Afrique, dans les forêts de la Guinée où

Fig. 68. — Chimpanzé (beaucoup plus petit que l'Homme).

Fig. 69. — Gorille (taille de l'Homme).

il se construit sur les arbres une sorte de nid pourvu d'un toit. Il se rapproche plus que les autres de l'Homme par la longueur moindre de ses bras et la grosseur de son cerveau. Sa taille est d'environ 1^m,30 ; son corps est couvert de poils noirs, ses oreilles sont semblables à celles de l'Homme ; ses paupières sont dépourvues de cils et ses joues sont cachées par des favoris ; il marche en appuyant sur le sol le dos des doigts de sa main, ou bien en s'aidant d'un bâton ; il se nourrit de fruits, de racines ; il pille les Bananiers, dont il aime particulièrement les fruits. Il vit en bandes souvent dirigées par le plus vigoureux ; il n'attaque pas l'Homme, mais il se défend héroïquement ; et souvent lorsqu'un chasseur a tué un membre de la bande, les autres se précipitent sur le chasseur.

Les jeunes Chimpanzés sont intelligents et faciles à apprivoiser : ils apprennent à manger à table, à se servir de couteaux et de fourchettes, mais ils aiment le vin et les liqueurs. Le grand naturaliste Buffon en a possédé un auquel on avait appris à mettre le couvert et à servir à table ; il offrait même le bras aux personnes qui venaient visiter son maître. Un officier de la marine française eut un Chimpanzé qui à bord d'un navire tournait la roue d'un cabestan et aidait à la manœuvre. Malheureusement avec l'âge, la douceur disparaît, et les Chimpanzés peuvent même devenir dangereux. D'autre part, les jeunes Chimpanzés succombent vite dans nos climats, atteints généralement par la phtisie.

Le *Gorille* (*fig.* 69) est beaucoup plus grand et plus robuste ; il diffère davantage de l'Homme par la plus grande longueur de ses bras, par ses mâchoires, comparables à celles du Lion, par le grand développement de ses canines ou crocs ; il est doué d'une force musculaire peu commune, ce qui rend plus dangereux encore son naturel féroce ; son poil est d'un brun noir. Le Gorille en fureur a un aspect terrifiant ; il dresse ses poils, dilate ses narines, abaisse sa lèvre inférieure qui montre ses terribles crocs ; puis, se battant la poitrine avec ses poings, il fait retentir la forêt de rugissements formidables.

Il vit surtout dans les forêts du Gabon, à une certaine distance des côtes ; car le Gorille comme le Chimpanzé se retirent du voisinage de la mer en raison du bruit et du mouvement occasionnés par la colonisation de ces pays ; ils recherchent la forêt plus sauvage, mais plus calme et plus tranquille.

L'*Orang-Outang* (*fig.* 70) est aussi de taille élevée : ses jambes sont courtes, mais ses bras sont si longs qu'il s'en sert pour marcher presque sans ployer son corps ; ses poils sont d'un roux ardent, et son front est découvert jusqu'au sommet de la tête. Il porte en avant du cou une poche qu'il peut remplir d'air et qui fait résonner davantage son cri. Il vit sur les arbres et se sert de branches cassées comme de projectiles qu'il lance sur les Hommes. Il se défend avec rage quand on l'attaque et peut faire de cruelles morsures. Il habite les forêts marécageuses de Bornéo et l'ouest de Sumatra.

Le *Gibbon* ressemble aussi à l'Homme, mais il est plus petit que les précédents, et déjà moins intelligent ; il habite l'Inde et les îles de l'Extrême-Orient.

Fig. 70. — Orang-Outang (un peu plus petit que l'Homme).

2° **Singes ordinaires.** — La plupart ont une queue ; les poils manquent souvent à la partie postérieure, où l'épiderme, épaissi et rouge, forme ce qu'on appelle les *callosités fessières* ; ils marchent en s'appuyant sur leurs quatre pattes.

Quoique d'une organisation bien inférieure aux Singes anthropomorphes, et par suite d'une intelligence moindre, ils sont cependant supérieurs à la plupart des autres animaux. Ils sont surtout rusés ; aussi l'on dit souvent : malin comme un singe.

Voici un fait, entre mille, qui montre bien l'astuce de ces animaux : il existe à Java des Crabes vivant dans des trous sur les bords de la mer ; les Singes ont, paraît-il, un goût particulier pour ces Crabes et voici comment ils se les procurent : un Singe s'approche de la retraite du Crabe et glisse habilement sa queue dans le trou. Aussitôt le Crabe vorace se précipite sur l'appendice caudal, le Singe fait la grimace, mais dès qu'il sent la queue bien pincée, il la retire brusquement et avec elle le Crabe qu'il lance sur le sol avec violence, brisant ainsi la carapace, d'où il n'a plus qu'à extraire la chair.

Parmi les Singes ordinaires de l'Ancien Continent, on peut citer : le Magot, le Macaque, le Cynocéphale, le Guenon, etc.

Le *Magot* n'a pas de queue : il habite l'Algérie et le Maroc et aussi sur les rochers de Gibraltar; c'est le seul qui existe en Europe.

Le *Macaque* a une queue très longue et habite le Sud de l'Asie et l'Extrême-Orient.

Le *Guenon* est un Singe africain; sa queue est longue et son pelage présente de fort belles couleurs.

Le *Cynocéphale* ou *Babouin* a le museau très développé rappelant celui du Chien. Il habite l'Afrique et l'un d'eux, l'*Hamadryas*, se trouve en Arabie. Il en existe une espèce, le *Mandrill*, qui présente sur les joues des bourrelets d'un bleu vif. La plupart de ces Singes ont des callosités fessières.

Certains Singes de la côte occidentale d'Afrique sont chassés pour leurs peaux utilisées par les tailleurs. En une seule année, en 1891, la côte d'Afrique a exporté 187.000 peaux de Singes évaluées 750.000 fr.

II. Singes du Nouveau Continent. — Les Singes d'Amérique ont 36 dents au lieu de 32 comme les Singes de l'Ancien Monde ; les narines sont écartées l'une de l'autre, et ils n'ont ni abajoues, ni callosités fessières. Mais le caractère le plus apparent est assurément leur longue queue flexible qui est *prenante*, c'est-à-dire qu'elle peut leur servir comme la main d'organe de préhension ; cette queue s'enroule autour des branches (*fig.* 71) et leur permet de se suspendre en se balançant, les quatre pattes libres, jusqu'au moment où ils jugent leur élan suffisant pour bondir sur une autre branche ou un autre arbre. Aussi ces Singes sont encore de meilleurs grimpeurs que ceux de l'Ancien Monde.

Parmi ces Singes nous citerons les Sapajous, les Singes hurleurs, les Ouistitis, etc.

Les *Sapajous* et les *Atèles* appelés *Singes-araignées* à cause de la longueur excessive de leurs pattes, habitent l'Amérique du Sud.

Fig. 71. — Singe à queue prenante.

Les *Singes hurleurs* du Brésil ont une vaste poche annexée au larynx, ce qui leur permet de pousser des cris assourdissants.

Les *Ouistitis* (*fig.* 72), dont les oreilles portent des touffes de poils, ont les doigts terminés par des griffes au lieu d'ongles.

Les Lémuriens. — Ce sont des animaux voisins des Singes, qu'on a longtemps confondus avec eux, et qui doivent être classés à part. Ils existent à Madagascar et dans les îles de la Sonde. Leurs membres sont encore terminés par des mains, mais leur cerveau et leur dentition les rapprochent davantage des Mammifères insectivores et herbivores.

Fig. 72. — Ouistiti (taille d'un Écureuil).

Parmi eux on peut citer le Maki, l'Aye-Aye, le Galéopithèque, etc.

Le *Maki* (*fig.* 73) abonde dans les forêts de Madagascar ; son museau allongé rappelle celui du Renard. Il s'apprivoise facilement et devient aussi caressant et aussi docile qu'un Chien. Il existe une espèce de Maki, le *Chirogale*, qui est nocturne et qui se nourrit d'Insectes et d'Oiseaux ; pendant la saison sèche qui dure plusieurs mois, il risquerait de mourir de faim s'il ne s'endormait comme les Loirs et les Marmottes ; pendant ce temps il se nourrit aux dépens d'une provision de graisse accumulée dans sa queue, qui est grosse comme un saucisson (l'animal est un peu plus gros qu'un Rat) ; à son réveil la queue a repris ses dimensions ordinaires.

Fig. 73. — Maki.

Ces animaux sont moins intelligents que les Singes ; mais tandis que les Singes sont irritables et fantasques, les Makis, au contraire, ont une douceur et une égalité d'humeur parfaites ; aussi l'on comprend que les habitants de Madagascar vénèrent certains de ces animaux, comme le *Babakoute*.

Le *Galéopithèque* ou *Singe volant* vit dans les forêts de la Malaisie ; une membrane rattache les membres et la queue au tronc, et forme une sorte de parachute pouvant servir à l'animal pour s'élancer d'un arbre sur un autre.

ORDRE DES CHÉIROPTÈRES OU CHAUVES-SOURIS

Caractères généraux. — Les *Chauves-souris* sont des Insectivores modifiés pour la vie aérienne. Leurs membres antérieurs ou bras sont transformés en *ailes*; pour cela quatre doigts de la main très longs (*fig.* 74) soutiennent une membrane qui s'attache d'autre part aux pattes postérieures et à la queue. Le pouce seul n'est pas allongé et porte une griffe qui sert à l'animal pour s'accrocher aux anfractuosités des murailles et se reposer quelques instants. Au repos, la Chauve-souris se suspend la tête en bas par les griffes de ses pattes postérieures.

Les dents molaires sont hérissées de petites pointes pour mieux écraser les Insectes dont ces animaux se nourrissent.

Fig. 74. — Squelette de Chauve-souris.

Pendant le jour, les Chauves-souris restent cachées dans des endroits obscurs (cavernes, vieilles tours, etc.); puis au crépuscule, elles poursuivent au vol les Insectes dont elles se repaissent. Elles peuvent se guider, même dans l'obscurité, sans le secours de leurs yeux qui sont, du reste, fort peu développés; et cela grâce aux poils très sensibles qui recouvrent leurs ailes. Ces membranes d'une sensibilité exquise sont averties par les chocs de l'air de la présence d'un obstacle, que l'animal peut alors contourner. L'extraordinaire finesse du toucher compense donc l'insuffisance de la vue.

La Chauve-souris, qui allaite son petit, le garde constamment accroché à ses poils, chassant les Insectes avec son précieux fardeau.

En hiver, les Insectes ont disparu, aussi les Chauves-souris vont s'endormir pour toute la saison froide : on dit qu'elles *hibernent*. Pendant ce temps elles ne prennent aucune nourriture; elles utilisent la graisse qu'elles ont accumulée pendant la belle saison, ce qui leur suffit, car, ne remuant pas et leur respiration étant très ralentie, elles usent peu et n'ont besoin que d'une faible alimentation. Sous l'influence de la chaleur du printemps, la vie active renaît.

Fig. 75. — Oreillard.

Principaux genres. — Il existe dans nos pays quelques espèces de Chauves-souris de petite taille.

Par exemple : l'*Oreillard* (*fig. 75*), remarquable par ses oreilles presque aussi longues que son corps ; le *Vespertilion*, qui pénètre jusque dans l'intérieur des maisons ; le *Rhinolophe*, qui porte sur le nez une membrane en forme de fer à cheval.

Ces animaux sont très utiles, car ils détruisent des Insectes nuisibles : on a vu une Chauve-souris dévorer en un seul repas 70 Mouches communes, et une autre prendre en peu de temps une douzaine de Hannetons.

Il existe une Chauve-souris de l'Amérique du Sud, le *Vampire*, qui s'attaque à l'Homme pendant son sommeil, ou au Cheval; cet animal, à l'aide de longues canines pointues et d'une langue hérissée de pointes dures, perce la peau et peut causer des hémorrhagies dangereuses.

Enfin, la *Roussette* est une Chauve-souris qui se nourrit de fruits; elle peut atteindre une taille considérable, jusqu'à un mètre d'envergure; elle habite l'Inde et l'Australie.

ORDRE DES INSECTIVORES

Caractères généraux. — Les *Insectivores*, se nourrissant d'Insectes, ont leur dentition en rapport avec ce régime : leurs molaires sont hérissées de petites pointes pour mieux écraser leur proie.

Ce sont des animaux *hibernants*, c'est-à-dire qui s'endorment pendant l'hiver pour ne se réveiller qu'au printemps.

Principaux genres. — Les plus intéressants à connaître sont le Hérisson, la Taupe, la Musaraigne et le Desman.

Fig. 76. — Hérisson.

Le *Hérisson* (*fig.* 76) a la peau du dos recouverte de piquants qui peuvent se dresser ou se coucher à la volonté de l'animal ; cette partie dorsale est tapissée d'un large muscle, et lorsque l'animal est menacé d'un danger, il se met en boule, tire sur ce muscle et s'enveloppe dans cette peau comme dans une bourse. A la moindre émotion les piquants

se dressent menaçants, transformant l'animal en une véritable pelote
d'aiguilles, ce qui explique la piteuse figure d'un Chien aux prises avec
un Hérisson. Le Hérisson ne quitte cette posture défensive que si on le
met dans l'eau. Aussi le Renard qui a capturé un Hérisson roule cet
animal jusqu'à la mare la plus voisine et l'étrangle dès qu'il sort la
tête. Il vit dans les haies et les broussailles, se nourrissant surtout
d'Insectes et de Rongeurs. Il est donc d'une grande utilité, d'autant
plus que c'est aussi un grand destructeur de Vipères dont il ne craint
pas les morsures venimeuses.

La *Taupe* (*fig.* 77) a le pelage épais et ve-
louté. Ses pattes antérieures sont disposées
pour creuser des galeries souterraines dans

Fig. 78. — Patte antérieure
de la Taupe.

Fig. 77. — Taupe commune.

lesquelles vit cet animal ; aussi elles sont élargies en forme de pelle et
portent même un os qui est comme un sixième doigt (*fig.* 78). Les gale-
ries que la Taupe creuse rayonnent autour de l'habitation ou chambre
centrale, toujours disposée de la même façon et comme l'indique la
figure 79 qui représente ce que l'on obtiendrait si l'on faisait un mou-

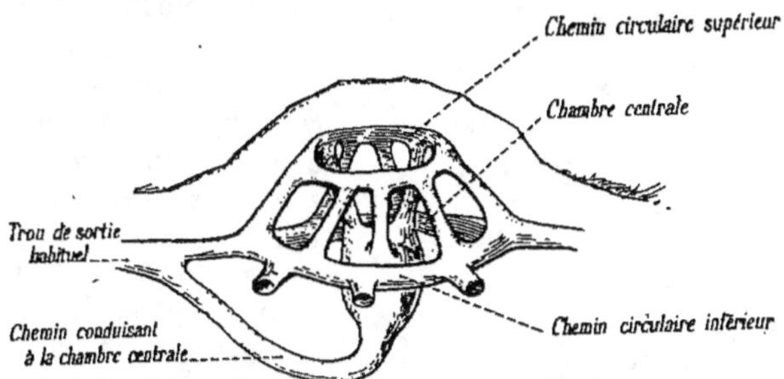

Fig. 79. — Le terrier de la Taupe.

lage du terrier de la Taupe. Les déblais sont rejetés à l'entrée des
galeries et forment un petit monticule appelé taupinière. Vivant tou-
jours dans l'obscurité, leurs yeux s'atrophient et finissent par dispa-
raître. Les Taupes détruisent beaucoup de larves de Hanneton ou *Vers
blancs* : à ce point de vue elles sont utiles ; mais en creusant leurs

galeries dans les jardins elles coupent les racines qu'elles rencontrent et causent de ce fait un certain dommage.

Fig. 80. — Musaraigne.

La *Musaraigne* (*fig.* 80) ressemble à une Souris, mais elle a le museau plus allongé, les oreilles et les yeux plus petits. Son nom vulgaire est *Musette*. C'est le plus petit de tous les Mammifères connus. Elle est très commune en France et se réfugie souvent dans les écuries. Sa morsure, contrairement à certain préjugé, n'est pas vénimeuse.

Le *Desman* (*fig.* 81), qui vit dans les Pyrénées sur le bord de l'eau, a le nez prolongé par une sorte

Fig. 81. — Desman (grosseur d'un Rat d'eau).

de petite trompe ; il a les pattes palmées, c'est-à-dire que les doigts sont réunis par une membrane.

ORDRE DES RONGEURS

Caractères généraux. — Les *Rongeurs* sont caractérisés par leur dentition, qui est en rapport avec leur régime. Ils se nourrissent d'herbes, de racines, de graines, de substances dures qu'ils sont obligés de *ronger*. Aussi leurs *incisives* (*fig.* 82), au nombre de deux à chaque mâchoire, sont très développées et taillées en biseau ; ces dents, en frottant l'une contre l'autre, s'usent rapidement, mais en même temps elles s'accroissent par leur base, de sorte que leur longueur reste constante. Mais si une incisive se brise, les deux dents ne se rencontrant plus, vont s'allonger d'une manière monstrueuse et celle de la mâchoire inférieure pourra venir toucher le crâne. Les *canines*

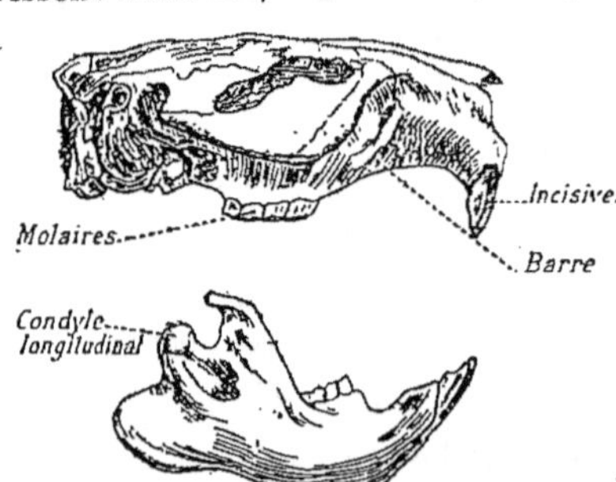

Fig. 82. — Tête de Rongeur (*Castor*).

manquent, de sorte que les incisives sont séparées des molaires par un espace vide appelé *barre*. Les *molaires* sont recouvertes par des replis d'émail qui forment comme une sorte de râpe.

Le condyle de la mâchoire inférieure est longitudinal ; de sorte que cette mâchoire se déplace seulement d'arrière en avant et d'avant en arrière ; elle fonctionne donc comme une sorte de lime.

Dépourvus de moyens de défense, ils échappent à leurs ennemis les Carnivores par plusieurs procédés : 1° ils peuvent se *dissimuler* à cause de leur petite taille, de leur coloration grise ou rousse peu éclatante, et enfin parce qu'ils ne sortent que la nuit : tels la Souris, le Loir ; 2° ils se cachent dans des trous comme la Souris, construisent leurs habitations dans l'eau comme le Castor, ou se perchent sur les arbres comme les Écureuils ; 3° enfin ils sont très agiles et peuvent fuir le danger avec rapidité, comme le Lièvre et le Lapin.

Principaux genres. — On divise les Rongeurs en un certain nombre de familles, dont les plus importantes sont celles des Lièvres, des Écureuils, des Rats, et des Castors.

Le *Lièvre* et le *Lapin* se distinguent des autres Rongeurs parce qu'ils ont quatre incisives à la mâchoire supérieure (*fig.* 83) : deux grandes en avant et deux petites placées derrière. Leurs pattes de derrière sont très développées, ce qui leur permet de faire des bonds prodigieux. Leurs oreilles sont grandes et très mobiles ; aussi ces animaux craintifs reconnaissent facilement l'approche de l'ennemi. Le Lièvre n'est pas sociable comme le Lapin ; il vit solitaire ; il ne se creuse pas de terrier et s'abrite dans un sillon ou sous un buisson. Le Lièvre a par-dessus tout la maladie de la peur ; sa vie est une perpétuelle angoisse ; il faut reconnaître qu'il a de nombreux ennemis parmi les animaux, à commencer par l'Homme, qui est le plus redoutable. Le mâle est appelé *Bouquin*, la femelle est une *Hase* ; et les

Fig. 83. — Incisives supérieures du Lièvre.

petits ou *Levrauts*, qui viennent au monde couverts de poils, tettent pendant un mois, puis se séparent de leurs parents et atteignent leur taille en un an. La durée extrême de leur vie est d'environ huit ans.

Le *Lapin* (*fig.* 84) vit en troupes dans les terriers qu'il se creuse dans le sol et d'où il ne sort que le soir pour chercher sa nourriture. Les petits viennent au monde nus et aveugles ; aussi leur mère prépare-t-elle au fond du terrier un nid composé d'herbes sèches et de duvet qu'elle arrache de la peau de son ventre. Les Lapins peuvent donner naissance à beaucoup de petits, et former rapidement de nombreuses familles. Aussi, par les dégâts qu'ils causent, ils deviennent en certains pays, comme l'Australie et la Californie, de véritables fléaux que les

Fig 84. — Lapins.

gouvernements ont de la peine à combattre. La Nouvelle-Galles du Sud seule, dépense chaque année 2 millions et demi de francs en primes pour la destruction des Lapins.

Le *Lapin de garenne* qui vit dans les terriers, est la souche du *Lapin domestique* ou de *clapier*. Ce dernier comprend de nombreuses races caractérisées par leur poil. L'Homme les élève pour leur chair et pour leur fourrure. Leur chair est blanche, tandis que celle des Lièvres est d'un rouge foncé. Les poils donnent lieu à un commerce important pour la fabrication du feutre et des fourrures à bon marché.

Fig. 85.— Gerboise (taille de l'Écureuil).

La *Gerboise* (*fig.* 85) a les pattes de derrière très développées, ce qui

lui permet de faire des bonds énormes. Elle a une très longue queue.
On la trouve en Afrique et en Asie.

L'*Écureuil* (*fig.* 86) est un grimpeur, au pelage roux et à la queue
touffue qui se retrousse sur le dos en un élégant panache. Il bondit
avec une grande sûreté d'arbre en arbre. Au repos, il se tient assis sur son train de derrière et se sert de ses pattes anté-rieures comme de mains pour grignoter les noisettes et les graines de Pin et de Sapin dont il se nourrit. C'est un animal bien sage, qui pense à la mau-vaise saison et qui sait mettre en réserve dans des trous ou dans des creux d'arbres les fruits récoltés en abondance pendant la belle saison.

Fig. 86. — Écureuil.

Il existe dans l'Amérique du Nord une espèce d'Écureuil qui a les pattes réunies au corps par une membrane, ce qui lui forme comme un parachute : c'est l'*Écureuil volant* ou *Polatouche*.

La *Marmotte* (*fig.* 87) a les pattes courtes et le corps massif ; elle vit sur les hautes montagnes des Alpes et des Pyrénées, au voisinage des neiges perpétuelles. Les Marmottes ont une ha-bitation d'été et une d'hi-ver dans laquelle elles s'endorment pendant 7 ou 8 mois de l'année. On peut les apprivoiser.

Fig. 87. — Marmotte (Taille d'un gros Lièvre).

Le *Rat* comprend plu-sieurs espèces, dont le Rat noir, le Surmulot, le Mulot, la Souris. Ils ont tous la queue écailleuse. Tous sont nuisibles par les dégâts qu'ils commet-tent et par les maladies qu'ils peuvent transmet-tre à l'homme, comme la peste par exemple.

Le *Rat noir* fut introduit d'Asie en Europe par des navires qui revenaient des Croisades. Il a été très abondant dans toutes les grandes villes jusqu'au milieu du XVIII<sup>

siècle, époque à laquelle il a été chassé par un autre Rat, le *Surmulot*, plus grand et plus fort que lui.

Le *Surmulot* (*fig.* 88) est brun ; il abonde dans nos villes et nos campagnes, et c'est par légions qu'on voit ces animaux sortir, le soir, des égouts, des marchés, ou des endroits contenant des victuailles ; c'est qu'il est aussi carnassier, et dans les campagnes il dévore les jeunes Poulets ou les petits Lapins.

Fig. 88. — Rat (Surmulot).

Le *Mulot* vit dans les champs et les bois, où il est très nuisible, car il mange les graines et ronge les écorces.

La *Souris* vit dans des galeries qu'elle se creuse dans les planchers et les murailles de nos habitations. Elle est d'une fécondité extraordinaire.

Fig. 89. — Hamster.

Le *Hamster* (*fig.* 89) diffère peu du Rat ; il est abondant en Alsace, où il cause des dégâts dans les moissons.

Le *Loir* a la queue longue et velue ; il est nocturne, et l'hiver il s'endort dans son terrier, enroulé en boule ; l'été, au contraire, il est très agile et grimpe fort bien sur les espaliers pour y manger les fruits. Une espèce de Loir très commune dans nos jardins est le *Lérot*, qui est un peu plus petit que le Rat.

Le *Campagnol* ou *Rat des champs* a la queue courte et velue ; il fait un tort considérable à l'agriculture en rongeant les racines et en mangeant les graines. Le *Rat d'eau*, qui vit dans des terriers sur le bord des cours d'eau, est une espèce de Campagnol.

Fig. 90. — Castors construisant une digue. (Leur taille est supérieure à celle d'un gros Lièvre).

Le *Castor* (*fig.* 90) est un Rongeur aquatique ; aussi il a les pattes palmées, c'est-à-dire que les doigts sont réunis par une membrane et forment une sorte de rame, comme la patte d'un Canard ; la queue du Castor est écailleuse et aplatie.

Les Castors étaient abondants autrefois en France ; on les désignait sous le nom de *Bièvres*, et c'est à leur présence sur les bords d'un petit affluent de la Seine que cette rivière doit son nom de Bièvre. On n'en trouve plus aujourd'hui que le long de quelques affluents du Rhône et en particulier dans la Camargue ; ils sont devenus très rares partout en Europe, mais ils sont encore nombreux au Canada. Ce sont des animaux remarquables par leur sociabilité et par leur industrie. Au Canada, on les voit se réunir par troupes de deux ou trois cents et construire de véritables cités. Ils commencent par construire une digue pour maintenir l'eau à une égale hauteur ; à cet effet, ils se servent de pieux enfoncés dans le sol, de branches entrelacées, de pierres et de limon. Ils bâtissent ensuite des cabanes de forme ovalaire, de 2 mètres de diamètre intérieur, et partagées en deux étages : l'inférieur qui est dans l'eau et qui sert de magasin pour les provisions ; le supérieur qui est à sec et qui est habité par les Castors. L'animal entre dans la cabane par une ouverture placée sous l'eau ; un autre orifice très petit et dissimulé au milieu de touffes d'herbes est percé au sommet de la cabane et sert à l'aération.

Pour exécuter ces travaux, les Castors architectes utilisent surtout leurs incisives et leurs pattes de devant. Avec leurs dents très puissantes ils peuvent couper un tronc d'arbre ; ils ont soin d'abattre les bois dont ils ont besoin au-dessus de l'endroit où ils veulent établir leur cabane ; ils n'ont alors qu'à les faire flotter et à les diriger.

Cet instinct de la construction se conserve même chez les animaux élevés en captivité ; c'est ainsi qu'un Castor élevé à la ménagerie du Jardin des Plantes de Paris prenait les morceaux de bois qu'il trouvait et commençait sa cabane, dont il n'avait cependant aucunement besoin.

La fourrure du Castor était jadis très recherchée pour la fabrication des chapeaux de feutre ; ce qui explique la chasse active qu'on lui faisait. Autrefois, les marchands de pelleterie en Europe recevaient environ 150.000 peaux de Castors par an.

Enfin le Castor fournit un produit odorant, le *castoreum*, jadis utilisé en médecine.

Fig. 91. — Porc-épic (plus gros qu'un Lapin).

Le *Porc-épic* (*fig*. 91) a le dos recouvert de longs piquants ; il habite le nord de l'Afrique, l'Italie et l'Espagne.

Le *Cobaye* ou *Cochon d'Inde* est un petit Rongeur originaire de l'Amérique du Sud ; il s'est fort bien acclimaté chez nous où il est aujourd'hui très commun. Il sert surtout dans les laboratoires de physiologie et de médecine, en particulier pour l'étude des maladies contagieuses.

ORDRE DES CARNIVORES

Caractères généraux. — Les *Carnivores* sont des Mammifères qui se nourrissent presque exclusivement de *chair* ; aussi leur dentition est-elle en rapport avec ce régime alimentaire.

Les *incisives* (*fig*. 92 et 93) sont petites ; les *canines*, au nombre de deux à chaque mâchoire, sont longues, crochues, et forment ce qu'on appelle les *crocs* ; enfin les *molaires* ont des crêtes aiguës et tranchantes, bien disposées pour déchirer la chair. En général, il existe une molaire de plus grande taille que les autres ; elle est appelée *carnassière* (*fig.* 92).

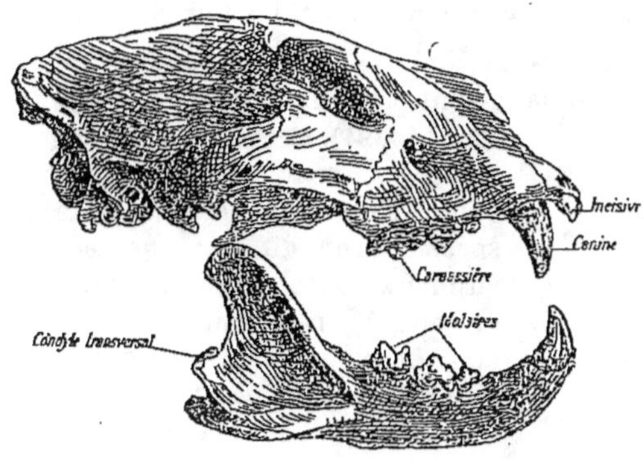

Fig. 92. — Tête de Carnassier. (*Lion du Sénégal.*)

Le condyle de la mâchoire inférieure est transversal (*fig.* 92), de sorte que celle-ci ne peut se mouvoir que de haut en bas et cela avec une force considérable.

Les dents des deux mâchoires passent à côté l'une de l'autre, en se croisant, comme le feraient les lames d'une paire de ciseaux.

Enfin, les doigts des pattes sont terminés par de fortes et puissantes *griffes*, qui permettent à l'animal de maintenir sa proie pendant qu'il la dévore.

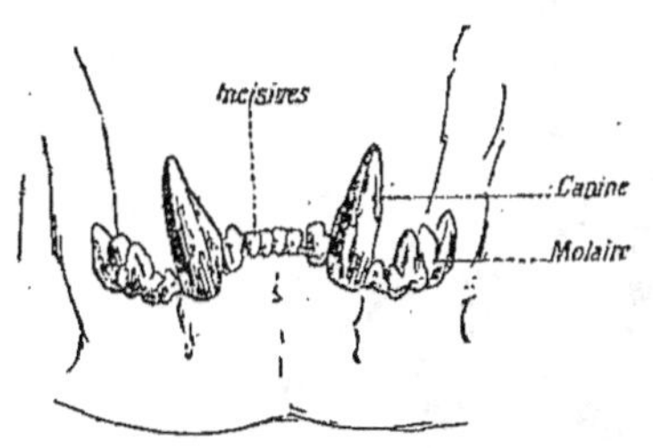

Fig. 93. — Mâchoire inférieure du Lion vue de face.

On peut répartir les Carnivores en deux groupes : 1° les *Digitigrades*, qui marchent sur le bout des doigts (Chiens); 2° les *Plantigrades*, qui marchent sur la plante des pieds (Ours).

I. — Carnivores digitigrades.

Ces animaux marchent en s'appuyant sur le sol par l'extrémité de leurs doigts, de sorte que le talon et le poignet ne reposent pas à terre. Cette disposition augmente l'élasticité des pattes et favorise la rapidité de la course.

Les Carnivores digitigrades peuvent se répartir en plusieurs familles : les *Félidés*, les *Carnivores rampants*, les *Canidés*.

Les Félidés ou Félins. — Ce sont les plus carnassiers de ous. Les doigts de ces animaux sont pourvus de *griffes rétrac-tiles* (*fig.* 94), c'est-à-dire que ces griffes peuvent être relevées à l'aide de muscles et de ligaments spéciaux; on dit alors que ces animaux font *patte de velours* : de cette façon la pointe aiguë de la griffe ne reposant plus sur le sol ne s'émousse pas et demeure une arme puissante qui pourra

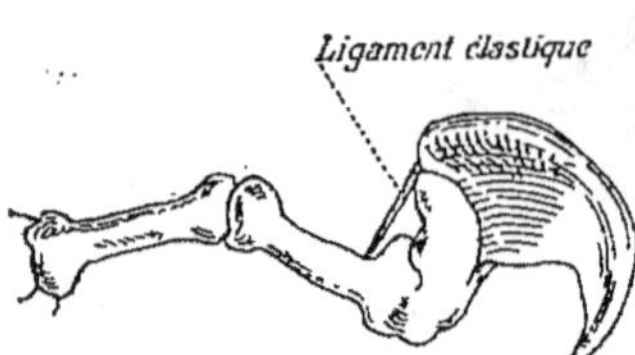

Fig. 94. — Griffe rétractile du Lion.

déchirer les chairs lorsque l'animal allongera la patte, car alors la griffe se rabat et devient saillante.

Parmi les Félins, citons le Lion, le Tigre, la Panthère, le Léopard, le Jaguar, le Chat, le Lynx et le Guépard.

Fig. 95. — Lion.

Le *Lion* (*fig.* 95) vit dans les parties chaudes de l'Afrique et dans la région voisine de l'Asie occidentale; son pelage est d'une couleur jaunâtre; le mâle porte sur la tête et le cou une ample crinière; sa queue se termine par une touffe de poils et une sorte de griffe cornée. Il capture sa proie non pas en la poursuivant, mais en se mettant à l'affût et en s'élançant par bonds sur sa victime. C'est le seul Félin qui ne grimpe pas sur les arbres.

Le *Tigre* (*fig.* 96) est le carnassier le plus redoutable, car aussi robuste que le Lion, il est plus féroce et plus agile ; plus sanguinaire aussi, il semble se complaire dans le carnage et ne se lasse pas de répandre le

Fig. 96. — Tigre royal (taille d'un petit Ane).

sang. Il habite l'Inde, l'Indo-Chine et les îles de la Malaisie (Java. Sumatra) ; et dans toutes ces régions il cause une terreur justifiée. Son pelage est fauve, superbement orné de bandes transversales noires.

La *Panthère* d'Afrique (*fig.* 97) et le *Léopard* d'Asie ont une robe

Fig. 97. — Panthère (plus petite que le Tigre).

fauve avec des taches brunes. Souvent ils s'embusquent sur les arbres, d'où ils bondissent sur leurs proies.

Le *Jaguar*, qui vit dans l'Amérique du Sud, a une robe tachetée comme la Panthère ; le dos et les flancs sont ornés de magnifiques rosaces noires.

Le *Chat* vit à l'état sauvage dans les forêts de l'Europe. Le Chat do-
mestique présente de nombreuses variétés, ce qui s'explique étant
donnée son ancienneté ; il était déjà, en effet, le compagnon des Égyp-
tiens, ainsi qu'on a pu le voir par les restes de ces carnivores conservés
à l'état de momies dans les tombeaux de ces peuples. Le Chat, mal-
gré tout, a conservé quelque chose de son antique sauvagerie ; il a
un peu de la fierté de l'être sauvage, et s'il veut bien être notre hôte,
il ne veut pas être notre esclave ; « il sait quêter des épluchures
d'assiette sans pour cela devenir bas ». Il est aussi remarquable par la
gracieuse souplesse et l'élégance de ses mouvements. De chaque côté
du museau il porte de longs poils ou *moustaches* qui sont d'une grande
sensibilité et qui lui permettent de se guider dans l'obscurité. Il abonde
dans tous les villages, et du reste il est le génie familier de toutes les

Fig. 98. — Guépard.

chaumières. Auprès
du cultivateur, il jouit
d'une excellente répu-
tation, car il détruit
les Rongeurs (Rat,
Souris) ; malheureuse-
ment il fait aussi la
chasse aux petits Oi-
seaux si utiles à l'A-
griculture.

Le *Lynx* diffère peu
d'un grand Chat ; ce-
pendant il a l'extré-
mité des oreilles gar-
nie d'une touffe de
poils. Tout ce que
l'on dit sur la puis-
sance merveilleuse de
sa vue n'est pas fondé.
C'est un carnivore re-
doutable : il tue sans
besoin, pour le plaisir
de tuer. Il vit dans
les pays du Nord.

Le *Guépard* (*fig.* 98)
est le seul Félin dont
les ongles ne soient
pas rétractiles ; il rap-
pelle à la fois le Chien
par son aspect et le
Chat par sa tête élar-
gie. Il vit en Afrique

Fig. 99. — Hyène rayée.

et en Asie ; il se laisse facilement dresser pour la chasse des Antilopes.

L'*Hyène* (*fig.* 99) peut être placée à côté des Félins ; cependant elle n'a pas leur agilité ; sa démarche est lourde et traînante. Son dos, incliné d'avant en arrière, porte souvent un pelage rayé. Elle se nourrit surtout de cadavres et s'attaque rarement à l'Homme. Elle vit en Afrique.

Les Carnivores rampants. — Ces Carnivores ont les pattes courtes, le corps allongé et l'échine souple, ce qui leur permet de *ramper* pour ainsi dire contre terre, et de se faufiler par les plus petits trous. Ce sont les plus carnassiers, les plus sanguinaires, car ils égorgent leurs victimes même lorsqu'ils sont repus ; aussi bien les nombreux dégâts qu'ils causent dans les poulaillers justifient la chasse active qui leur est faite. D'autre part ils possèdent une fourrure très appréciée.

Parmi ces animaux on peut citer : le *Putois,* qui est une bête puante vivant près des habitations ; le *Furet,* domestiqué et dressé pour chasser les Lapins au fond de leurs terriers ; la *Belette,* beaucoup plus petite que les précédents ; l'*Hermine* (*fig.* 100), dont le pelage en hiver est blanc, sauf le pinceau de l'extrémité de la queue qui reste toujours noir ; la *Martre,* dont le pelage est marron foncé, et qui habite les forêts d'Europe ;

Fig. 100. — Hermine (plus petite qu'un Écureuil).

la *Fouine,* qui a la gorge blanche et qui vit dans le voisinage des fermes où elle cause souvent de grands ravages ; la *Zibeline,* qui vit en Sibérie et est remarquable par la beauté de sa fourrure dont le prix peut s'élever jusqu'à 3 000 fr. la pièce ; le *Vison,* qui ressemble au Putois et vit dans des terriers sur le bord des étangs dont il détruit le Poisson. La plupart de ces animaux sont appelés *bêtes puantes,* car ils exhalent une odeur repoussante qui les protège contre leurs ennemis de plus grande taille. On cite en particulier la *Moufette* d'Amérique, qui, poursuivie, expulse par l'anus un liquide d'une

Fig. 101. — La Loutre.

puanteur telle qu'une maison est rendue inhabitable et que les vêtements en sont imprégnés pendant plusiéurs semaines malgré des lavages répétés.

Enfin, la *Loutre* (*fig.* 101), dont les pattes sont palmées, vit sur le bord des rivières et se nourrit de Poissons qu'elle capture et emporte dans son terrier. Il existe en Chine et dans l'Inde une espèce de Loutre dressée pour la pêche comme certains Chiens sont dressés pour la chasse.

On peut encore ranger parmi ces animaux ; la *Civette*, qui vit en Afrique et qui porte dans une poche, située sous l'abdomen, une matière odorante, sentant le musc, et utilisée comme parfum ; cette matière se vend en France 1 000 à 1 200 francs le kilogramme, et une Civette peut en fournir environ 80 grammes par semaine ; enfin la *Genette*, qui habite le midi de la France, et la *Mangouste*, qui vit en Afrique, sont voisines de ces animaux.

Il est curieux d'observer la façon dont ces animaux de rapine attaquent les œufs de poule et tuent les volailles (*fig*. 102). La Fouine vide totalement l'œuf, qu'elle mange, et tue tous les habitants du poulailler d'un coup de dent à la nuque. Le Putois maltraite davantage son œuf : le trou est plus grand avec des bords plus dentés ; il tue les hôtes du poulailler, laissant le corps de ses victimes intact, mais enlevant les têtes. La Belette déguste son œuf à plusieurs reprises au

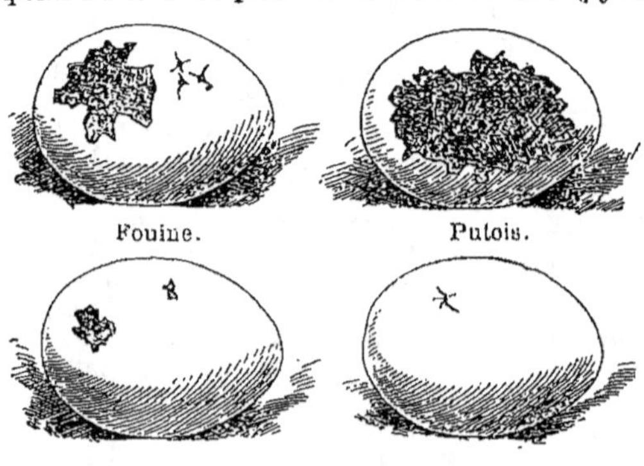

Fig. 102. — Œufs mangés par des Carnivores.

moyen de trous successifs ; elle attaque surtout les petits Poulets et fait ordinairement une seule victime. L'Hermine est moins friande d'œufs et sa marque ne se révèle que par un ou deux trous minuscules ; ses victimes sont blessées à la tête, mais aucune n'est emportée, ni guillotinée.

Fig. 103. — Piège tendu avec un œuf pour appât.

Capture des Carnivores. — Pour capturer ces cambrioleurs de basses-cours il faut *piéger*, c'est-à-dire tendre des pièges à ressorts sur lesquels on place un œuf comme appât (*fig*. 103).

C'est le poids de l'œuf qui tient le piège ouvert et tendu. Pour les pièges de grandes dimensions (*fig*. 104) on peut, suivant les animaux à prendre, amorcer soit avec un morceau de viande, soit avec un petit Oiseau ou une tête d'animal fraîchement tué.

Fig. 104. — Renard pris au piège.

La capture des bêtes à fourrures exige de plus grandes précautions. Il faut surtout éviter de déchirer les fourrures et de les souiller de sang. C'est pourquoi les chasseurs indigènes de la Sibérie utilisent souvent des flèches terminées par une boule en bois ou en os, dont le choc assomme le gibier. Ces peuples, demeurés dans un état de civilisation inférieure se servent aussi de pièges qu'ils fabriquent eux-mêmes et qui sont très ingénieux. Par exemple, pour capturer l'Hermine, un arc dissimulé derrière une rangée de piquets est fixé dans le sol (*fig*. 105). Le moindre mouvement de l'Hermine pour s'emparer de l'appât placé au milieu de l'appareil suffit à déterminer le déclanchement de cette sorte de guillotine, et la bête se trouve prise par la tête.

Fig. 105. — Piège à Hermine fabriqué par les chasseurs sibériens.

Les Canidés. — Ils comprennent le Chien (*Canis*), le Loup, le Renard, le Chacal. Leurs griffes ne sont pas rétractiles; ils ont le museau allongé et leurs membres longs et flexibles sont particulièrement propres à la course. Ils vivent de chasse et leurs mâchoires puissantes broient facilement les os. Certains se nourrissent de proies vivantes, d'autres de charognes ramollies par la putréfaction. Tous ces animaux viennent au monde très faibles ; ce n'est qu'au bout de dix jours que leurs yeux s'ouvrent ; ils sont adultes vers deux ans et vivent de dix à quinze ans.

Le *Chien* est un carnivore très sociable, et de temps immémorial il fut le compagnon et l'ami de l'Homme ; il est doué d'une grande intelligence, et c'est de tous les animaux celui qui est le plus dévoué à son maître. L'*aboiement* du Chien est le langage qui lui permet d'exprimer sa joie, sa douleur ou son inquiétude. Le Chien sauvage n'aboie pas ; il hurle, comme le Loup et le Chacal. Mais s'il se retrouve en contact avec des Chiens domestiqués, il peut aboyer. Ainsi lorsque Christophe Colomb découvrit les Antilles, il n'y avait pas de Chiens dans ces îles : mais les Espagnols y introduisirent ces animaux dont beaucoup retournèrent à l'état sauvage et perdirent la faculté d'aboyer ; domestiqués de nouveau, ils retrouvèrent leur voix.

La domestication du Chien a eu pour résultat de faire varier ses caractères physiques et ses aptitudes, et par suite de créer un grand nombre de races. On peut les ranger en trois groupes : les Chiens de chasse, les Chiens de berger et les Chiens de garde.

1° Les *Chiens de chasse* (*fig.* 106) ont l'odorat si développé qu'ils peuvent suivre le gibier de très loin à la piste; aussi ce sont les auxiliaires précieux du chasseur; ils savent découvrir et arrêter le gibier. Ces qualités instinctives se transmettent de génération en génération et justifient cette expression proverbiale : « bon Chien chasse de race ».

Fig. 106. — Chien de chasse.

Parmi ces Chiens on peut citer : le Chien courant, le Chien d'arrêt (*Braque, Épagneul, Griffon, Setter, Caniche,* etc.), le Basset, le Lévrier.

2° Les *Chiens de berger* (*fig.* 107) sont peu sociables et ressemblent aux Loups par leur forme générale ; mais ils sont obéissants et dévoués à leur maître; ils sont pour les Moutons qu'on leur confie d'actifs surveillants et de courageux défenseurs.

3° Les *Chiens de garde,* grâce à leur odorat, savent reconnaître, même au milieu de la nuit, l'ap-

Fig. 107. — Chien de berger.

proche d'un étranger qu'ils signalent en aboyant, tandis qu'ils restent silencieux si c'est le maître qui vient. Ils comprennent les *Danois,* les *Dogues,* les *Bouledogues,* les *Roquets,* les *Carlins,* etc.

Il existe une catégorie de Chiens qu'on pourrait appeler *Chiens sau-*

veteurs ; tels sont le Chien du Mont Saint-Bernard et le Terre-Neuve. Le *Chien du Mont Saint–Bernard (fig.* 108) est le type du Chien de mon-

Fig. 108. — Chien du Mont Saint-Bernard.

tagne : il est d'une remarquable intelligence et apprend facilement à découvrir au milieu des neiges les voyageurs égarés. Le *Chien de Terre-Neuve* a les doigts palmés ; aussi c'est un excellent nageur ; sa taille est considérable et peut atteindre jusqu'à 80 centimètres au garot.

Depuis quelques années les armées européennes ont essayé d'utiliser le Chien. En Allemagne, en particulier, les Chiens sont enrôlés dans les bataillons de chasseurs à pied. Le *Chien de guerre* est surtout recruté parmi les Chiens de berger et les Chiens d'arrêt. A ce propos on peut se demander ce que deviendraient ces derniers si, en temps de guerre, ils venaient à traverser un pays giboyeux : ces militaires à quatre pattes pourraient bien redevenir de simples chasseurs. Ces chiens sont utilisés pour porter des dépêches ou des munitions aux avant-postes et pour signaler les blessés. C'est pourquoi on les dresse à porter des objets, à se coucher et à se relever sur un signe du maître et à aboyer au commandement. Le rôle le plus délicat du Chien de guerre est celui d'ambulancier : aux termes du règlement, en effet, un Chien qui découvre un blessé doit poser la patte droite de devant sur la poitrine de l'Homme et aboyer à plein gosier pour appeler du secours ; si cet appel n'est pas entendu, le Chien doit prendre la casquette du blessé entre ses dents et l'apporter à son supérieur hiérarchique, c'est-à-dire à son instructeur. En France, le Chien militaire n'est qu'à l'état d'essai.

Enfin le Chien est utilisé dans certains pays comme bête de trait.
Dans le nord de la France, en Belgique et en Hollande, la petite voiture
de la laitière est traînée par un Chien d'assez forte taille. Chez les Esqui-

Fig. 109. — Chiens du Klondyke.

maux et en Sibérie, on attelle 6 ou 8 Chiens à un traîneau et l'on peut
faire ainsi 60 à 80 kilomètres en six heures sur la neige glacée. Dans
l'Alaska et le Klondyke (*fig.* 109), le Chien traine le voyageur et les pro-

Fig. 110. — Loup.

visions, il charrie les déblais aurifères, il pompe de l'eau ; et parfois pour lui éviter l'usure de la plante des pieds, on lui met de petites bottes en peau de Cerf.

Le *Loup* (*fig.* 110) ressemble beaucoup au Chien, mais il a la queue

Fig. 111. — Renards.

touffue et pendante, les oreilles droites et pointues, et le museau allongé. Pendant l'hiver il chasse en troupes et s'attaque aux Moutons, aux Chevaux, parfois même à l'Homme. Devenu assez rare en France.

Fig. 112. — Chacal.

il est très abondant en Europe orientale et en particulier en Russie, où il poursuit les traîneaux, sur la neige, avec une redoutable audace. Dans cette course, les Loups qui tombent sous les coups de fusil sont mangés par les camarades (ce qui fait mentir le proverbe). Comme le Chien, le Loup peut contracter la rage.

Le *Renard* (*fig.* 111) se distingue du Chien et du Loup par sa queue longue et touffue et par ce qu'il habite dans un terrier. Il se nourrit de Lapins, de Lièvres et de volailles qu'il cherche principalement la nuit ; il est très rusé et d'une grande prudence. C'est un astucieux chasseur sachant utiliser merveilleusement l'affût. Les chasseurs qui le considèrent, à juste titre, comme le plus redoutable des braconniers, l'exécutent le plus souvent par le poison. Il sait en effet reconnaître facilement le piège qu'on lui tend. Si cependant il s'y laisse prendre, il peut avoir l'intelligence et le courage de se couper avec les dents la partie retenue par le piège et de s'enfuir ainsi mutilé. Il existe quelques variétés recherchées pour leur pelage : le *Renard bleu* de Sibérie, et le *Renard noir* de l'Amérique du Nord dont la fourrure peut valoir 1.500 francs.

Le *Chacal* (*fig.* 112) est de plus petite taille et ressemble au Loup ; il vit en Afrique, et souvent, comme l'Hyène, il va la nuit déterrer les cadavres.

II. — Carnivores plantigrades.

Ce sont des Carnivores qui marchent en s'appuyant sur la plante du pied ; aussi leur démarche est lente et lourde. Ils comprennent surtout l'Ours, le Blaireau et le Glouton.

Fig. 113. — Ours brun (beaucoup plus gros qu'un Chien Terre-Neuve).

L'*Ours* est le moins carnassier des Carnivores, car il ne se nourrit pas exclusivement de chair ; il mange aussi des fruits, des racines, du miel. Son corps est trapu et lourd, et sa queue très courte. Il est doué d'une grande force musculaire et grimpe facilement aux arbres.

Il y a plusieurs espèces d'Ours : L'*Ours brun* (*fig.* 113) qui habite les hautes montagnes d'Europe (Alpes, Pyrénées) et d'Asie. Il se nourrit de fruits, de jeunes branches et de miel ; parfois cependant il s'attaque aux Moutons et aux Bœufs. Il s'endort pendant l'hiver pour ne se réveiller qu'au printemps. L'*Ours blanc* habite les régions polaires ; il est exclusivement carnivore et mange les Morses, les Phoques et les Poissons. Il est excellent nageur et ne craint pas de s'attaquer à l'Homme.

Le *Blaireau* (*fig.* 114) est plus petit que l'Ours ; ses pattes sont courtes et sa démarche est rampante. Son pelage est gris sur le dos, noir sous le ventre ; sa tête est blanche avec une bande noire. Il creuse un terrier communiquant avec l'extérieur par plusieurs couloirs et au fond duquel il reste endormi tout le jour. Le Blaireau est fort propre, mais cette propreté est indignement exploitée par le Renard lorsque celui-ci veut déloger le Blaireau de son terrier. Le Renard vient déposer ses ordures

Fig. 114. — Blaireau (taille d'un Chien basset).

dans les couloirs du Blaireau, et celui-ci, suffoqué par l'odeur fétide, déménage, laissant la place libre au Renard qui s'y installe sans façon. La

Fig. 115. — Glouton.

nuit le Blaireau va à la chasse, cherchant des fruits, du raisin et des pommes dont il est friand ; mais n'hésitant pas à manger des œufs de Perdrix ou de Faisans, ou à croquer quelques jeunes Lapereaux. Les longs poils de son dos et de sa queue servent à fabriquer des pinceaux.

Le *Glouton* (*fig.* 115) est un carnassier des régions arctiques.

ORDRE DES AMPHIBIES

Caractères généraux. — Les *Amphibies* sont des Carnivores adaptés à la vie aquatique. Ils vivent dans l'air et dans l'eau, d'où leur nom. Leur dentition est la même que celle des Carnivores ; comme eux, en effet, ils se nourrissent de chair. Les pattes antérieures élargies en forme de palettes fonctionnent comme des rames ; les pattes postérieures dirigées en arrière agissent plutôt à la façon d'un gouvernail. Ils se meuvent difficilement à terre, car leurs pattes antérieures très courtes ne peuvent leur servir qu'à ramper.

Principaux genres. — Ils comprennent le Phoque, l'Otarie et le Morse.

Le *Phoque* (*fig.* 116) a le corps tout d'une venue, le cou très court ; le pavillon de l'oreille manque ; sa fourrure épaisse et soyeuse est

Fig. 116. — Phoque.

l'objet d'un commerce considérable ; la longueur de son corps varie de 4 à 8 mètres. Les Phoques vivent en bandes nombreuses dans les régions glaciaires ; et c'est là que les chasseurs viennent les surprendre et les assommer à coups de gourdin ; en d'autres régions on les prend avec des harpons. La plus importante des pêcheries de Phoques est celle de Terre-Neuve, où l'on tue par an plus de 500.000 Phoques, représentant en huile et en peaux une valeur d'environ 8 millions de francs. Ces massacres auraient amené rapidement la disparition de cette espèce, si une réglementation de cette pêche n'était intervenue entre les différentes nations.

L'*Otarie* se distingue du Phoque par un cou plus long et par ses oreilles qui portent un pavillon ; on le chasse surtout pour sa fourrure, qui est très estimée dans le commerce.

Le *Morse* (*fig*. 117) porte à la mâchoire supérieure une paire de dents canines énormes dirigées vers le bas ; ces défenses, qui peuvent atteindre 60 à 80 centimètres de longueur et peser 10 kilogrammes, servent à

Fig. 117. — Morse.

l'animal pour se hisser sur les bancs de glace. A cause de ses défenses, il est parfois appelé *Éléphant de mer*. Les Morses vivent par troupes sur les côtes du Groenland et dans tout le nord de l'Océan pacifique ; on les chasse pour leur huile, leur peau et l'ivoire de leurs défenses. A terre on les tue à coups de lance ou de fusil ; en mer, on les harponne comme les Baleines. Cette chasse est dangereuse, car le Morse blessé est secouru par ses compagnons qui se précipitent sur la barque et peuvent la faire chavirer. Chaque année il est vendu sur le marché de Londres environ 10.000 kilos d'ivoire de Morse.

ORDRE DES ÉDENTÉS

Caractères généraux. — Les *Edentés* sont encore des Ongui-
culés, car ils ont des griffes bien développées ; mais leur bou-
che peut être complètement dépourvue de dents, ou bien n'en
posséder que dans le fond. Ils se nourrissent d'Insectes et de
végétaux, et vivent surtout en Amérique.

Principaux genres. — Ils comprennent le Fourmilier, le
Tatou, le Pangolin et le Paresseux.

Le *Fourmilier* (*fig. 118*) a une longue queue touffue ; sa langue est

Fig. 118. — Fourmilier (taille d'un Épagneul).

allongée et enduite d'une salive gluante, ce qui lui permet, en la plon-
geant dans une fourmilière, de ramener ensuite dans sa bouche les
Fourmis captu-
rées.

Le *Tatou* (fig.
119) a la partie
dorsale du corps
recouverte d'é-
cailles qui forment
une sorte de cara-
pace disposée de
telle façon que l'a-
nimal peut se rou-

Fig. 119. — Tatou (taille d'un Lapin.)

ler en boule au moindre danger.

Le *Pangolin* habite l'Afrique ; il a le corps garni d'écailles se recou-
vrant comme les tuiles d'un toit.

Le *Paresseux* (*fig.* 120), ainsi appelé parce qu'il se meut avec une extrême lenteur, est presque toujours suspendu aux arbres, dont il

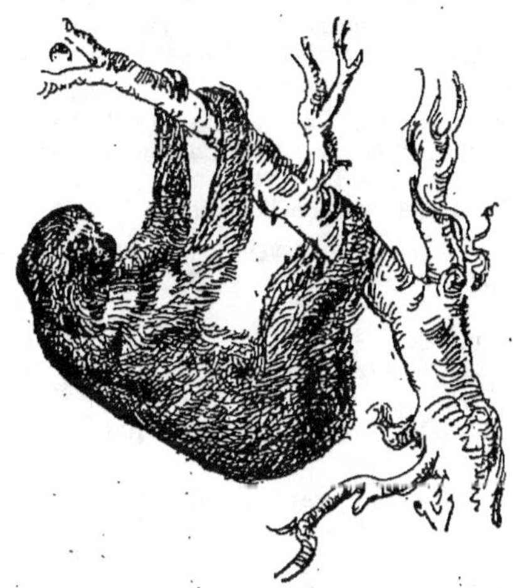

Fig. 120. — Paresseux (taille d'un gros Chat).

mange les feuilles. Il peut même dormir dans cette singulière position, car ses mains sont disposées de telle façon qu'il n'a aucun effort à faire pour se tenir accroché.

RÉSUMÉ

Les Hommes. — L'*Homme* est caractérisé par sa *station verticale*, sa *supériorité intellectuelle* et son *langage articulé*.

Les principales *races humaines* sont :
1° La *race blanche* ou *caucasique ;*
2° La *race jaune* ou *mongolique ;*
3° La *race noire* ou *éthiopique.*

Les Singes. — Les *Singes* sont caractérisés par le *pouce du pied qui est opposable ;* ils sont donc *quadrumanes.*

1° *Singes de l'Ancien Continent.* — 32 dents ; *abajoues* et queue non prenante. On les range en deux groupes :

a) *Anthropomorphes* : ressemblent à l'Homme ; comprennent le Chimpanzé (Guinée) ; le Gorille (Gabon) ; l'Orang-Outang (Bornéo) ; le Gibbon (Extrême-Orient).

b) *Singes ordinaires* : pourvus de queue ; *callosités fessières.* (Mogat, Guenon, Macaque, Cynocéphale, etc.)

2° *Singes du Nouveau Continent*. — 36 dents ; *queue prenante* ; pas d'abajoues, ni de callosités fessières. (Sapajou, Singe hurleur, Ouistiti.)

Les *Lémuriens* habitent Madagascar et les îles de la Sonde ; ressemblent aux Singes par leurs *quatre mains*, mais se rapprochent par leur dentition, leur cerveau, des Mammifères insectivores et herbivores.

Chéiroptères ou Chauves-Souris. — Ce sont des Mammifères adaptés au vol : leurs bras sont transformés en *ailes* ; ils se nourrissent d'Insectes. Ils sont *hibernants*, c'est-à-dire qu'ils s'endorment pour toute la saison froide.

Exemples : Oreillard, Vespertilion, Vampire.

Insectivores. — Ils sont caractérisés par leurs molaires hérissées de petites pointes pour mieux écraser les Insectes. Exemples : Hérisson, Taupe, Musaraigne, Desman.

Rongeurs. — Ils sont caractérisés par leur dentition : *incisives* développées et taillées en biseau ; pas de *canines* et la *barre* sépare les incisives des *molaires* qui présentent des replis d'émail. Exemples : Lièvre, Lapin, Gerboise, Ecureuil, Marmotte, Rat, Loir, Castor, Porc-épic, Cobaye.

Carnivores. — Les *Carnivores* sont caractérisés par leur dentition : *incisives* petites, *canines* développées en forme de *crocs*, *molaires* aiguës et tranchantes. Le condyle est transversal et la mâchoire inférieure ne peut se mouvoir que de haut en bas et de bas en haut. Leurs doigts portent des *griffes* puissantes.

Deux groupes : *Digitigrades* et *Plantigrades*.

1° Les *Digitigrades* marchent sur le bout des doigts ; ils comprennent : les *Félins*, pourvus de *griffes rétractiles* (Lion, Tigre, Panthère, Chat, Lynx, Guépard, Hyène) ; les *Carnivores rampants*, qui ont les pattes courtes, le corps allongé et l'échine souple (Putois, Furet, Belette, Martre, Fouine, Zibeline, Loutre, Civette) ; les *Canidés*, qui n'ont pas de griffes rétractiles et qui ont de longues pattes (Chien, Loup, Renard, Chacal).

2° Les *Plantigrades* marchent en s'appuyant sur la plante du pied ; sont moins carnassiers que les autres (Ours, Blaireau, Glouton).

Amphibies. — Les *Amphibies* sont des carnivores adaptés à la vie aquatique ; leurs pattes sont transformées en nageoires (Phoque, Morse, Otarie).

Édentés. — Les *Édentés* sont des Onguiculés complètement dépourvus de dents, ou bien en possèdent seulement dans le fond de la bouche (Fourmilier, Tatou, Pangolin, Paresseux).

CHAPITRE IV

LES MAMMIFÈRES ONGULÉS

Les *Mammifères ongulés* ont l'extrémité des doigts entourée d'une sorte d'ongle très épaissi appelé *sabot*. Ce sont des animaux herbivores, c'est-à-dire se nourrissant de végétaux ; aussi leur dentition est en rapport avec ce régime alimentaire : leurs *molaires* très grosses et recouvertes de lignes saillantes d'émail sont bien faites pour broyer les herbes ; les *canines* manquent souvent ou ne servent que d'organes de défense.

On peut partager ces animaux en deux groupes d'après le nombre de leurs doigts :

1º Les *Paridigités* qui ont un nombre de doigts *pair* ; 4 chez les *Porcins*, 2 chez les *Ruminants* ;

2º Les *Imparidigités* qui ont un nombre de doigts impair : 5 chez les *Proboscidiens* (Éléphants), 3 chez les *Rhinocéros*, 1 chez les *Solipèdes* (Cheval).

Le nombre des doigts est d'autant plus réduit que l'animal est meilleur coureur. En étudiant les différents groupes, nous verrons la disparition progressive de certains doigts, en particulier de ceux qui sont plus courts que les autres et qui ne reposent pas à terre, pour arriver aux coureurs les plus parfaits qui n'ont plus que deux doigts, comme la Gazelle, ou un seul, comme le Cheval. En même temps leurs jambes s'allongent : tout le monde sait, en effet, que pour courir vite il faut de longues jambes. Aussi tous ces animaux se tiennent sur l'extrémité de leurs doigts, comme nous nous tenons sur la pointe de nos pieds lorsque nous voulons grandir nos jambes.

ORDRE DES PORCINS

Caractères généraux. — Les *Porcins* sont des Ongulés qui ont quatre doigts terminés par des sabots ; les deux doigts du

milieu seuls reposent sur le sol (*fig.* 121), les deux autres laté-
raux, plus petits, ne touchent pas à terre et ne
servent à rien dans la marche.

Leur dentition comprend des incisives, des cani-
nes très développées en forme de *défenses* et re-
courbées vers le haut, des molaires dont la forme
rappelle celles de l'Homme.

Leur forme est massive, et ils ont la peau épaisse
et couverte de *soies*.

Principaux genres. — Le Cochon, le Sanglier,
le Babiroussa, l'Hippopotame.

Le *Cochon* ou *Porc* (*fig.* 122) est caractérisé par son nez,
appelé *groin*, qui est très mobile, tronqué et sensible ;
aussi le Cochon se sert de ce groin pour fouiller la terre
et en retirer les tubercules ou les racines dont il se
nourrit. Il descend du Sanglier, qu'on a domestiqué. La domestication
l'a rendu paresseux en le parquant dans une étable trop étroite, sale

Fig. 121.
Patte de Porc.

Fig. 122. — Porc (craonais).

en le laissant trop
souvent croupir sur
un fumier infect, glou-
ton en encourageant
sa voracité pour qu'il
devienne vite gros et
gras. Cependant il est
le seul de tous les
animaux domestiques
qui ne souille pas sa
litière de ses ordures.
Il est surtout remar-
quable par la rapidité
avec laquelle il croît
et s'engraisse ; sa
chair est excellente et

saine, à la condition qu'elle soit bien cuite, car elle peut contenir des
parasites comme le Ver solitaire ou la Trichine, qu'il est nécessaire de
tuer par la cuisson. L'élevage du Cochon a une importance considérable
pour les petits cultivateurs qui le considèrent non sans raison comme
une machine à fabriquer du lard et de la viande ; comme on l'a dit, le
Cochon est le Bœuf du pauvre. Il existe actuellement en France environ
6 millions 1/2 de Porcs ; mais c'est surtout aux États-Unis que cet
élevage prend des proportions énormes ; le nombre de ces animaux
y était en 1896 d'environ 43 millions. Leurs poils ou *soies* sont utilisés
pour faire des brosses et des pinceaux et donnent lieu à un commerce

important ; ainsi le seul marché de Leipzig a importé en une année près de 5 millions de kilogrammes de soies, d'une valeur de 20 millions de francs.

La femelle ou *truie* donne de nombreux petits, parfois une douzaine par portée.

Le *Sanglier* (*fig.* 123) est un Cochon sauvage ; il peut être considéré comme la souche du Cochon domestique. Ses canines très développées sont de redoutables défenses ; les soies du dos forment une crinière hérissée. Le mâle est appelé *solitaire*, la femelle, *laie*, et les jeunes, *marcassins*. Il est encore abondant dans certaines forêts de France, malgré la chasse qui lui est faite. Il cause de grands dégâts dans les cultures, d'autant plus que dans ses évolutions rien ne l'arrête : ni les

Fig. 123. — Sanglier.

Fig. 124. — Hippopotame.

fourrés les plus épais, ni les haies les plus épineuses ; il va droit devant lui d'un train égal et soutenu pendant des heures. Il tient tête à une meute avec un courage peu ordinaire, et lorsqu'il va livrer sa dernière bataille et charger ses ennemis, il est superbe d'audace et de résolution.

Le *Babiroussa* vit dans l'Inde ; ses canines sont recourbées sur elles-mêmes de façon à protéger la tête.

L'*Hippopotame* ou *Cheval de rivière* (*fig*. 124), qui vit dans les fleuves et les lacs de l'Afrique centrale, a 4 doigts presque égaux à chaque pied. Sa forme est massive et il peut peser jusqu'à 3.000 kilogrammes; il nage fort bien et vient paître la nuit sur le rivage. On le chasse pour sa chair et pour l'ivoire de ses canines ; cet ivoire est recherché, à cause de sa blancheur et de sa dureté, pour fabriquer de fausses dents.

ORDRE DES RUMINANTS

Caractères généraux. — Les *Ruminants* sont caractérisés par leur *dentition*, leur *estomac*, leurs *pattes* et leur tête qui porte des *cornes.*

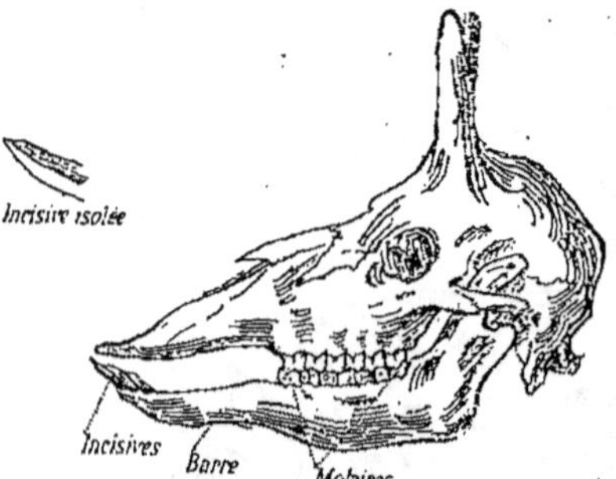

Fig. 125. — Tête de Ruminant (*Antilope*) et incisive isolée.

1° Dentition.—Ils n'ont pas d'incisives à la mâchoire supérieure et celles de la mâchoire inférieure sont allongées et aplaties en forme de pelles (*fig*. 125) ; pas de canines ; leurs molaires sont hérissées de lignes d'émail saillantes et dures qui, en frottant les unes contre les autres, écrasent les aliments à la façon d'une meule ; c'est pour cette raison que la mâchoire inférieure se meut de gauche à droite et de droite à gauche.

2° **Estomac.** — L'estomac des Ruminants (*fig*. 126) est composé de quatre poches : la *panse*, le *bonnet*, le *feuillet*

Fig. 126. — Estomac d'un Ruminant.

et la *caillette* qui est le véritable estomac, car c'est elle qui sécrète le suc gastrique. C'est de la caillette du jeune Veau que l'on retire la *présure* qui sert à faire cailler le lait.

Voyons comment cet estomac fonctionne : dans la prairie, le Mouton, par exemple, mange rapidement l'herbe, et celle-ci mâchée grossièrement se rassemble dans la panse comme dans un sac à provisions, puis rentré à la bergerie, le Mouton va faire revenir à la bouche l'herbe mise en boules par le bonnet ; c'est alors que couché et les yeux mi-clos, il va mâcher et triturer avec lenteur les aliments qui vont s'imprégner de salive et redescendre ensuite directement, sous forme de bouillie épaisse, dans le feuillet et la caillette. C'est cet acte de mâcher plusieurs fois les aliments qu'on appelle *ruminer*.

L'intestin des Ruminants est très long, comme chez tous les animaux qui se nourrissent d'aliments difficiles à digérer. Ainsi tandis que l'intestin du Chien (carnivore) n'a que 3 ou 4 mètres, celui du Mouton (herbivore) a 30 mètres, et celui du Bœuf 40 mètres.

3° **Pattes.** — Leurs membres sont terminés par deux doigts qui portent chacun un sabot et qui sont d'égale longueur (*fig.* 127). On dit qu'ils ont le *pied fourchu*. Souvent il existe encore deux autres petits doigts latéraux, rappelant les doigts latéraux de la patte du Cochon, et qui sont représentés seulement par deux petits stylets osseux.

Fig. 127.
Patte d'un Ruminant.

4° **Cornes.** — La plupart des Ruminants portent sur le front des prolongements ou *cornes* qui peuvent être *persistantes* comme chez le Bœuf, ou *caduques* comme chez le Cerf.

On partage les Ruminants en deux groupes : les *Ruminants ordinaires*, comme le Bœuf ; les *Caméliens*, comme le Chameau.

I. — Ruminants ordinaires.

Les principales familles sont celles des Bovidés, des Cervidés, des Chèvres, des Girafes et des Chevrotains.

Les Bovidés. — Leurs cornes sont creuses et recouvrent un prolongement osseux du crâne appelé *cornillon*.

Ils comprennent :

Le *Bœuf* et la *Vache* (*fig.* 128), qui ont des cornes arrondies et en forme de croissant; ils portent au-dessous du cou un repli de la peau appelé *fanon*; le museau ou *mufle* est nu et humide. La domestication du Bœuf remonte à la plus haute antiquité, car il est déjà représenté

Fig. 128. — Vache.

dans les monuments d'Assyrie et d'Égypte; le Dieu Apis des Égyptiens était figuré sous la forme d'un Bœuf, de même que des cornes de Vache ornaient la tête de la déesse Isis. L'Homme, pour ses besoins, a créé de nombreuses races de Bœufs, qu'on peut ramener à trois catégories : les *races de travail*, les *races de boucherie* et les *races laitières*, chacune ayant des qualités qui correspondent aux trois produits : *travail, viande, lait*. C'est ainsi que certaines Vaches normandes ou hollandaises peuvent fournir jusqu'à 20 litres de lait par jour;

Fig. 129. — Zébu de Madagascar.

Le *Zébu* ou *Bœuf de*

l'*Inde* (fig. 129), qui porte sur le dos une bosse de graisse. Il grogne comme le Yack et ne mugit pas comme notre Bœuf. Il vit à l'état sauvage, mais on le domestique facilement et il devient alors une excellente bête de trait qui peut trotter comme un Cheval ; il est très abondant dans notre colonie de Madagascar, où il constitue une des principales richesses naturelles ;

Le *Bison* (fig. 130), qui vit dans le nord des deux continents. Il est surtout abondant dans l'Amérique du Nord où il vit en troupes nom-

Fig. 130. — Bisons.

breuses. Sa tête est large, son front bombé ; il porte sur le cou et les épaules une épaisse toison, et sur le dos une masse charnue ; il tend à disparaître à cause de la chasse active qui lui est faite pour sa chair et sa peau ;

Le *Buffle*, qui a le front bombé et les cornes noires dirigées sur le côté. Originaire de l'Inde, il a été acclimaté dans le sud de l'Europe ; il est commun dans les Marais Pontins près de Rome ; il aime l'eau, nage bien, et se nourrit volontiers de roseaux.

Le *Yack* qui a une queue semblable à celle du Cheval, les flancs et le dessus du corps recouverts de longs poils ; il vit dans les montagnes du Thibet et il est parfois désigné sous le nom de Vache grognante de Tartarie.

Les Cervidés. — Ils sont caractérisés par leurs cornes pleines et ramifiées appelées *bois*. Les bois sont d'abord recouverts d'une

Fig. 131. — Bois du Cerf aux différents âges.

peau velue qui se dessèche et tombe. Ce bois est d'abord simple, puis il porte des branches appelées *cors* ou *andouillers* (*fig.* 131). Chaque année les bois tombent et sont remplacés par des bois portant un andouiller de plus ; de sorte qu'on peut reconnaître l'âge de l'animal au nombre des andouillers. Ces animaux ont une forme gracieuse, la tête petite, les jambes fines et spécialement aptes à la course. Les femelles ou *Biches* ne portent pas de bois ; les jeunes sont appelés *Faons*.

On connaît en France trois espèces de Cerf : le Cerf commun, le Chevreuil et le Daim.

Le *Cerf commun* (*fig.* 132) est de grande taille ; ses bois sont pointus

Fig. 132. — Cerf commun.

Fig. 133. — Chevreuil.

et très ramifiés ; son pelage est brun grisâtre en hiver, avec une rangée de taches blanches sur les flancs en été ; il habite les bois de haute futaie où il vit en troupes avec ses petits.

Le *Chevreuil* (*fig.* 133) est plus petit et a les bois arrondis, fourchus et peu ramifiés ; il n'a que deux andouillers ; il vit par paires dans les bois et non par troupes comme les Cerfs.

Le *Daim* et l'*Élan* ont les bois palmés.

Le *Renne* (*fig.* 134) est voisin du Cerf dont il a la taille ; mais il est

Fig. 134. — Renne.

moins beau : il est plus trapu, ses pattes sont moins fines et son poil plus grossier. La femelle porte aussi des cornes. Le Renne habite le nord des deux continents ; il a été domestiqué et rend de grands services comme bête de trait et de boucherie ; son lait est aussi très apprécié. Bien dressé, il s'attelle sans difficulté et court sur la neige avec une grande vitesse : il se nourrit facilement, car il se contente d'une espèce de Lichen qui pousse sur les rochers et qu'il sait trouver sous la neige. Le Renne existait dans nos pays à l'époque préhistorique, mais il s'est retiré vers le nord.

Fig. 135. — Mouton mérinos.

Les Ovidés. —Ils comprennent les Moutons et les Chèvres : ils ont les cornes creuses et courbées en arrière.

Le *Mouton* est un des premiers animaux que l'Homme ait domestiqués ; il est d'une grande utilité, pour sa chair qui est excellente et ne contient pas de parasites, et pour sa laine. Le *Mouton de prés salés* élevé sur les bords de la mer a une chair exquise ; celui qui est le plus recherché pour sa laine fine et abondante est le *Mouton mérinos* (*fig.* 135). Le lait de Brebis est utilisé pour fabriquer certains fromages comme le Ro-

Fig. 136. — Chèvre et Chevreau.

quefort. Le Mouton résiste aux grandes altitudes ; aussi il peut être utilisé comme bête de somme sur les hauts plateaux de l'Asie centrale, alors que le Cheval, le Chameau et le Mulet y peuvent mourir d'hémorragie.

Fig. 137. — Chèvre Jharal (de l'Himalaya).

La *Chèvre* (*fig.* 136) a les cornes peu enroulées et le menton garni de barbe. Il existe plusieurs espèces de Chèvres domestiques qui sont très utiles comme races laitières dans les montagnes. Certaines Chèvres sauvages (*fig.* 137), souvent d'aspect et de caractère belliqueux, vivent sur les hautes montagnes, et quelques-unes, comme celles du Thibet et de Cachemire, ont le poil long et soyeux qui est utilisé pour fabriquer de belles étoffes. Le *Bouquetin* (*fig.* 138), qui vit sur les hautes montagnes d'Europe, est une sorte de Chèvre dont les cornes très grandes sont recourbées en arrière ; pourchassé de tous côtés, il ne tardera pas à disparaître.

Fig. 138. — Bouquetin.

Les *Antilopes* (*fig.* 139) ressemblent aux Chèvres et aux Moutons

Fig. 139. — Antilope Canna.

mais leurs cornes sont presque droites et peu divergentes. De nom-

breuses espèces d'Antilopes habitent l'Afrique centrale, parmi les-
quelles la *Gazelle* (*fig.* 140), petite Antilope fort gracieuse, au corps

svelte porté sur de fines et longues jambes, et dont les cornes annelées sont en forme de lyre. Une seule espèce d'Antilope est européenne: c'est le *Chamois* (*fig.* 141), qui est d'une grande agilité et qui vit sur les hautes montagnes; il est connu dans les Pyrénées sous le nom d'*Isard*.

La *Girafe* (*fig.* 142) porte sur la tête trois petits cornillons recouverts par une

Fig. 140. — Gazelle.

peau velue : un médian, et deux autres placés symétriquement un

Fig. 141. — Chamois.

peu au-dessus. Elle est remarquable par la longueur du cou et l'in-
clinaison du dos; celle-ci est due non pas aux jambes qui sont d'égale
longueur, mais à la longueur décroissante des apophyses épineuses des

Fig. 142. — Girafe (hauteur 4^m,50).

Fig. 143. — Girafe buvant.

vertèbres. C'est le plus haut des Mammifères connus ; elle peut atteindre 6 mètres. Elle se nourrit de feuillages et d'herbes et ne peut brouter celles-ci ou boire qu'en écartant les jambes de devant (*fig.* 143). Elle vit dans les régions boisées et chaudes de l'Afrique centrale, où elle devient du reste de plus en plus rare.

Le *Chevrotain porte-musc* n'a pas de cornes, mais le mâle porte à sa mâchoire supérieure deux longues canines en forme de défenses. Il a la taille du Chevreuil et porte sous le ventre une poche où se produit une matière grasse odorante, le *musc*, utilisée en parfumerie. Il vit sur les montagnes de l'Himalaya.

II. — Caméliens.

Les *Caméliens* sont des Ruminants dépourvus de cornes, mais ils ont des incisives et des canines aux deux mâchoires.

Ils comprennent le Chameau et le Lama.

Le *Chameau* (*fig.* 144) a les pieds garnis d'une sorte de large semelle qui l'empêche de s'enfoncer dans le sable. Il porte sur le dos une ou

Fig. 144. — Chameau.

deux *bosses* qui ne sont pas dues à une malformation de la colonne vertébrale, mais bien à de la graisse qui s'est accumulée dans cette région et qui sert de réserve à l'animal lorsqu'il est obligé de jeûner longtemps ; c'est alors qu'on voit cette bosse diminuer et devenir flasque, tandis qu'une bonne alimentation lui fait reprendre ses dimensions normales. L'espèce commune du nord de l'Afrique et qui est appelée *Dromadaire* n'a qu'une seule bosse ; le *Chameau* d'Asie a deux bosses, mais il est moins bien conformé pour courir.

La vitesse du Chameau est légendaire; aussi on l'appelle parfois le *navire du désert;* et certes de tous les animaux de trait ou de selle, c'est lui qui détient le record de la vitesse : bien entraîné il peut franchir 200 kilomètres par journée, et peut marcher 9 ou 10 jours de suite, sans boire ni manger, et parcourir 1200 à 1500 kilomètres. Il faut dire que le Chameau coureur ou *Mehari* est seul capable de donner cette vitesse, qui peut aller jusqu'à 30 kilomètres à l'heure, pendant quelques heures; il est au Chameau de Caravane ce que le Cheval pur sang est au Cheval de trait. On pense de quelle utilité est cet animal dans les vastes solitudes du désert, lorsqu'on est séparé pendant des jours, même des semaines, de tout être humain et dépourvu de toutes provisions. Grâce à son estomac qui emmagasine de l'eau dans ses nombreux replis, il peut résister à la soif pendant une dizaine de jours, mais au bout de

Fig. 145. — Chameaux de caravane buvant dans un ruisseau.

la course il absorbe rapidement 6 à 7 seaux d'eau (*fig.* 145). Lorsque le Chameau est forcé ou surmené, il s'agenouille et ne bouge plus : il meurt. Enfin, il faut dire que l'Arabe se nourrit de sa chair, se rafraîchit de son lait, s'habille et se meuble de son poil fin et moelleux, qu'une mue complète renouvelle chaque année : aussi l'Arabe regardet-il comme un animal sacré celui que Buffon disait être « le plus utile et le plus précieux des animaux ». Il rend aussi d'immenses services en Asie et même dans le sud de la Russie où on l'attelle souvent à des chars; le Chameau russe ainsi attelé peut parcourir 90 kilomètres en 24 heures et traîner 800 kilogrammes. Son maximum d'activité est entre 6 et 18 ans.

Le *Lama* (*fig.* 146) est un Chameau qui n'a pas de bosse et qui habite les montagnes des Andes en Amérique. Par une sorte de crachement

Fig. 146. — Lama.

il lance sa salive contre ses ennemis. Il est domestiqué, et certaines espèces comme la *Vigogne* et l'*Alpaca* fournissent des poils utilisés pour fabriquer des étoffes. Il est plus petit que le Chameau.

ORDRE DES PROBOSCIDIENS

Caractères généraux. — Les *Proboscidiens* ou *Éléphants* sont caractérisés par leurs membres terminés par 5 *doigts*, dont chacun porte un petit sabot, et par le nez prolongé sous forme d'une longue *trompe*. Cette trompe (*fig.* 147) est creusée de deux canaux qui sont les prolongements des deux narines et qui viennent s'ouvrir dans l'arrière-bouche; de sorte qu'avec sa trompe l'animal peut pomper de l'eau sans se baisser, ce qui lui est utile car son cou trop court l'obligerait à s'accroupir pour boire. La trompe est terminée par une sorte de doigt mobile et

Fig 147. — Éléphant d'Afrique

sensible, ce qui lui permet de saisir facilement les objets et de cueillir les feuilles ou les fruits dont il se nourrit.

Le corps est recouvert par une peau très épaisse (environ 4 centimètres) et qui ne porte que de rares poils ; c'est le plus gros des animaux terrestres, car son poids peut atteindre 5.000 et même 6.000 kilogrammes.

La dentition comprend : 1° 2 incisives à la mâchoire supérieure formant les *défenses* qui fournissent l'ivoire ; 2° 4 énormes molaires (une par chaque moitié de mâchoire) dont la face supérieure est garnie de crêtes d'émail.

Fig. 148. — Tête d'Éléphant des Indes.

L'Éléphant est adulte vers 15 ans, il est dans toute sa force à 35 ans, il peut travailler jusqu'à 80 ans et vivre 150 ans.

Il existe deux espèces distinctes : l'Éléphant d'Asie et l'Éléphant d'Afrique.

1° L'Éléphant d'Asie ou des *Indes* (*fig.* 148) a le front concave et les oreilles petites ; les crêtes d'émail qui recouvrent ses dents ont une forme elliptique, tandis que celles de l'Éléphant d'Afrique ont une forme losangique (*fig.* 149). Il habite l'Inde, l'Indo-Chine et Ceylan. Il y est domestiqué et on l'emploie aux travaux agricoles et industriels, aux transports et à la chasse aux fauves.

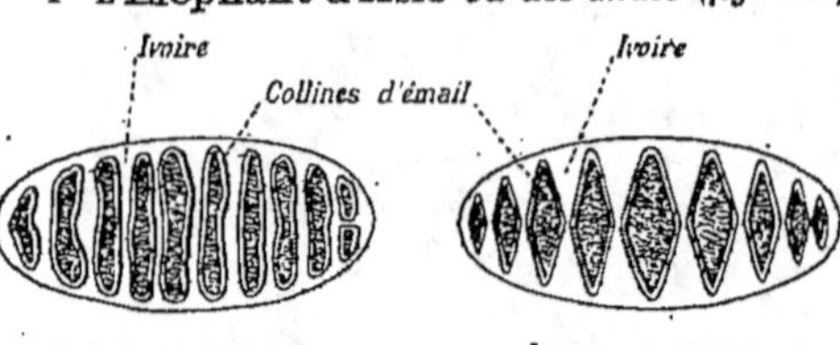

Fig. 149. — Molaires d'Éléphant.

2° L'Éléphant d'Afrique (*fig.* 147) a le front incliné, la tête plate, et d'énormes oreilles couvrant le cou et les épaules ; il habite surtout la région équatoriale de l'Afrique ; il a disparu du nord et du sud de l'Afrique ; partout il recule devant la marche envahissante de l'Homme, qui le chasse pour sa chair et surtout pour son ivoire. Il en est de lui comme des autres grandes espèces africaines et bientôt si l'on n'y prend garde, ces espèces animales qui peuplaient jadis les vastes solitudes de l'Afrique, n'existeront plus qu'à l'état de souvenir historique.

Mœurs et domestication de l'Éléphant. — Les Éléphants vivent en troupes nombreuses ; ils s'approchent souvent des rivières ou des lacs, où ils viennent se baigner, et parfois même se doucher avec leur trompe. Ils marchent en file indienne, le chef de troupe en tête et la trompe levée. Doués d'un odorat merveilleux, ils peuvent sentir l'Homme à de grandes distances ; dès lors, ils s'enfuient. Leur chasse est dangereuse, car lorsqu'ils sont blessés, ils chargent le chasseur avec une rapidité incroyable. La vitesse ordinaire d'un troupeau d'Éléphants correspond au pas accéléré de l'Homme ; leur trot équivaut au galop du Cheval ; quant à la charge, c'est une locomotive lancée à toute vapeur.

La chasse aux Éléphants se fait avec des pièges (fosses creusées et dissimulées sur leur passage) ou avec des armes. Les indigènes les chassent pour leur chair et leur graisse, et les Européens pour leur ivoire qui a une grande valeur. Les défenses qui fournissent l'ivoire peuvent atteindre 2 mètres de longueur et peser jusqu'à 50 et même 70 kilogrammes. Comme il arrive chaque année environ 800.000 kilogrammes d'ivoire sur les marchés européens, et qu'une défense pèse en moyenne 10 kilogrammes, il en résulte que ce chiffre représente 80.000 défenses et par suite 40 000 Éléphants tués. Donc, si l'on ne met un frein à ce massacre, l'Éléphant disparaîtra bientôt de la surface du globe. On cite un chasseur qui, d'avril 1895 à avril 1896, a tué à lui seul 113 Éléphants et 101 Hippopotames. Pour retarder cette disparition il suffirait de domestiquer l'Éléphant d'Afrique. Cet Éléphant a été domestiqué dès la plus haute antiquité, car il servait dans les armées carthaginoises ; mais actuellement l'Éléphant indien seul est utilisé et obéit à son conducteur ou *cornac*.

Les Anglais ont su tirer un merveilleux parti de l'intelligence de cet animal. Ils utilisent l'Éléphant indien dans leur armée coloniale pour transporter l'artillerie ; mais c'est surtout dans la riche vallée de l'Iraouaddy qu'il faut le voir travailler ; ici il apporte dans la rivière,

Fig. 150. — Éléphant s'apprêtant à soulever une pièce de bois dont l'autre extrémité sera portée par un autre Éléphant.

pour les faire flotter, des pièces de bois, des arbres ; là, il les pousse vers le rivage. Et quand la pièce est trop lourde, ils se mettent à deux pour enlever le fardeau (*fig. 150*). Ils vont ensuite empiler ces pièces de bois en un tas régulier, remettant d'aplomb avec un léger coup de défense ou de trompe la pièce qui n'est pas à l'alignement. Certains Éléphants plus habiles travaillent dans les scieries mécaniques et savent présenter aux lames des scies les bois à débiter. Ce sont d'excellents ouvriers, mais lorsque la cloche de l'atelier annonce l'heure du repas, il faut voir avec quel empressement ils courent au réfectoire, c'est-à-dire au râtelier. La femelle est souvent chef d'équipe, conduisant les autres avec une certaine autorité, et ne dédaignant pas toujours les moyens rigoureux : on cite une femelle qui aurait cassé d'un coup de trompe la défense d'un autre animal.

En somme l'Éléphant d'Afrique pourrait être domestiqué de la même façon ; c'est ce qu'on devrait essayer dans notre colonie française du

Congo. Cette domestication de l'Éléphant africain aurait une grande importance dans les régions équatoriales où ni le Cheval, ni le Mulet, ni le Chameau ne savent résister à la fièvre et à l'anémie ; elle aurait un double avantage, car elle conserverait l'animal et, par suite, l'ivoire, et de plus elle faciliterait l'exploitation de nos colonies africaines. La science et la colonisation trouveraient chacune son compte dans l'utilisation de cette intelligente bête.

Les **Rhinocéros** peuvent être placés à côté des Éléphants, auxquels on les réunit souvent sous le nom de *Pachydermes*, c'est-à-dire d'animaux à peau épaisse constituant une véritable cuirasse. Ils sont caractérisés par leurs pattes terminées par trois doigts.

Fig. 151. — Rhinocéros.

Le *Rhinocéros* (*fig.* 151) est un animal aux formes lourdes ; c'est le plus gros des animaux terrestres, après l'Éléphant ; sa longueur est de 3m à 3m,50 et son poids peut atteindre 2.500 à 3.000 kilogrammes. Il porte sur le nez une ou deux cornes qui peuvent avoir jusqu'à 60 centimètres de longueur et qui ne sont formées que de poils soudés entre eux. Il est un des rares animaux qui attaquent l'Homme ; l'odeur humaine qui généralement fait fuir les animaux le fait accourir, et c'est un animal redoutable, car sa peau épaisse se laisse difficilement entamer par les projectiles. Il vit dans les régions tropicales de l'Afrique et de l'Inde et cause de grands dégâts dans les plantations. Le Rhinocéros de l'Inde n'a qu'une corne, celui d'Afrique en a deux.

Le *Tapir* a trois doigts aux pattes de derrière et 4 à celles de devant ; il ressemble un peu au Cochon, mais il porte une petite trompe. Il vit dans les régions marécageuses de l'Inde et de l'Amérique du Sud.

ORDRE DES SOLIPÈDES

Caractères généraux. — Les *Solipèdes* sont ainsi appelés parce que leurs pattes sont terminées par un *seul doigt* garni d'un sabot unique. Les os du métacarpe sont soudés pour donner l'*os canon* (*fig.* 152) et derrière cet os se trouvent deux stylets qui représentent les deux doigts latéraux bien développés chez

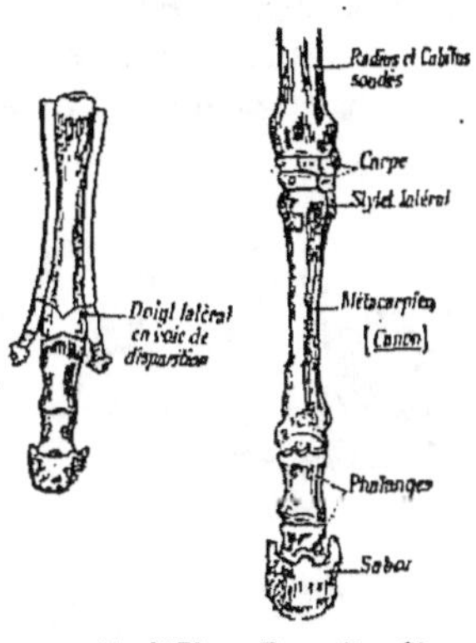

A. — De l'Hipparion.   B. — Du Cheval.

Fig. 152. — Extrémité d'un membre de Solipède.

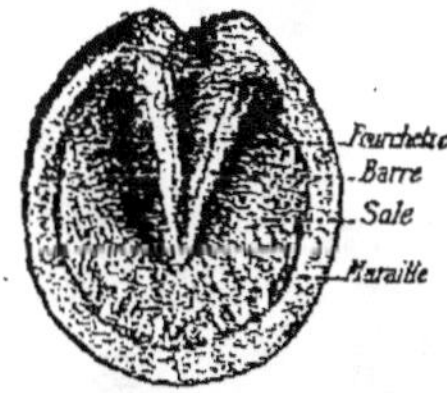

Fig. 153. — Sabot du Cheval vu par la face inférieure.

un ancêtre du Cheval des époques géologiques, l'Hipparion.

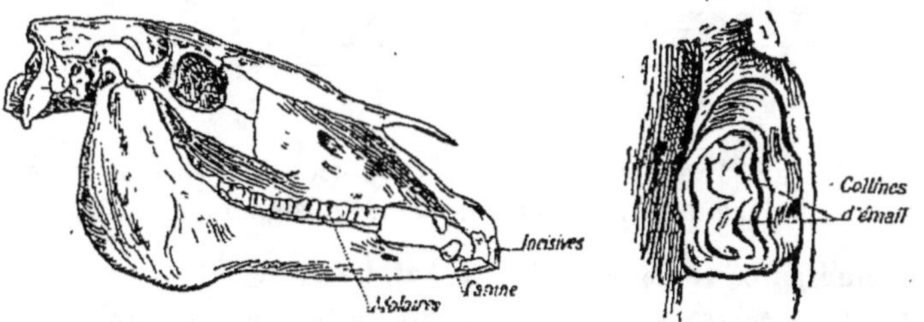

Fig. 154. — Tête de Cheval.

Fig. 155. — Une molaire du Cheval et ses collines d'émail.

Le sabot (*fig.* 153) qui enveloppe l'extrémité de ce doigt unique n'est qu'un ongle très épais ; il comprend la *muraille* ou partie externe, la *sole* ou partie inférieure, la *fourchette* et la *barre*.

Pour protéger le sabot contre une usure trop rapide on le *ferre*.

La *dentition* du Cheval (*fig.* 154 et 155) comprend : 6 incisives portant des saillies d'émail et dont le degré d'usure permet aux maquignons de connaître l'âge de l'animal ; 2 canines très petites manquant souvent chez la Jument ; enfin 12 molaires à couronne aplatie. C'est dans l'espace compris entre les incisives et les molaires, appelé *barre*, qu'on introduit le *mors* muni d'une bride et qui sert à guider l'animal.

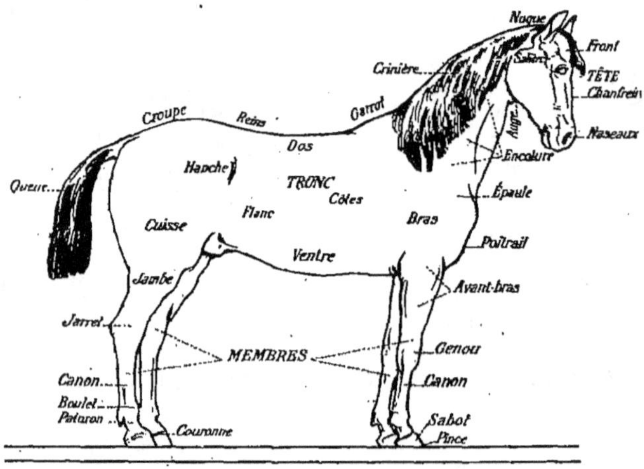

Fig. 156. — Extérieur du Cheval.

La figure 156 montre les différentes régions du Cheval et les noms sous lesquels on a coutume de les désigner.

Principales espèces. — Le Cheval, l'Ane, le Zèbre.

Le *Cheval* (*fig.* 157) a la tête allongée, les oreilles courtes, le cou garni d'une crinière longue et flottante, la queue portant des crins fort longs. . Le Cheval a été domestiqué depuis la plus haute antiquité. Comme l'a dit Buffon, c'est « la plus noble conquête que l'Homme ait jamais faite » ; son histoire est liée à celle de la civilisation, et il est certain qu'aujourd'hui le chemin de fer, la bicyclette, l'automobile et la traction électrique ont singulièrement diminué son rôle au point de vue utilitaire. Il sert surtout à porter (*Cheval de selle*) et à traîner (*Cheval de trait*) les fardeaux. Sa viande saine et d'un prix modique est entrée dans l'alimentation moderne, surtout dans celle des grandes ville

Les races de Chevaux sont très nombreuses : certains Chevaux des régions basses et humides, en Flandre par exemple, atteignent une

Fig. 157. — Cheval de trait.

grande taille, surtout lorsque pendant une série de générations ils ont été abondamment nourris ; tels sont les Chevaux de brasseurs. D'autres,

Fig. 158. — Cheval de course.

au contraire, sont remarquables par l'élégance de leurs formes, la finesse de leurs pattes et la rapidité de leurs allures, tels sont les Chevaux de course (*fig.* 158) et les Chevaux arabes.

Le Cheval existe encore à l'état sauvage dans certaines plaines de l'Amérique du Sud, de l'Asie, de la Russie ; mais c'est un descendant du Cheval domestique redevenu sauvage.

Fig. 159. — Ane.

L'*Ane* (*fig*. 159) se distingue du Cheval par la longueur de ses oreilles, la crinière dressée, la queue courte et pourvue de poils à son extrémité ; son pelage présente sur le dos une croix noire ; enfin le son de sa

Fig. 160. — Zèbres.

voix est particulier. Il est sobre et facile à nourrir, aussi il est un des animaux les plus utiles à l'Homme : il est le Cheval du pauvre ; et c'est bien à tort qu'on le ridiculise à cause de son entêtement et de sa lenteur.

Le *Mulet*, intermédiaire entre le Cheval et l'Ane, tient de l'Ane par les oreilles, la sobriété et la sûreté du pied, et du Cheval par sa taille et sa force. Le Mulet rend de grands services surtout dans les régions montagneuses et aussi dans nos expéditions coloniales. Dans le Poitou, où l'on fait en grand son élevage, la production atteint annuellement le chiffre de 15.000 Mulets.

Le *Bardot*, autre intermédiaire entre le Cheval et l'Ane, se trouve communément en Sicile.

Enfin l'*Hémione* qui vit en Asie peut aussi être placée entre le Cheval et l'Ane.

Le *Zèbre* (*fig*. 160) est voisin de l'Ane, mais sa robe est élégamment rayée de noir sur un fond gris ou jaune. Il vit dans l'Afrique méridionale ; il est peu facile à domestiquer ; on l'utilise cependant dans le sud africain en l'attelant avec des Chevaux. A Paris même on a pu voir ces animaux conduire des voitures et circuler sur les boulevards.

RÉSUMÉ

Les *Mammifères ongulés* ont les doigts terminés par des *sabots*. Ils peuvent être divisés en deux groupes : 1° ceux qui ont un nombre de doigts *pair* (Porcins, Ruminants) ; 2° ceux qui ont un nombre de doigts *impair* (Éléphants, Rhinocéros, Solipèdes).

Porcins. — Ils ont 4 doigts : les 2 du milieu reposent sur le sol, les 2 latéraux sont plus petits et ne posent pas à terre (Cochon, Sanglier, Babiroussa, Hippopotame).

Ruminants. — Ils sont caractérisés :

1° par leur *dentition* : pas d'incisives à la mâchoire supérieure, pas de canines (*barre*), molaires avec collines d'émail ;

2° par leur *estomac*, composé de 4 poches : la *panse*, le *bonnet*, le *feuillet*, la *caillette* ; ils mâchent deux fois leurs aliments, c'est l'acte de *ruminer* ;

3° par leurs *pattes*, terminées par deux doigts portant des sabots ;

4° par les *cornes*, qui peuvent être *persistantes* (Bœuf) ou *caduques* (Cerf).

Ils comprennent : 1° les *Ruminants ordinaires* (Bœuf, Zébu, Bison, Buffle, Cerf, Chevreuil, Renne, Mouton, Chèvre, Antilope, Girafe) ; 2° les *Caméliens*, qui n'ont pas de cornes (Chameau, Lama).

Proboscidiens. — Les *Proboscidiens* ou *Éléphants* ont *5 doigts* ; leur nez est prolongé en forme de *trompe* ; leur peau est épaisse ; les incisives de la mâchoire supérieure forment les *défenses*. (Éléphant d'Asie, Éléphant d'Afrique.)

Sont intelligents et peuvent être domestiqués.

Les *Rhinocéros* ont *3 doigts* ; la peau très épaisse ; une ou deux cornes massives sur le nez. (Rhinocéros, Tapir.)

Solipèdes. — Les *Solipèdes* n'ont plus qu'*un seul doigt*, terminé par un sabot très développé ; incisives et molaires avec collines d'émail. (Cheval, Ane, Mulet, Zèbre).

CHAPITRE V

LES MAMMIFÈRES PISCIFORMES

Caractères généraux. — Destinés à vivre dans l'eau, ces Mammifères ont, comme les Poissons, la forme d'un fuseau. Mais ce sont bien de véritables Mammifères, car ils ont des mamelles pour allaiter leurs petits, ils respirent par des poumons et sont obligés de venir à la surface de l'eau pour respirer.

Les membres antérieurs sont transformés en nageoires, et les membres postérieurs sont disparus. Ces animaux présentent aussi une nageoire caudale disposée horizontalement et une nageoire dorsale, mais ces nageoires ne sont que de simples replis de la peau.

On les partage en deux groupes : les *Cétacés* et les *Sirénidés*.

1° Cétacés. — Les *Cétacés* sont caractérisés par leurs narines qui viennent s'ouvrir sur le dessus de la tête par des orifices appelés *évents*. Pendant longtemps on a cru que les Cétacés pouvaient rejeter par ces orifices un véritable jet d'eau ; en réalité, c'est l'air provenant de la respiration et contenant beaucoup de vapeur d'eau qui produit ce panache au-dessus de la tête, car la vapeur, au contact de l'air froid, se condense en une sorte de brouillard. On les avait appelés *souffleurs* précisément à cause de cette croyance qu'ils pouvaient rejeter par les évents l'eau avalée par la bouche.

Les Cétacés sont carnivores ; ils se nourrissent de Poissons, de Mollusques, de Crustacés, etc. Ils sont dépourvus de dents ou lorsqu'ils en ont, elles sont toutes semblables.

Ils comprennent : la *Baleine*, le *Cachalot*, le *Narval*, le *Dauphin*, le *Marsouin*.

La *Baleine* (*fig*. 161) est le plus grand des Mammifères actuellement vivants ; elle peut avoir 20 et même 25 mètres de long et peser 150.000

Fig. 161. — Baleine.

kilogrammes, ce qui équivaut au poids de 30 Éléphants ! Malgré son poids énorme, elle est plus légère que l'eau qu'elle déplace, de sorte qu'elle se meut avec une grande agilité, se servant surtout, pour battre l'eau, de sa queue dont la force prodigieuse est suffisante pour faire chavirer une barque de pêche. Sortie de l'eau, lorsqu'elle échoue, elle ne tarde pas à mourir, écrasée pour ainsi dire sous sa propre masse.

La Baleine est dépourvue de dents. mais elle porte à la mâchoire supérieure deux rangées de lamelles cornées élastiques appelées *fanons* (*fig*. 162) et connues dans le *commerce sous le nom* de *baleines*. Lorsque la Baleine ouvre la bouche, elle avale une quantité énorme d'eau qu'elle rejette ensuite, et c'est alors que les fanons cons

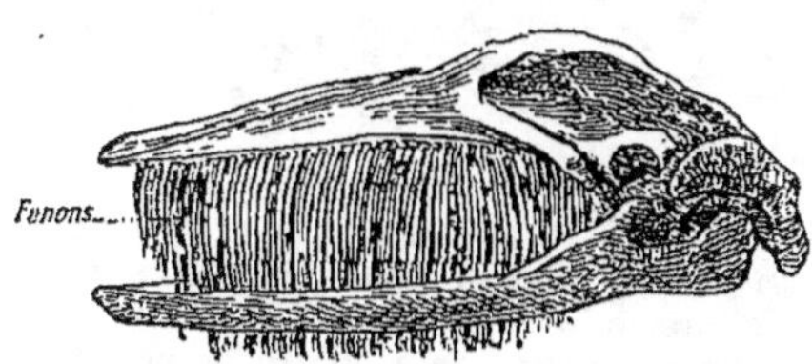

Fig. 162. — Tête de Baleine.

tituent une sorte de crible qui retient les petits animaux dont cet animal se nourrit. La Baleine, en effet, a un œsophage de faible dimension, elle ne peut donc avaler de proies volumineuses ; elle mange des petits Poissons, des petits Crustacés ou des Mollusques. On a pu trouver dans l'estomac d'une Baleine près de 600 litres de Crevettes.

La Baleine est obligée de venir respirer à la surface de l'eau, puis elle replonge et peut rester une heure sous l'eau.

La peau de la Baleine est complètement dépourvue de poils, mais elle est doublée d'une couche de graisse appelée *lard*, qui, par place, peut avoir 40 centimètres d'épaisseur. Une Baleine de taille moyenne peut fournir 25.000 kilos de graisse ou huile. C'est pour se procurer ces fanons et cette huile qu'on pêche activement la Baleine. Cette pêche est fort intéressante, mais la place nous manque pour en parler comme il conviendrait. Disons seulement qu'un harpon est lancé sur l'animal pour l'*amarrer*, c'est-à-dire pour rattacher la Baleine à l'embarcation ; de cette façon on l'attire vers la barque de pêche et on l'achève à coups de lance ou d'autres armes. Pour lancer le harpon plus loin on peut se servir d'un mousquet dans lequel on remplace la balle par le harpon. Un capitaine norvégien a même imaginé de chasser la Baleine à coups de

Fig. 163. — Chasse à la Baleine à coups de canon.

canon (*fig.* 163). Il emploie pour cela un bateau à vapeur, long de vingt mètres, et qui porte à l'avant un canon pivotant dans tous les sens. On tire la Baleine à 30 mètres. Le projectile se compose d'un fer de lance sur lequel sont vissés un obus et un harpon à quatre branches. Dès qu'une Baleine est à portée, on tire à plein corps, et grâce au fer de lance l'obus entre suivi du harpon. A ce moment, l'animal blessé cherche à fuir ; les branches du harpon, en se détachant, agissent sur un marteau qui frappe une capsule de fulminate, et l'obus éclate, tuant la Baleine du coup. Ordinairement la Baleine coule, mais le harpon tient assez solidement pour qu'on puisse la ramener à la surface.

Cette pêche fournissait aux Américains, il y a une trentaine d'années, un revenu de 40 millions ; mais elle est considérablement réduite aujourd'hui que la Baleine n'existe plus guère que dans les régions boréales.

Dès la naissance le petit de la Baleine atteint 6 mètres de long. Pour s'alimenter, le jeune s'approche de la mère qui se met un peu sur le côté ; il ouvre la bouche, saisit le mamelon et reçoit un jet de lait lancé par les muscles qui compriment les mamelles. Le jeune est donc allaité sans téter. L'amour de la Baleine pour son petit est bien développé ; c'est ainsi qu'elle recouvre de sa nageoire le jeune qu'on essaie d'atteindre.

Le *Cachalot* est caractérisé par un énorme dépôt de matière grasse dans la tête. La mâchoire inférieure seule est pourvue de dents qui viennent se loger dans des cavités de la mâchoire supérieure. La matière grasse appelée encore *blanc de Baleine* est liquide ; elle sert à la fabrication des bougies de luxe. On trouve à l'intérieur de l'intestin du Cachalot un des parfums les plus recherchés, l'*ambre gris* ; ce parfum n'est que le résidu de la digestion des Cachalots qui se nourrissent de Céphalopodes (Pieuvre). On trouve parfois des morceaux de cette précieuse substance qui flottent à la surface de la mer. Les pêcheurs peuvent en recueillir pour plusieurs milliers de francs dans un seul individu.

Le *Narval* ou *Licorne de mer* a 4 ou 5 mètres de long ; il vit dans les mers boréales. Le mâle a une canine qui prend un développement considérable et forme une sorte de lance tordue sur elle-même.

Le *Dauphin* vit dans nos mers par troupes : son museau est allongé en forme de bec les deux mâchoires portent des dents fines et aiguës. Il suit le sillage des navires avec une agilité surprenante.

Le *Marsouin* (fig. 164) est encore appelé *Cochon de mer*, parce qu'on trouve sous sa peau une épaisse couche de lard ; il est fréquent sur nos côtes et remonte parfois les rivières : on en a vu dans la Seine à Paris.

Fig. 164. — Marsouin.

Il est le moins grand de tous les Cétacés ; il a environ 1 mètre de longueur.

2ᵃ **Sirénidés.** — Les *Sirénidés* sont semblables aux Cétacés ; ils en diffèrent seulement par leurs narines qui viennent s'ouvrir à l'extrémité du museau. Ils sont herbivores.

Ils comprennent le *Lamantin*, qui vit dans la zone tropicale de l'Atlantique : et le *Dugong*, qui habite l'Océan indien et la Mer rouge.

ORDRE DES MARSUPIAUX

Caractères généraux. — Les *Marsupiaux* sont caractérisés par ce qu'ils portent sous le ventre une poché où se trouvent les mamelles et dans laquelle les petits, qui naissent très faibles, viennent achever leur développement (*fig.* 165). Là les petits restent attachés aux mamelles ; et au bout d'un certain temps, même lorsqu'ils sont assez grands pour courir, ils viennent encore se loger pendant quelque temps dans cette *poche marsupiale* ; c'est aussi là qu'ils se réfugient dès qu'un danger

Fig. 165. — Pétrogale avéc un petit dans sa poche marsupiale.

les menace. Cette poche est soutenue par deux os appelés *os marsupiaux* (*fig.* 166).

Le régime de ces animaux est variable, les uns sont *carnivores*, les autres *insectivores* comme la Sarigue, enfin d'autres sont *herbivores* comme le Kangourou, etc. On pourrait donc ranger les Marsupiaux dans les divers ordres de Mammifères.

Presque tous habitent l'Australie, sauf la Sarigue qui vit dans l'Amérique du Sud.

Les plus connus sont : le *Kangourou* et la *Sarigue*.

Le *Kangourou* a la dentition d'un herbivore ; ses pattes postérieures sont plus longues (*fig.* 166) et plus puissantes que ses pattes antérieures qui semblent atrophiées. Aussi il se tient souvent sur les pattes postérieures et sur sa forte queue comme sur un trépied (*fig.* 167). Il peut faire des bonds prodigieux. Les plus grands de ces animaux peuvent atteindre 1ᵐ,40 à 1ᵐ,50 de hauteur. Le Kangourou constitue le principal gibier d'Australie.

Fig. 166. — Squelette de Kangourou.

Fig. 167. — Kangourou (presque de la hauteur d'un Homme).

La *Sarigue* (*fig.* 168) vit dans l'Amérique du Sud ; c'est un animal nocturne, nichant sur les arbres, se nourrissant d'Insectes, d'œufs et de fruits.

Fig. 168. — Sarigue (taille d'un Renard).

Son amour maternel a été merveilleusement décrit par Florian. Certaines Sarigues dont la poche est rudimentaire portent sur le dos leurs petits qui enroulent leur queue autour de celle de la mère.

ORDRE DES MONOTRÈMES

Caractères généraux. — Les *Monotrèmes* sont caractérisés par ce qu'ils *pondent des œufs*, par leur *bec corné* et leur intestin qui vient déboucher dans une cavité appelée *cloaque* où aboutissent aussi les voies urinaires, comme chez les Oiseaux. Par d'autres caractères, tels que les membres rejetés sur les côtés, ils se rapprochent des Reptiles.

Fig. 169. — Ornithorhynque (taille d'un Lapin).

Ils comprennent : l'*Ornithorhynque* et l'*Échidné*.

L'*Ornithorhynque* (*fig.* 169) vit sur le bord des cours d'eau d'Australie, où il se nourrit de larves, de Vers et de Poissons ; son bec est élargi comme celui d'un Canard, et ses pattes sont palmées. Il pond un seul œuf.

L'*Echidné* (*fig.* 170) a le corps couvert d'épines, le bec aminci et allongé. Sa langue longue et visqueuse, comme celle du Fourmilier, lui

Fig. 170. — Échidné (taille d'un Lapin).

permet de prendre des Insectes pour sa nourriture. Ses griffes sont puissantes et disposées pour fouir. Il pond deux œufs.

RÉSUMÉ

Mammifères pisciformes. — Les *Mammifères pisciformes* ont la forme des Poissons ; mais ils ont des mamelles et respirent avec des poumons. Les membres antérieurs sont transformés en *nageoires*, et les membres postérieurs sont disparus.

Ils comprennent : 1° les *Cétacés*, dont les narines s'ouvrent sur le dessus de la tête et qui sont carnivores (Baleine, Cachalot, Narval, Dauphin, Marsouin) ; 2° les *Sirénidés,* dont les narines s'ouvrent au-dessus de la bouche et qui sont herbivores (Lamantin, Dugong).

Marsupiaux. — Les *Marsupiaux* sont caractérisés par une poche ventrale dans laquelle leurs petits achèvent leur développement. Ils vivent en Australie (*Kangourou*) ou dans l'Amérique du Sud (*Sarigue*).

Monotrèmes. — Les *Monotrèmes* pondent des *œufs* (*ovipares*) et ont un *bec corné*, ce qui les rapproche des Oiseaux, mais ils ont les membres rejetés sur les côtés et rampent sur le sol, ce qui les rattache aux Reptiles.

LES MAMMIFÈRES UTILES ET NUISIBLES A L'AGRICULTURE

Nous croyons bon de résumer en un double tableau les noms : 1° des *espèces utiles* à l'Agriculture et que certains préjugés font considérer à tort comme nuisibles ; 2° des *espèces nuisibles* les plus communes. Nous n'indiquons dans ce tableau que les espèces communes habitant nos régions.

Mammifères utiles :

Chauve-souris. *Hérisson.* *Musaraigne.* *Taupe* (nuisible dans les jardins).	détruisent une grande quantité d'Insectes et de larves **nuisibles** à l'Agriculture.

Mammifères nuisibles :

Rat, Souris, Mulot, Campagnol.	dévorent les récoltes.
Martre, Fouine, Putois, Renard.	ravagent les basses-cours.
Loir, Lérot.	mangent les fruits dans les jardins et les vergers.

Tableau résumant les caractères des ordres des **Mammifères.**

<table>
<tr><td rowspan="10">I. — Ongui-
culés
(ongles
ou griffes)</td><td rowspan="2">des mains
Primates</td><td colspan="2">pouce opposable à la main seulement. . . . . . .</td><td>Hommes.</td></tr>
<tr><td colspan="2">pouce opposable à la main et au pied. . . . . . .</td><td>Singes.</td></tr>
<tr><td rowspan="8">pas de
mains</td><td colspan="2">bras transformés en ailes. . .</td><td>Chéiroptères ou Chauves-Souris.</td></tr>
<tr><td rowspan="6">Pattes
ordi-
naires</td><td colspan="1">molaires hérissées de pointes. . .</td><td>Insectivores.</td></tr>
<tr><td colspan="1">griffes et canines puissantes. . .</td><td>Carnivores.</td></tr>
<tr><td rowspan="3">denti-
tion
incom-
plète</td><td>pas de canines.</td><td>Rongeurs.</td></tr>
<tr><td>ni incisives, ni canines.</td><td>Édentés.</td></tr>
<tr><td></td><td></td></tr>
<tr><td colspan="2">Pattes transfor-mées en nageoires.</td><td>Amphibies.</td></tr>
<tr><td></td><td></td><td></td></tr>
<tr><td rowspan="5">II.—Ongulés
(sabots)</td><td rowspan="2">nombre
pair
de doigts</td><td colspan="2">4 doigts. . . . .</td><td>Porcins.</td></tr>
<tr><td colspan="2">2 doigts, estomac composé.</td><td>Ruminants.</td></tr>
<tr><td rowspan="3">nombre
impair
de doigts</td><td colspan="2">5 doigts, trompe. . . . . .</td><td>Proboscidiens ou Éléphants.</td></tr>
<tr><td colspan="2">3 doigts. . . . .</td><td>Rhinocéros.</td></tr>
<tr><td colspan="2">1 doigt . . . .</td><td>Solipèdes.</td></tr>
<tr><td rowspan="2">III. — Mammifères pisciformes
forme de Poissons,
membres antérieurs transfor-
més en nageoires,
pas de membres postérieurs</td><td colspan="3">narines s'ouvrant au-dessus de la tête . . . . .</td><td>Cétacés.</td></tr>
<tr><td colspan="3">narines s'ouvrant au-dessus de la bouche. . . .</td><td>Sirénidés.</td></tr>
</table>

IV.—Marsupiaux : poche marsupiale; dentition variable suivant les régimes.

V.—Monotrèmes : ovipares, bec corné.

CHAPITRE VI

CLASSE DES OISEAUX

LEUR ORGANISATION

Les *Oiseaux* sont des Vertébrés dont le corps est couvert de *plumes* et qui sont adaptés à la vie aérienne ; ils ont un *bec corné* et sont *ovipares*, c'est-à-dire qu'ils pondent des œufs.

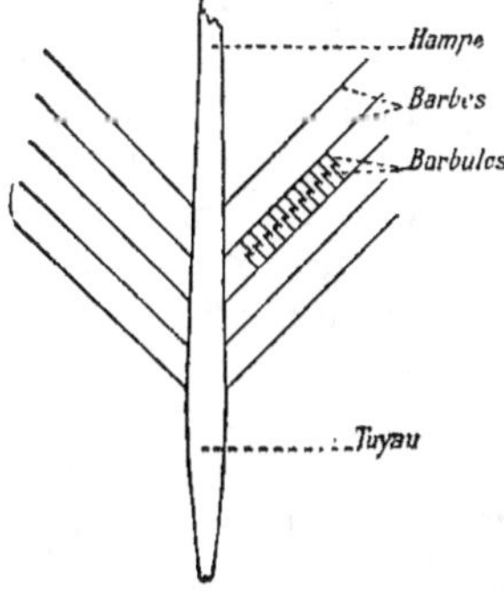

Fig. 171. — Plume d'Oiseau.

Les plumes. — Comme les poils, les plumes sont des productions de la peau. Une plume d'Oiseau (*fig.* 171) se compose d'un axe ou *hampe* dont la partie inférieure ou *tuyau* est creuse. Sur les côtés de cet axe sont régulièrement disposées des franges ou *barbes* portant à leur tour de petits prolongements ou *barbules* qui peuvent s'accrocher avec les barbules de la rangée voisine et former ainsi une lame mince, légère et élastique.

Il existe plusieurs sortes de plumes : 1° les grandes plumes ou *pennes*, qui se distinguent en plumes de l'aile ou *rémiges* parce qu'elles servent à l'Oiseau pour ramer dans l'air, et en plumes de la queue ou *rectrices* parce qu'elles servent à l'Oiseau, à la fois de balancier pour se maintenir en équilibre, et de gouvernail pour se diriger ; 2° le *duvet*, qui recouvre le reste du corps et qui est formé de plumes fines et à barbes indépendantes.

Les plumes, comme les poils chez les Mammifères, ont pour rôle de conserver la chaleur animale et par suite de maintenir constante la température du corps des Oiseaux, laquelle est plus élevée que chez les Mammifères, car elle peut atteindre

44 degrés. Elles ont aussi pour rôle de constituer de puissants organes de locomotion sans diminuer la légèreté de l'animal.

Si l'on chasse certains Mammifères pour leurs fourrures, on détruit aussi un nombre considérable d'Oiseaux pour leurs plumes, qui servent dans la parure. L'industrie plumassière fait un chiffre d'affaires annuel de quelques centaines de millions de francs, dont environ moitié pour le commerce français. On cite un plumassier de Londres qui en une seule année reçut environ 800.000 dépouilles d'Oiseaux. Si l'on tient compte d'autre part des Oiseaux tués pour l'alimentation, on peut se faire une idée de cet inquiétant et formidable massacre.

Appareil digestif. — Les Oiseaux ont un *bec corné* dont la forme varie avec le régime alimentaire, mais qui est toujours dépourvu de dents. Les Oiseaux qui ont vécu à certaines époques géologiques portaient des dents. A la suite de la bouche vient l'œsophage (*fig.* 172), qui présente un renflement appelé *jabot* servant de réservoir pour les graines; chez certains Oiseaux, comme les Pigeons, ce jabot fournit une matière crémeuse semblable au lait des Mammifères et qui sert à l'alimentation des jeunes.

L'œsophage vient s'ouvrir dans le *ventricule succenturié*, qui est l'estomac, car les graines vont y subir l'action du suc gastrique. Enfin vient le *gésier*, dont les parois musculeuses sont très épaisses et qui est destiné à écraser les aliments; cette trituration est facilitée par les corps durs, les petits cailloux, que l'Oiseau avale avec les aliments.

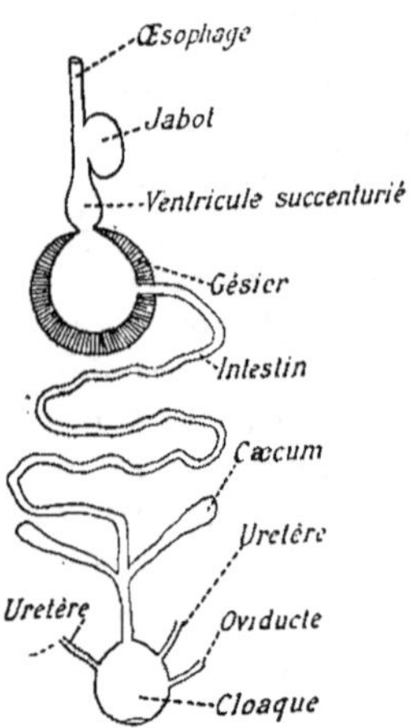

Fig. 172. — Tube digestif d'Oiseau.

L'*intestin* est court et vient déboucher dans une poche, le *cloaque*, qui reçoit les deux conduits urinaires ou *uretères* et le canal amenant les œufs ou *oviducte*.

L'urine épaisse entoure les excréments d'une couche blanchâtre. Dans certaines îles du Pacifique où les Oiseaux abondent, ce mélange

d'urine et d'excréments forme des amas considérables qui constituent
le *guano*.

Appareil circulatoire. — L'*appareil circulatoire* est semblable
à celui de l'Homme et des Mammifères. La circulation au sang
est très active, ce qui explique la température élevée de ces ani-
maux, qui est de 42 à 44 degrés.

La région ventrale de l'Oiseau est surtout très riche en vaisseaux san-
guins, elle est donc chaude ; aussi c'est cette partie du corps qui repose
sur les œufs lorsque l'Oiseau couve, de façon à donner à ces œufs le
plus de chaleur possible.

Appareil respiratoire. — L'Oiseau *respire* avec des *poumons*,
mais ceux-ci communiquent avec de vastes poches remplies
d'air, les *sacs aériens*, qui envoient à leur tour des prolonge-
ments à l'intérieur des os. Ces sacs aériens servent de réser-
voirs à air en même temps qu'ils allègent l'Oiseau. Il est certain
qu'à volume égal, l'Oiseau est moins lourd que le Mammifère.

A la partie supérieure de la trachée-artère se trouve le *larynx*, qui
est dépourvu de cordes vocales et qui ne produit aucun son. C'est le
larynx inférieur ou *syrynx*, situé à la bifurcation de la trachée, qui est
le véritable organe du chant chez les Oiseaux. Cette disposition explique
pourquoi un Canard peut continuer à crier pendant quelques instants
après qu'on lui a tranché la tête.

Squelette. — Le *squelette* (*fig.* 173) est caractérisé par les os,
qui sont *creux* ; de cette façon le corps est allégé considérable-
ment tout en conservant sa solidité.

Le *crâne* tourne sur la colonne vertébrale avec une grande
facilité.

Le squelette du cou comprenant un grand nombre de vertè-
bres est très flexible.

Enfin le sternum présente une crête saillante appelée *bréchet*,
semblable à la quille d'un navire, et sur laquelle viennent s'at-
tacher les muscles qui font mouvoir les ailes et qui constituent
le *blanc* de la volaille. Le rôle de ce bréchet est si important
dans le vol qu'il est naturel de le voir disparaître chez les Oiseaux
qui ne volent pas, l'Autruche par exemple.

Les *membres antérieurs* sont transformés en *ailes* : on y dis-
tingue encore le bras (*humérus*), l'avant-bras (*radius* et *cubitus*),
mais la main est réduite à trois doigts immobiles et formés

d'un petit nombre de phalanges. Les ailes se rattachent au tronc par l'épaule qui est formée de trois os : la *clavicule* soudée à celle du côté opposé pour donner un seul os appelé *fourchette*, l'*os coracoïde* et l'*omoplate*, allongé en forme de sabre.

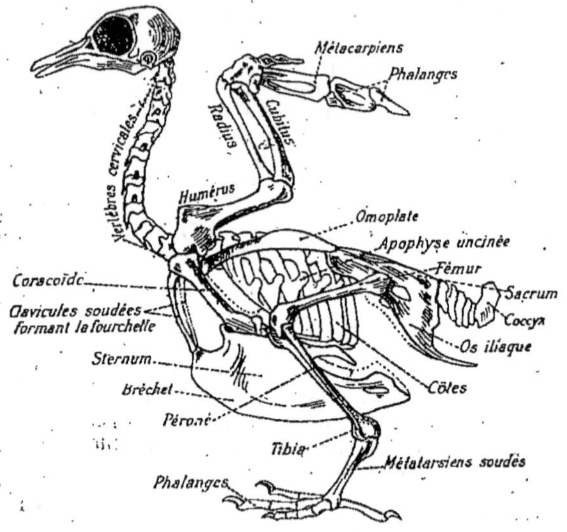

Fig. 173. — Squelette d'un Oiseau (*Pigeon*).

Les *membres postérieurs* ou *pattes* sont peu modifiés ; ils comprennent la cuisse (*fémur*), la jambe (*tibia* et *péroné*), le tarse ou plutôt l'*os canon* formé par la soudure des *métatarsiens*, enfin les doigts, souvent au nombre de quatre et disposés de façons variables.

Système nerveux et organes des sens. — Le *système nerveux* est à peu près semblable à celui des Mammifères ; le cerveau est cependant moins volumineux et n'est pas plissé.

L'odorat et le goût sont peu développés, l'oreille est dépourvue de pavillon ; cependant les Oiseaux ont l'ouïe fine. L'œil est très sensible, surtout chez les Oiseaux de proie, dont la vue est perçante.

Les œufs. — Les Oiseaux pondent des *œufs* à l'intérieur desquels se forment et se développent les jeunes ; on dit qu'ils sont *ovipares* ; tandis que les Mammifères donnent naissance à des jeunes qui viennent au monde tout formés : ce sont des *vivipares*.

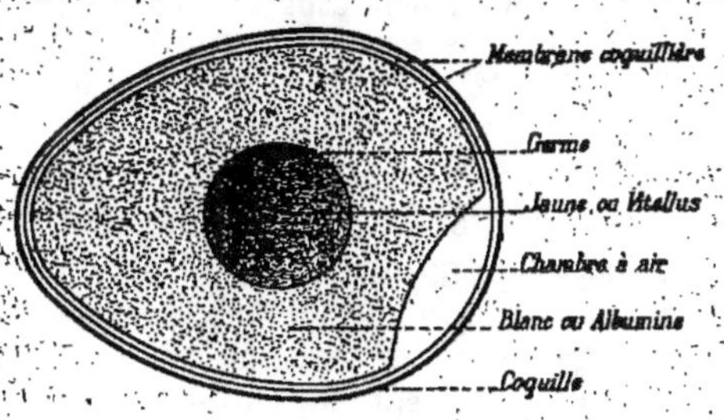

Fig. 174. — Œuf d'Oiseau.

L'œuf d'Oiseau (fig. 174) comprend : 1° une *coquille calcaire* percée de petits trous ou pores destinés à laisser passer l'air nécessaire à la respiration du jeune Oiseau ; si, en effet, on vernit une coquille, on bouche les pores, l'air ne passe plus et le petit Oiseau meurt asphyxié ; 2° deux *membranes coquillières* laissant entre elles, au gros bout de l'œuf, un réservoir ou *chambre à air* ; 3° une substance appelée *blanc*, qui durcit à la chaleur, c'est de l'*albumine* ; 4° au centre une masse sphérique appelée *jaune* ou *vitellus*, formée de matières grasses et présentant en un point une petite tache blanche ou *cicatricule* : c'est le *germe* du petit Oiseau qui va grandir et se développer aux dépens du jaune et du blanc.

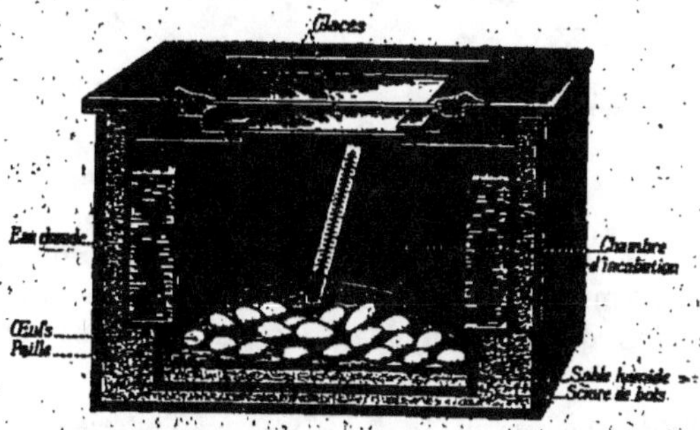

Fig. 175. — Couveuse.

On verra ainsi apparaître successivement le cœur, la tête, et les membres du jeune Oiseau ; mais pour que ce travail puisse se faire, il faut que l'œuf soit maintenu à une température voisine de celle du corps de l'Oiseau. C'est pour cette raison que la mère ou le père sont obligés de rester accroupis sur les œufs : on dit qu'ils les *couvent*. On peut obtenir le même résultat en plaçant les œufs dans des *couveuses artificielles* (*fig*. 175), c'est-à-dire dans des sortes de chambres ou d'étuves chauffées et maintenues à une température voisine de celle de l'Oiseau.

Quand le petit Oiseau a consommé toutes les provisions contenues dans l'œuf, il commence à s'agiter, et à l'aide d'une dent cornée située sur son bec, il brise sa coquille, sort de sa prison et fait son premier pas dans le monde. Certains Oiseaux, comme le petit Poulet ou *poussin* (*fig*. 176), sortent de l'œuf les yeux ouverts, le corps couvert de légères plumes, et déjà capables de courir et de chercher leur nourriture.

Fig. 176. — Poussin à sa sortie de l'œuf ; il peut marcher.

Fig. 177. — Pigeon aussitôt l'éclosion ; il ne peut encore marcher.

D'autres, comme les petits Pigeons (*fig*. 177), naissent incomplètement développés ; le corps nu, les yeux fermés, les pattes trop faibles pour soutenir le corps, incapables par conséquent de chercher eux-mêmes leur nourriture ; aussi sont-ils nourris par leurs parents, qui viennent dégorger dans leur bec une sorte de lait fourni par le jabot.

La durée du développement du jeune Oiseau à l'intérieur de l'œuf ou *incubation* varie avec les dimensions de l'œuf et de l'Oiseau : elle est de 12 jours pour l'Oiseau-Mouche, 18 jours pour le Pigeon, 21 jours pour le Poulet, 25 jours pour le Canard, 42 pour le Cygne, 56 pour le Casoar qui est un des plus gros Oiseaux.

Fig. 178. — Nid d'Aigle.

Fig. 179. — Nid du Cardinal élégant.

Les nids. — La plupart des Oiseaux donnent à leurs petits des soins touchants ; et déjà pour recevoir leurs œufs, ils préparent une sorte de berceau, un *nid*, dont la forme varie suivant les espèces, mais qui est toujours construit avec un art admirable. Il y a tous les intermédiaires, depuis le nid grossier du Rapace (*fig.* 178), fait de branchages entrelacés, jusqu'au nid élégant, chaud et moelleux du Chardonneret ou du Roitelet, fait de brins d'herbe et de mousse, de plumes et de duvet. Certains Oiseaux des pays chauds, comme le *Cardinal élégant* (*fig.* 179) et le *Colibri*, utilisent le coton, substance idéale pour faire un lit douillet.

D'autres, comme la Fauvette couturière de l'Inde (*fig.* 180), font preuve d'une grande ingéniosité en plaçant leur nid entre des feuilles verticales, soigneusement cousues ensemble au moyen d'un fil que l'Oiseau étire avec son bec et qu'il fabrique lui-même en tortillant dans son bec des toiles d'Araignées, des filaments de coton ou de petits

Fig. 180. — Nid de Fauvette couturière.

Fig. 181. — Nid du Cassique.

bouts de laine. L'important est de mettre la couvée à l'abri des petits Carnivores, des Serpents et des gros Oiseaux qui lui sont redoutables.

Un autre Oiseau fort ingénieux est le *Cassique* (*fig.* 181), dont le nid en forme de bourse est suspendu aux branches des arbres ; la texture de ce nid est si délicate que l'on peut voir, au travers des parois, l'Oiseau qui couve ou les petits qui demandent la becquée.

Les matériaux employés par les Oiseaux dans la construction de leurs nids sont très différents suivant les espèces et aussi suivant le milieu.

Fig. 182. — Nid du Rossignol.

Les nids peuvent être faits de matériaux moelleux (coton, mousse,

poil, plume, laine, etc.), comme ceux du Pinson, du Chardonneret ou
du Rossignol (*fig.* 182); ou bien de simples brins d'herbe, comme ceux
de la Pie-Grièche et de la Fauvette à tête noire; ou bien de brins d'herbe

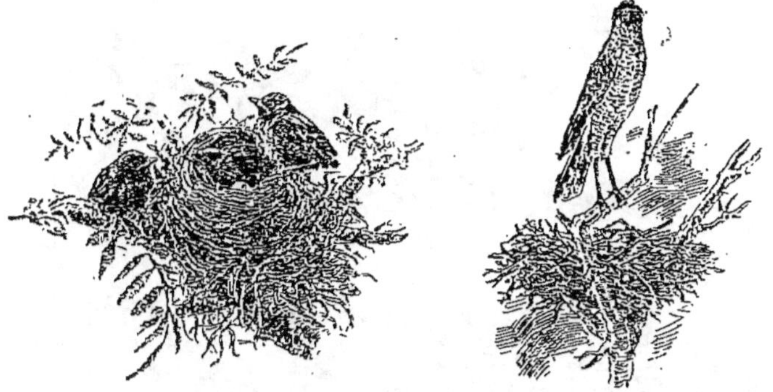

Fig. 183. — Nid du Merle.   Fig. 184. — Nid de l'Épervier.

réunis par de la terre, comme ceux du Merle (*fig.* 183) et de la Grive;
ou bien, enfin, de joncs, et de plantes aquatiques, comme celui de la

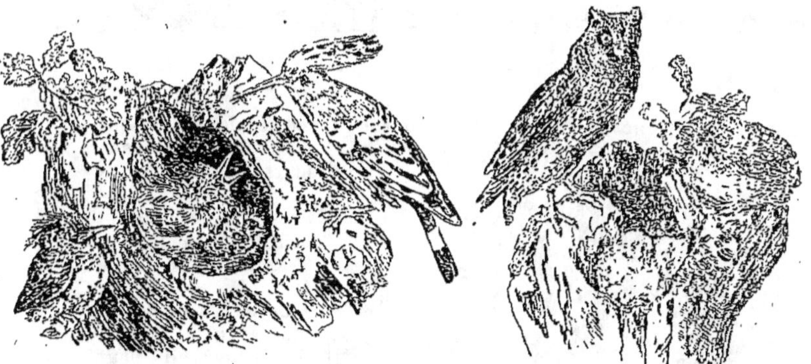

Fig. 185. — Huppe nichant dans un   Fig. 186. — Rapace nocturne
        tronc d'arbre.   dans un tronc d'arbre.

Poule d'eau; de feuilles, comme celui de la Bécasse, et de branches,
comme ceux de l'Aigle, de l'Épervier (*fig.* 184) et du Corbeau.

Bon nombre d'Oiseaux se contentent d'une cavité naturelle et nichent
dans les troncs d'arbres vermoulus ou dans les anfractuosités des
rochers : tels sont les Perroquets, les Huppes (*fig.* 185) et certains
Rapaces nocturnes (*fig.* 186).

Enfin certains Moineaux de l'Afrique méridionale, les *Républicains*, élèvent de véritables édifices (*fig.* 187) ; ils s'associent pour construire,

Fig. 187. — Nids des Républicains.

autour d'un tronc d'arbre, un vaste parasol, imperméable, au-dessous duquel ils établissent leurs nids dont les ouvertures sont tournées vers le bas ; on peut compter jusque 300 nids sous le même toit.

Fig. 188. — Maison de plaisance du Chlamydère.

Le nid n'est pas toujours un berceau pour les jeunes, il peut être aussi une habitation pour les parents. C'est le cas du nid des Chlamydères d'Australie, qui est une sorte de cabane ou d'allée couverte (*fig.* 188) que ces Oiseaux ornent d'objets brillants ou vivement colorés.

On a dit souvent que les mêmes Oiseaux construisaient toujours leurs nids de la même façon, avec les mêmes matériaux et par un procédé toujours identique. L'observation montre, au contraire, que les Oiseaux savent modifier leurs habitudes et adapter leurs nids aux diverses stations qu'ils choisissent. C'est ainsi que le Bouvreuil place toujours l'ouverture de son nid du côté opposé aux vents habituels; que le Loriot de Baltimore construit, sous le climat chaud de la Louisiane, un nid à claire-voie afin que l'air circule facilement, tandis que, sous le ciel plus froid de New-York, le même Oiseau capitonne son nid de laine et de coton et l'expose au midi. De même, les Cassiques tissaient autrefois leur nid avec des herbes, mais depuis que Christophe Colomb a introduit le Cheval en Amérique, ils ont remplacé les herbes par le crin de Cheval. Ces observations nous montrent bien que l'instinct des Oiseaux n'est pas immuable, qu'il peut se modifier et s'adapter aux circonstances.

L'Oiseau est très attaché à ses œufs, car une mère n'accepte jamais un œuf étranger mis à la place d'un des siens; même lorsque cet œuf est pris parmi ceux de son espèce, avec une coloration presque identique, jamais elle ne se laisse tromper : elle rejette l'œuf étranger avant de continuer à couver les siens. Les Oiseaux domestiques cependant peuvent couver d'autres œufs que les leurs.

L'amour maternel est particulièrement développé chez les Oiseaux. Tout le monde sait avec quel soin farouche et avec quelle sollicitude éclairée la Poule veille sur ses Poussins. Tous les chasseurs connaissent l'admirable tactique de la Perdrix pour sauver sa couvée, laquelle a inspiré à La Fontaine une de ses fables les plus charmantes et qui est dans toutes les mémoires; pour sauver ses petits,

> Elle fait la blessée et va tirant de l'aile,
> Attirant le Chasseur et le Chien sur ses pas,
> Détourne le danger, sauve ainsi sa famille.
> Et puis, quand le Chasseur croit que son chien la pille,
> Elle lui dit adieu, prend la volée et rit
> De l'homme qui, confus, des yeux en vain la suit.

Parfois l'Oiseau va jusqu'à sacrifier sa propre existence pour le salut de sa progéniture. « Qui n'a pas vu, dit un naturaliste, la Poule, la Dinde, la Perdrix ou la Caille défendre leurs petits ne peut avoir qu'une médiocre idée de l'héroïsme. » Nous verrons plus loin que le Coucou lui-même, qui ne construit pas de nid, n'est pas, comme on le dit à tort, dépourvu de cet instinct maternel.

Migrations ou voyages des Oiseaux. — Parmi les instincts si curieux des Oiseaux, il en est un qui mérite d'être signalé, c'est celui des voyages. Avec le changement de saison, certains Oiseaux éprouvent le besoin de changer de résidence; c'est pourquoi ils entreprennent ces voyages périodiques désignés sous le nom de *migrations* À l'approche de l'hiver, dans nos

régions tempérées, le froid et le manque de nourriture met
traient l'Oiseau en danger de mort ; aussi, comme nos malades,
il quitte notre pays brumeux et s'en va sur les bords de la
Méditerranée retrouver les fleurs et le soleil.

C'est ainsi que les Hirondelles, en messagères du printemps, arrivent
chez nous en Avril, pour s'envoler, dès qu'arrivent les premiers froids,
vers le Midi, parfois vers l'Afrique. Quelle délicieuse consolation ce doit
être pour l'Hirondelle parisienne que de quitter le portail trop froid de
Notre-Dame pour aller se réchauffer dans les frises du Parthénon !

De même les Cailles, les Rossignols, les Loriots, les Bécasses, les Cou-
cous et la plupart des Oiseaux insectivores ne nous arrivent qu'au
printemps pour s'en aller dès qu'arrive l'automne.

Au contraire, d'autres Oiseaux, comme les Canards, les Oies,
les Cygnes, nous viennent du Nord, en automne, et retournent
au printemps vers les régions plus froides.

Pour accomplir ces voyages, les Oiseaux se réunissent en troupes
nombreuses souvent dirigées par les individus les plus forts et les plus
courageux. L'instinct de ces migrations est si puissant, qu'il s'empare
même des Oiseaux conservés en cage depuis leur naissance et qui sont
par conséquent bien nourris et bien chauffés : au moment du départ de
leurs camarades, ces Oiseaux montrent une agitation particulière et
pourraient se tuer contre les barreaux de leur cage si l'on ne prenait
certaines précautions.

Tous les Oiseaux ne sont pas *migrateurs* ; c'est ainsi que le
Moineau nous reste fidèle toute l'année, et nulle part cet Oiseau
si gai, si amusant, si effronté, n'est aussi en sûreté que dans
nos grandes villes où il vient se mêler, pour ainsi dire, aux jeux
des enfants, en gavroche ailé, en gamin du ciel.

Faculté d'orientation. — Cet instinct des voyages chez les
Oiseaux migrateurs est merveilleusement complété par la *faculté
d'orientation* qui leur permet de revenir chaque année au nid
qu'ils ont habité l'année précédente. L'Hirondelle, par exemple,
sait retrouver avec précision, non seulement le pays, mais la
maison, la cheminée, le coin de fenêtre où elle avait établi son
nid. Pour s'en assurer, il suffit d'attacher aux pattes de ces
Oiseaux de petits rubans facilement reconnaissables.

Nous verrons plus loin, à propos des Pigeons, que l'Homme a
su tirer parti de cette faculté d'orientation en utilisant ces ani-
maux pour le transport des dépêches, soit sur terre, soit sur mer.

Cette faculté d'orientation, assez peu développée chez l'Homme civilisé, se retrouve chez d'autres animaux et notamment chez les Abeilles.

UTILITÉ ET PROTECTION DES OISEAUX

Les Oiseaux sont les plus précieux défenseurs de nos cultures contre l'invasion toujours croissante des Insectes. Pour s'en assurer, il suffit d'ouvrir le jabot d'un Oiseau et l'on y trouvera un grand nombre d'Insectes ou de Chenilles. Assurément certains Oiseaux mangent les graines, mais ces dégâts sont souvent compensés par la destruction des Insectes qu'ils dévorent ; et il ne faudrait pas, pour un peu de grain détourné, faire la guerre à ces puissants alliés. C'est surtout à l'époque des couvées que l'Oiseau va capturer les Insectes pour ses petits très gourmands et qui s'égosillent à demander la pâture. Une Hirondelle peut consommer 1.000 Mouches par jour ; un couple de Moineaux porte à ses petits 4 à 5.000 Vermisseaux par semaine ; 45.000 Chenilles sont nécessaires aux Mésanges pour élever leur couvée, etc. Aussi comme Michelet a raison quand il dit que l'Oiseau n'a pas besoin de l'Homme, mais que l'Homme ne saurait vivre sans l'Oiseau, qui seul a pu le sauver de l'Insecte !

Parmi les *Oiseaux utiles* on peut citer la plupart des petits Oiseaux, tels que l'Alouette qui protège nos céréales contre le Charançon, le Coucou qui poursuit les Chenilles velues, le Pinson, le Chardonneret, l'Hirondelle, la Mésange, la Fauvette, le Rossignol, le Rouge-Gorge, le Bouvreuil, le Moineau, le Roitelet, etc. Certains de ces animaux consomment bien quelques graines, mais ils détruisent tant d'Insectes nuisibles que les services qu'ils nous rendent dépassent de beaucoup les légers dégâts qu'ils commettent dans nos champs ou nos jardins.

Il faut citer aussi les Rapaces nocturnes tels que le Hibou, la Chouette et le Chat-Huant, qui comptent parmi les plus utiles des Oiseaux, car ils se nourrissent exclusivement de Rats, de Souris et de gros Insectes comme le Hanneton. Aussi nous ne saurions trop protester contre cette habitude barbare qu'on a parfois de clouer comme un malfaiteur cette malheureuse

Chouette à la porte d'une maison dont elle était la bienfaitrice, et cela sous le prétexte absurde que cet Oiseau porte malheur.

Un auteur a dit que les pertes subies par l'Agriculture du fait des Rongeurs, des Insectes et autres animaux nuisibles, étaient égales à la valeur de l'impôt foncier. Nous avons donc le plus grand intérêt à protéger les Oiseaux utiles, d'abord en n'imitant pas ces enfants mal dressés qui vont détruire les nids pour la triste joie de les jeter à terre et d'entendre les cris de détresse des parents ; puis aussi et surtout en pourchassant les Chats, les Belettes, les Pies, les Geais, l'Épervier, le Milan, le Grand-Duc, qui sont encore plus que les enfants de grands destructeurs de nichées, car ils mangent les œufs, les petits et les Oiseaux eux-mêmes. On capture les Oiseaux de proie à l'aide de pièges que l'on place sur des troncs d'arbres ou sur des poteaux.

Il est certain que le nombre des petits Oiseaux diminue dans d'effrayantes proportions ; et bientôt si des mesures énergiques n'étaient pas prises, les champs et les bois seraient déserts, et au lieu des chants joyeux nous n'entendrions plus que le « bruissement sourd de l'Insecte acharné à son œuvre de destruction ».

La protection des petits Oiseaux est donc un devoir pour tous les amis de la Nature comme pour ceux qui ont souci des intérêts de l'Agriculture.

En dehors de ces considérations, il est utile de savoir que les dénicheurs de nids s'exposent à une amende qui varie de 16 à 100 francs (*loi du 3 mai 1844*).

Le tableau suivant renferme la liste des principaux Oiseaux utiles et nuisibles :

PRINCIPAUX OISEAUX

utiles		nuisibles	
Les petits Oiseaux : Alouette, Pinson, Chardonneret, Hirondelle, Mésange, Fauvette, Rossignol, Bouvreuil, Coucou, Moineau, Roitelet, etc.	détruisent les Insectes nuisibles et les Chenilles.	Corbeau, Geai, Pie, Pie-Grièche. . .	mangent les petits Oiseaux utiles.
Hibou, Chouette, Chat-Huant. . .	détruisent les Rats, les Souris et de gros Insectes.	Épervier, Milan, Grand-Duc.	mangent les œufs et les petits des autres Oiseaux.

CLASSIFICATION DES OISEAUX

La classe des Oiseaux est fort nombreuse en espèces : on en compte actuellement plus de 12.000 et on en découvre de nouvelles chaque jour. On a classé ces espèces en se basant surtout sur la conformation du *bec* et des *pattes*.

Les Oiseaux peuvent être répartis en huit ordres : les *Palmipèdes* et les *Échassiers*, qui recherchent leurs aliments dans l'eau et qui ont les pattes adaptées à la vie aquatique, les *Gallinacés*, les *Colombins*, les *Passereaux*, les *Grimpeurs*, les *Rapaces* et les *Coureurs*, qui vivent à terre et qui ont les pattes adaptées à la locomotion.

I. — Ordre des Palmipèdes.

Caractères. — Les *Palmipèdes* sont des Oiseaux nageurs dont les pattes sont courtes et *palmées*, c'est-à-dire que leurs doigts sont réunis entre eux par une membrane. Ils se nourrissent surtout de Poissons ou d'autres animaux aquatiques. Leurs plumes sont ordinairement recouvertes d'une sorte d'huile qui les empêche de se mouiller, même lorsque ces animaux plongent.

Principaux genres. — On peut les diviser en quatre groupes : 1° Les Palmipèdes ayant le bec large et garni de lamelles transversales qui leur permettent de retenir les vermisseaux qui se trouvent dans la vase. Leurs pattes sont très écartées ; aussi nagent-ils bien, mais ils marchent mal en se dandinant.

Fig. 189. — Canard.

Ils comprennent : le *Canard* (*fig.* 189) dont les variétés sauvages voyagent en bandes disposées en forme de V, conduites par un chef de file qui en occupe le sommet ; l'*Oie*, qui est aussi un Oiseau migrateur

et dont l'espèce domestique est utile à l'Homme car elle est facile à
nourrir ; en les gavant d'aliments et en les immobilisant, on trans-
forme leur foie en une masse graisseuse, appelée *foie gras*. très

Fig. 190. — Cygnes.

appréciée des gourmets ; enfin le *Cygne* (*fig.* 190), dont le cou allonge
dessine des courbes gracieuses ; il fait l'ornement de nos pièces d'eau.
On peut encore citer : l'*Eider*, qui habite les côtes de Groënland et de
Laponie et dont le duvet fournit l'édredon ; la *Sarcelle*, voisine du
Canard et commune en France.

2° Les Palmipèdes qui ont des ailes puissantes leur permet-
tant de lutter contre
les vents, même pen-
dant les tempêtes ; ils
volent au milieu des
bourrasques les plus
violentes et explorent
rapidement de vastes
étendues de mer : ce
sont les meilleurs voi-
liers de tous les Oi
seaux.

Fig. 191. — Mouette.

Tels sont : les *Albatros*,
les *Pétrels* ou *Oiseaux des*
tempêtes, les *Goëlands*, les *Mouettes* (*fig.* 191), abondantes sur nos côtes.

3° Les Palmipèdes qui ont les quatre doigts réunis par une membrane, tandis que dans les autres groupes le pouce est libre.

Fig. 192. — Pélican.

Le *Pélican* (*fig.* 192) est remarquable par la poche qu'il porte à sa mâchoire inférieure et qui lui sert de garde-manger pour les produits de sa pêche : 15 litres d'eau ou 30 livres de Poisson peuvent être contenus dans ce réservoir.

Pendant longtemps le Pélican fut considéré comme l'emblème de la tendresse maternelle. Les poètes ont chanté les louanges de ce Palmipède, et de Banville a dit :

> Lorsque le Pélican ouvre sa chair vivante
> Pour nourrir ses petits et qu'ils mordent son flanc,
> Avec une douceur dont l'homme s'épouvante,
> Il regarde leurs becs tout rouges de son sang.

Personne ne croit plus à cette légende du « grand Pélican blanc qui se perce le flanc pour nourrir ses enfants du plus pur de son sang ». L'origine de cette croyance populaire est que souvent la femelle dégorge, devant ses petits, les Poissons contenus dans son sac, puis elle leur donne à boire en pressant son bec contre cette poche et faisant sortir ainsi de l'eau mélangée au sang provenant des Poissons blessés et morts.

Le *Cormoran* (*fig.* 193) a le bec long et crochu ; il vit sur les côtes de France. Les Chinois l'ont domestiqué et l'ont dressé à pêcher, mais ils lui passent un anneau autour du cou pour l'empêcher d'avaler le Poisson qu'il prend.

Fig. 193. — Cormoran.

Fig. 194. — Pingouin.

La *Frégate*, qui vit dans les régions tropicales, est le plus infatigable des Oiseaux de mer. Enfin le *Fou*, qui doit son nom à ce qu'il se laisse stupidement ravir sa proie par la Frégate.

4° Les Palmipèdes dont les ailes très réduites sont transformées en nageoires, et servent à ces Oiseaux pour nager sous l'eau et poursuivre leur proie. Les pattes placées à l'extrémité postérieure du corps obligent l'animal à se tenir dans une position verticale lorsqu'il est à terre. Ils vivent dans les mers froides des régions polaires. Ils comprennent les *Pingouins* (*fig.* 194), les *Guillemots*, les *Macareux*, les *Manchots*.

II. — Ordre des Échassiers.

Caractéres. — Les *Échassiers* cherchent leurs aliments sur les rivages ; aussi ils ont les pattes très longues, ce qui leur permet d'entrer dans les eaux peu profondes sans mouiller leurs plumes. Ils se nourrissent de Mollusques, de Grenouilles, de Poissons, qu'ils capturent facilement avec leur « long bec emmanché d'un long cou ».

Principaux genres. — On peut les ranger en plusieurs groupes :

1° Les Échassiers des rivages, qui marchent au bord des eaux, leurs longues pattes touchant toujours le sol ; ils guettent le Poisson, pêchant pour ainsi dire à l'affût. Ce sont les vrais Échassiers : ils s'envolent le cou tendu en avant et les pattes allongées en arrière. Ils comprennent :

Les *Cigognes* (*fig.* 195), qui ont un bec très fort et restent souvent immobiles perchées sur une seule patte. Elles passent l'hiver en Afrique

Fig. 195. — Cigognes.

et arrivent en France au printemps pour y établir leurs nids sur des clochers, des édifices élevés, ou des cheminées. Elles sont vénérées en Alsace presque au même titre que l'Ibis sacré de l'ancienne Egypte, et l'on croit qu'elles portent bonheur à la maison où elles établissent leurs nids.

À côté des Cigognes on peut placer les *Marabouts* ou *Cigognes à sac* (*fig.* 196), ainsi nommés parce qu'ils ont une sorte de sac pendu au cou ; ils sont remarquablement laids, mais ils portent sous la queue des

Fig. 196. — Marabouts d'Egypte.

plumes d'une légèreté extrême utilisées comme parure. Aussi on en élève des troupeaux dans l'Afrique tropicale ;

Fig. 197. — Grue.

Les *Grues* (*fig.* 197), qui ont une forme svelte et le bec allongé et pointu ; ce sont des Oiseaux essentiellement migrateurs. Elles ont la tête presque nue et font entendre en volant un cri rappelant le son de la trompette. La *Grue couronnée* et la *Demoiselle de Numidie* sont des espèces africaines ;

Les *Hérons* (*fig.* 198), qui ont le bec long et fendu ; ils vivent sur le bord des eaux douces, se nourrissant de Poissons, de Grenouilles qu'ils guettent patiemment en restant immobiles. Une espèce très recherchée pour la beauté de ses plumes est le *Héron blanc* ou *Aigrette* (*fig.* 199).

Pour donner une idée de la valeur de ces plumes on peut citer le bouquet d'Aigrette ornant la couronne du Prince de Galles qui a coûté 500.000 francs. La plume d'Aigrette est vendue jusqu'à 250 francs l'once. Aussi depuis une dizaine d'années la chasse des Aigrettes dans l'Amérique tropicale a été plus productive que la recherche de l'or ou la récolte du caoutchouc. Comme chaque animal ne fournit que 3 à 5 grammes de plumes, on juge de l'importance du massacre, car en une seule année il en est arrivé à Paris, venant du Vénézuéla seulement 600 kilogrammes.

Fig. 198. — Héron.   Fig 199. — Aigrette.

En Indo-Chine, les marais du Tonkin, les rizières de l'Annam et du Cambodge, hébergent des colonies de ces Oiseaux ; l'élevage des Aigrettes y serait facile, car les indigènes intelligents seraient d'excellents gardiens et l'alimentation serait fournie sans frais par les marais très poissonneux. Du reste, à Hanoï, quelques négociants font ce commerce de plumes d'Aigrettes. A Madagascar également on voit ces Aigrettes suivre les troupeaux de Bœufs et de Moutons, dont elles recherchent la vermine. L'Aigrette peut être facilement domestiquée, car il existe depuis 1895, à Tunis, un parc contenant environ 400 de ces Oiseaux.

A côté de ces Échassiers, plaçons la *Spatule*, dont le bec aplati est élargi à l'extrémité.

2° Les Échassiers nageurs, qui nagent et plongent comme les Palmipèdes. Tels sont les *Râles*, les *Poules d'eau*, qui vivent au milieu des roseaux sur le bord des étangs et qui construisent des nids flottants ;

3° Les Échassiers coureurs, qui ont un bec long et fin dont

ils se servent pour fouiller dans la vase et y chercher les Vers et les Insectes nécessaires à leur alimentation.

Ils comprennent: la *Bécasse* et la *Bécassine* (fig. 200), gibiers estimés qu'on trouve au moment de leur passage, en automne, sur la lisière des bois et dans les marécages ; les *Combattants* (fig. 201) qui portent une sorte de collerette et qui se livrent entre

Fig. 200. — Bécassine.

Fig. 201. — Chevalier combattant.

eux des combats furieux ; le *Courlis* ; l'*Ibis*, animal sacré chez les anciens Égyptiens.

4° Les **Échassiers des champs**, qui s'éloignent des cours d'eau et ressemblent aux Gallinacés par leur forme massive. Telles sont les *Outardes*.

On peut classer à part les *Flamants* (*fig.* 202) qui sont des Échassiers par la hauteur de leurs pattes, la longueur de leur cou et la forme svelte de leur corps ; mais ils se rapprochent des Palmipèdes par la forme du bec et les pieds palmés. Leur plumage blanc est nuancé de rose ; leur bec recourbé est un excellent instrument de pêche. Ils vivent en troupes dans les régions chaudes, et à la moindre alerte ils font entendre un cri retentissant comparable à un appel de trompette.

Fig. 202. — Flamants.

Les gourmets de l'antiquité estimaient la chair de ces animaux, qui à la vérité est exquise : Héliogabale se faisait servir des plats composés de langues de Flamants.

III. — Ordre des Gallinacés.

Caractères. — Les *Gallinacés* ont les membres trapus et disposés pour fouiller la terre : leurs doigts, au nombre de quatre, dont trois en avant et un en arrière, sont gros et portent des ongles larges ; leur bec est fort ; leurs ailes sont courtes, aussi leur vol est lourd et bruyant. Ils grattent la terre pour y trouver des graines, des Vers et des Insectes dont ils se nourrissent. Leur nom vient de ce qu'ils ressemblent au Coq, *Gallus* en latin.

Principaux genres. — Ils comprennent le Coq et la Poule, le Faisan, le Paon, le Dindon, le Coq de bruyère, la Perdrix, la Caille.

Le *Coq* et la *Poule* (*fig.* 203) sont de tous les Oiseaux domestiques les plus répandus et les plus utiles ; aussi les races de ces Oiseaux sont fort nombreuses, car les éleveurs cherchent chaque jour à améliorer les qualités de la chair et des œufs. Une des races les plus recherchées en France est celle de *Houdan* (*fig.* 204). Les joues du Coq sont nues, et la tête est ornée d'une crête charnue et rouge. Les pattes des Coqs portent un prolongement aigu appelé *ergot* et qui constitue une arme redoutable dans les combats terribles que ces animaux se livrent entre eux. En Belgique et en Angleterre des combats de Coqs ont lieu devant le public qui se passionne pour ces luttes.

Fig. 203. — Coq et Poule.

Fig. 204. — Poule de Houdan·

Le *Faisan* (*fig*. 205), originaire de l'Asie centrale, est aujourd'hui acclimaté dans *toutes nos forêts*, où il constitue un excellent gibier. Il est surtout abondant au voisinage des étangs.

Fig. 205. — Faisan.

Le *Paon* (*fig*. 206) a la tête surmontée d'une aigrette de plumes raides ; les longues plumes de sa queue constituent un superbe ornement lorsque l'Oiseau les étale en éventail en *faisant la roue*. Aussi malgré son cri désagréable, il est devenu un Oiseau d'ornement pour nos parcs.

Il est originaire de l'Inde où il vit dans l'intimité du Tigre, car il aime à chercher sa nourriture dans les restes du repas de ce carnassier ou même dans ses excréments ; en revanche le Tigre, lui, est friand de la

Fig. 206. — Paon.

chair du Paon. Au moyen âge le Paon était recherché pour sa chair et pour ses plumes. Oublié un instant, il fut remis *à la mode* au siècle dernier par Marie-Antoinette, dont là *coiffure à la Minerve* consistait en un cimier de dix plumes d'Autruche mouchetées de plumes de Paon et qui s'ajustait sur une coiffe brodée de paillettes d'or.

Le *Dindon* se reconnaît par la peau nue qui recouvre sa tête et le haut de son cou. Le mâle *fait la roue* en faisant entendre un *glouglou* particulier.

Fig. 207. — Perdrix grise.

La *Perdrix* (*fig.* 207) a la tête petite, la queue courte et pendante ; elle vit en *compagnies* et son vol est lourd et bas ; sa chair est exquise et recherchée des gourmets. On distingue la *Perdrix grise*, qui fait son nid dans les plaines cultivées du Nord de la France, et la *Perdrix rouge*, qui se plaît surtout sur les coteaux accidentés et rocailleux, gagnant au besoin la montagne, comme en Auvergne et dans le Jura ; cette dernière a le bec et les pattes rouges.

La *Caille* passe l'hiver en Algérie et revient au printemps ; elle est plus petite que la Perdrix.

Le *Coq de bruyère* a la taille du Dindon ; il habite les forêts de Pins des régions montagneuses de l'Europe.

IV. — Ordre des Colombins.

Caractères. — Les *Colombins* sont voisins des Gallinacés, mais ils en diffèrent par leur bec faible recouvert d'une membrane à la base ; par leurs ailes allongées qui leur permettent de voler avec une grande aisance, et enfin par leurs petits qui, au moment de l'éclosion, sont faibles et incapables de marcher. Aussi ce sont les parents, comme nous l'avons vu qui nourrissent les jeunes en dégorgeant dans leur bec une sorte de lait que produit leur jabot.

Principaux genres. — Il comprennent le Ramier, le Bizet, le Pigeon domestique et la Tourterelle.

Le *Ramier* et le *Bizet* vivent à l'état sauvage ; ce dernier peut être considéré comme ayant donné naissance à toutes les races de *Pigeons*

Fig. 208. — Pigeon domestique.   Fig. 209. — Plume de Pigeon avec le tube à dépêche.

domestiques. On peut placer à côté du Bizet le *Pigeon migrateur* de l'Amérique du Nord, célèbre par le nombre immense d'individus qui se réunissent pour voyager. Un naturaliste américain a évalué à 2 milliards le nombre des Pigeons formant une de ces colonnes de marche qui a défilé au-dessus de sa tête.

Les *Pigeons domestiques* (*fig*. 208) comprennent des races fort nom-
breuses; certaines, comme les *Pigeons culbutants*, sont curieuses par
leurs mœurs; ils ont une sorte de maladie nerveuse rappelant la danse
de Saint-Guy, et qui fait qu'après s'être élevés très haut, ils se laissent
tomber en exécutant de gracieuses pirouettes; d'autres races possèdent
la faculté de s'orienter et de revenir à leur colombier même lorsqu'ils
en sont très éloignés : ce sont les *Pigeons voyageurs*. Ces Oiseaux, utili-
sés depuis la plus haute antiquité pour le transport des dépêches, ont
rendu de remarquables services pendant la guerre franco-allemande de
1870, et aujourd'hui ils sont utilisés sur terre et sur mer. La dépêche
est logée dans un tube léger qu'on attache solidement à l'une des plumes
de la queue (*fig*. 209).

A gauche { en haut : Pigeon persan.
en bas : Pigeon cravaté.   A droite { en haut: Pigeon anversois.
en bas : Pigeon liégeois.

Fig. 210. — Types de Pigeons voyageurs.

Parmi les principales races de Pigeons voyageurs (*fig*. 210), on peut
citer l'*Anversois*, utilisé par les colombiers militaires allemands, et le
Liégeois, plus léger et plus courageux, qui est préféré en France. Pour
dresser les Pigeons on les envoie d'abord à de petites distances dans des
paniers spéciaux, puis on les lâche et ils rentrent au colombier
(*fig*. 211); on recommence cet exercice en envoyant chaque fois les
Pigeons un peu plus loin, de sorte qu'au bout d'un certain temps on a
des Pigeons parfaitement entraînés, qui pourront faire en quelques heu-
res le trajet de Paris à Bruxelles par exemple; c'est ainsi qu'un Pigeon
de Liège lâché à Saint-Sébastien, en Espagne, est rentré le même jour
à son colombier, ayant parcouru 980 kilomètres en 16 heures, ce qui
fait environ 60 kilomètres à l'heure, la vitesse d'un train express.

On a pu faire accomplir aux Pigeons des voyages *d'aller et retour*
entre Paris et Versailles; pour cela on donne à manger au Pigeon à

Paris, mais pas à boire ; puis on le transporte à Versailles, où on lui donne à boire, mais pas à manger ; de sorte qu'il s'habitue à aller, dans la même journée, manger à Paris et boire à Versailles.

Fig. 211. — Colombier de Pigeons voyageurs dont les barreaux permettent l'entrée des Oiseaux.

On a créé depuis 1870 de nombreux colombiers militaires, et des lois très sévères interdisent l'entrée de Pigeons voyageurs étrangers en France. Pour transporter les Pigeons en temps de guerre on a imaginé des étuis en osier (*fig.* 212), destinés à être suspendus à la ceinture des cavaliers. Grâce à cette disposition, ces Oiseaux supportent facilement les mouvements du Cheval. Depuis quelques années on a essayé l'emploi du Pigeon en mer, et les résultats obtenus sont encourageants. Aussi les paquebots qui partent du Havre pour New-York emportent des Pigeons qu'ils

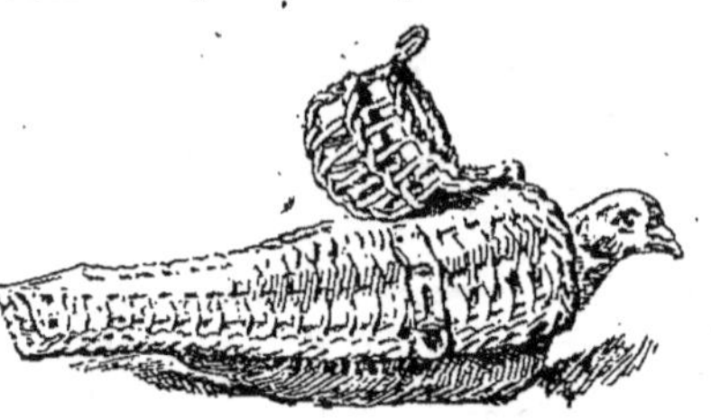

Fig. 212. — Pigeon dans un étui de transport, ouvert.

lâchent à plus de 500 kilomètres. Malheureusement ces Pigeons luttent difficilement contre la tempête, et certains peuvent se perdre. On comprend l'importance des services que le Pigeon maritime peut rendre : 1° en annonçant qu'un navire est en danger ; 2° en apportant aux familles des nouvelles des passagers.

Le Pigeon ne se dirige pas par la vue ; car, à cause de la rotondité de la terre, il devrait s'élever à une hauteur considérable pour voir à de grandes distances (à 19.000 mètres pour voir à 500 kilomètres) ; or on sait que le Pigeon ne sait pas voler au-dessus de 400 à 500 mètres. C'est donc par un sens spécial qu'il se guide.

Le Pigeon voyageur est souvent victime des Oiseaux de proie ; en Allemagne on a dressé des Faucons à enlever les Pigeons voyageurs, ce qui, en temps de guerre, permettrait de saisir les dépêches portées par les Pigeons de l'ennemi. Les Chinois, qui sont de grands amateurs de Pigeons, emploient pour protéger ces animaux contre les Oiseaux de proie, un procédé fort ingénieux : ils attachent à la queue du Pigeon un sifflet, en bambou, très léger et convenablement disposé (fig. 213) ; si le Pigeon se sent poursuivi par un ennemi, il accélère son vol, et l'air vient frapper le sifflet en

Fig. 213. Pigeon portant plusieurs sifflets en bambou.

produisant un bruit aigu qui fait battre en retraite l'Oiseau de proie effrayé.

En somme, c'est l'Homme qui, en utilisant le merveilleux instinct de la douce et poétique Colombe, a su créer le *Pigeon voyageur*, comme il a su créer le *Cheval de course*.

La *Tourterelle*, petite et élégante, est commune dans nos bois et s'élève facilement en domesticité.

On peut ranger parmi les Colombins une sorte de gros Pigeon dont les ailes rudimentaires l'empêchent de voler, et qui vivait jadis à l'île Maurice : c'est le *Dronte* ou *Dodo* (fig. 214), dont quelques individus furent apportés vivants en Europe au

Fig. 214. — Dronte ou Dodo.

XVIIe siècle. Il est aujourd'hui complètement disparu.

V. — Ordre des Passereaux.

Caractères. — Les *Passereaux* sont les *Oiseaux des arbres* ; généralement perchés, ils sautent de branche en branche, et au lieu de marcher en avançant leurs pieds l'un après l'autre, ils vont toujours sautillant.

Principaux genres. — La forme de leur bec varie avec leur régime et permet de les diviser en cinq groupes :

1° Ceux qui ont le bec conique et robuste ; ils se nourrissent principalement de graines ; mais ils se nourrissent aussi d'Insectes, rendant ainsi de grands services à l'Agriculture.

Fig 215. — Pinson.

Parmi eux on peut citer le *Pinson* (*fig.* 215), le *Moineau*, le *Serin*, l'Alouette, le *Bouvreuil*, la *Mésange*, le *Chardonneret*, etc.

Nous pouvons placer à part ceux qui, comme le *Corbeau*, la *Pie*

Fig. 216. — Pie.   Fig. 217. — Oiseau de Paradis.

(*fig.* 216), le *Geai* ont un bec plus long et plus fort ; ce sont des Oiseaux

nuisibles, car ils détruisent les œufs des autres Oiseaux et le petit gibier.
Le Corbeau, en particulier, est un hardi pilleur de nids : il avale les
œufs et mange les petits. Il chasse même le Lièvre en s'adjoignant un
aide. C'est ainsi qu'ils le lèvent au gîte, le poursuivent en volant et le
tuent à coups de bec sur le crâne. Le Corbeau est difficile à tuer, car
il sait parfaitement reconnaître si l'Homme est armé ou non ; s'il le
voit porteur d'un fusil, il s'envole de fort loin.

Les *Paradisiers* ou *Oiseaux de Paradis* (fig. 217) habitent la Nouvelle-
Guinée et sont remarquables par le luxe de leur plumage. Aussi
c'est par centaines de mille qu'arrivent sur nos marchés les dépouilles
de ces Oiseaux, qui pourront disparaître bientôt si leur massacre conti-
nue avec la même intensité.

2° Ceux qui ont le bec échancré à la mandibule supérieure.

Ils comprennent : le *Rossignol*, au plumage terne et qui nous quitte
en automne pour revenir au printemps ; c'est pendant la nuit qu'il fait
entendre sa voix pure, éclatante et veloutée, parcourant tous les tons
de la gamme avec une souplesse merveilleuse, et donnant une succes-
sion de mélodies, agrémentées de roulades où les notes plaintives et
joyeuses se succèdent avec art; parfois même le chanteur lance ses har-
monies avec une telle vigueur qu'il peut atteindre la syncope et mourir
en un dernier effort ; la *Fauvette*, le *Roitelet*, le *Merle* et le *Loriot*. Tous
sont des Oiseaux fort utiles, car il se nourrissent d'Insectes. Enfin la
Pie-grièche, qui se nourrit de petits Oiseaux et qu'à cause de cela on
doit détruire sans pitié.

Fig. 218. — Huppe.

3° Ceux qui se nourissent d'Insectes qu'ils vont chercher
dans les trous ; aussi leur bec est mince et allongé.

Tels sont : la *Huppe* (*fig.* 218), qui niche dans les trous d'arbres et qui porte sur la tête une double rangée de plumes; l'*Oiseau-Mouche* et le *Colibri*, qui vivent dans l'Amérique tropicale et qui sont remarquables par la beauté de leur plumage souvent d'un éclat métallique et par leur extrême petitesse; quelques-uns, en effet, ne dépassent guère la taille d'une Abeille.

4° Ceux qui prennent les Insectes au vol ; aussi ils ont un bec court et largement fendu, qu'ils tiennent grand ouvert en volant de façon à former une sorte de petit gouffre où viennent se précipiter les Insectes.

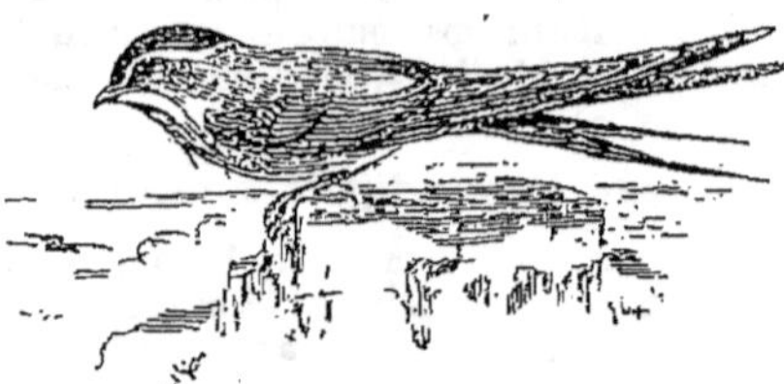

Fig. 219. — Martinet à moustaches.

Tels sont : l'*Hirondelle*, qui passe l'hiver dans les pays chauds et qui revient au printemps; du matin au soir, elle sillonne l'air dans toutes les directions, à la poursuite des Insectes; elle fait son nid, en terre gâchée, dans le coin des fenêtres ou sous les toits.

Le *Martinet* (*fig.* 219), voisin de l'Hirondelle, a les ailes plus longues que la queue.

Enfin, le *Salangane*, voisin du Martinet, et qui abonde dans les îles de la Sonde ou de l'Indo-Chine où il est très recherché pour son nid (*fig.* 220) qui est comestible et fort apprécié des Chinois. Ce nid est fait d'une substance gélatineuse provenant des glandes salivaires; cette substance translucide est disposée en filaments qui s'entrecroisent et forment une sorte de corbeille. Pour construire le nid, l'Oiseau applique sa langue contre le rocher, puis s'éloigne en décrivant un demi-cercle, pen-

Fig. 220. — Nids de Salanganes.

dant que ce mucus durcit. Plongés dans l'eau bouillante les filaments se dissocient et donnent une sorte de vermicelle : c'est la fameuse *soupe aux nids d'Hirondelle*. Ces nids, souvent situés dans les crevasses des rochers battus par les flots, sont difficiles à récolter. A Java, on en récolte pour un million de francs par an et on les exporte en Chine.

5° Ceux qui s'éloignent des arbres et vont souvent pêcher le long des cours d'eau.

On peut citer le *Martin-Pêcheur* (*fig.* 221), se nourrissant de Poissons qu'il prend en plongeant; il vit sur le bord des cours d'eau ; le

Fig. 221. — Martin-pêcheur.

Calao, qui vit en Afrique et qui a un bec énorme surmonté d'un casque.

VI. — Ordre des Grimpeurs.

Caractères. — Les *Grimpeurs* vont chercher les Insectes sous les écorces des arbres; aussi leurs pattes sont disposées pour grimper : elles ont deux doigts en avant et deux doigts en arrière.

Principaux genres. — Ils comprennent : le Pic, le Coucou, le Toucan et les Perroquets.

Le *Pic* (*fig.* 222) a le bec droit, conique et robuste ; il frappe les arbres avec son bec pour faire sortir les Insectes par les fentes de l'écorce, et là, grâce à sa langue qu'il projette au dehors et qui est recouverte d'une salive gluante, il capture sa proie. Il rend des services à l'Agriculture en détruisant les Insectes, mais il cause des dégâts dans les forêts en creusant des trous dans les arbres; on cite même une espèce de Pic américain qui perce des trous dans les poteaux télégraphiques.

Le *Coucou* (*fig.* 223) vit solitaire dans les bois, où il arrive au mois d'avril, et nous fait entendre son chant bien connu. On accuse le Coucou d'aller placer ses œufs dans le nid d'un autre Oiseau et par suite de se désintéresser de sa progéniture. L'Oiseau étranger couve l'œuf du

Coucou et à l'éclosion de celui-ci, le jeune Coucou, dit-on, tue ses
frères d'adoption pour accaparer tous
les soins de l'Oiseau qui l'a couvé et
qui va le nourrir. En réalité, quand
la femelle du Coucou dépose son œuf
dans le nid étranger, elle a toujours
soin d'enlever un autre œuf; ce qui

Fig. 222. — Pic vert commun.   Fig. 223. — Coucou.

Fig. 224. — Toucan.   Fig. 225. — Perroquet (*Ara*).

est déjà de l'instinct maternel, car s'il y avait trop d'œufs dans le
nid, l'incubation se ferait mal par manque de chaleur. Pendant la

durée de cette incubation le Coucou reste dans le voisinage du nid, surveillant l'Oiseau qui couve son œuf. Enfin on a pu constater que c'était la femelle du Coucou qui tuait les petits de l'Oiseau étranger en brisant les œufs d'un coup de bec meurtrier; de cette façon le jeune Coucou profite, sans partage, de la nourriture apportée par les parents adoptifs. On voit que le Coucou est loin d'être privé de l'instinct maternel, puisque celui-ci le pousse jusqu'au meurtre.

Le *Toucan* (*fig.* 224) est un Grimpeur du Brésil caractérisé par un bec énorme.

Il existe un groupe de Grimpeurs qu'on désigne souvent sous le nom de *Préhenseurs*, parce qu'ils se servent de leurs pattes pour prendre les objets.

Ce sont les *Perroquets* (*fig.* 225), caractérisés par un bec crochu et par une langue épaisse et charnue qui leur permet d'imiter la parole humaine et de répéter les mots souvent entendus. Ils vivent en sociétés dans les régions tropicales, et leur plumage est généralement riche en couleurs. Comme ils semblent les plus intelligents des Oiseaux, un naturaliste les a appelés *Singes ailés*. Ils comprennent : le *Perroquet*, l'*Ara* (*fig.* 225), le *Cacatoès*, la *Perruche*, etc.

VII. — Ordre des Rapaces.

Caractères. — Les *Rapaces* ou *Oiseaux de proie* sont des carnassiers; aussi leur bec est fort et crochu (*fig.* 226), et leurs pattes, qui portent trois doigts en avant et un en arrière, sont armées de griffes puissantes et pointues, bien faites pour s'enfoncer dans les chairs, et qu'on désigne sous le nom de *serres*.

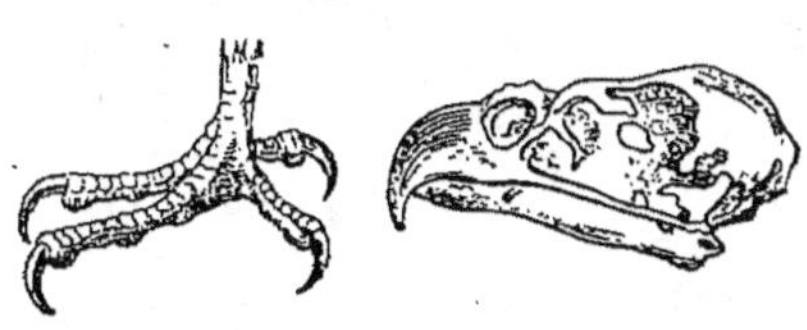

Fig. 226. — Bec et serres d'Oiseau rapace.

Principaux genres. — Ils forment deux groupes : les *Rapaces diurnes* et les *Rapaces nocturnes*.

1° **Rapaces diurnes.** — Ils chassent le jour; ils ont les yeux placés sur les côtés de la tête, leurs ailes sont puissantes et leur vol bruyant.

Les principaux genres sont : le *Vautour*, l'*Aigle*, le *Faucon* et le *Serpentaire*.

     LES ANIMAUX

Le *Vautour* a la tête et le cou déplumés; il est le moins carnivore des Oiseaux de proie, car il s'attaque rarement à des animaux vivants et se nourrit surtout de charognes, faisant ainsi une œuvre d'assainissement : aussi en Amérique la loi protège-t-elle ces Oiseaux. Le *Vautour Condor* (*fig.* 227) des Andes est le plus grand des Rapaces, ses ailes ont jusqu'à 4 mètres d'envergure et il peut s'élever à plus de 6.000 mètres dans les airs. Le *Vautour des Agneaux* ou *Gypaète* est le plus gros des Rapaces européens, et par ses mœurs il ressemble aux Aigles : il saisit et enlève avec ses serres des Chèvres, des petits Chamois pour les transporter dans son nid et les dévorer à loisir ou les donner en pâture à ses

Fig. 227. — Vautour Condor.   Fig. 228. — Aigle.

jeunes; il est assez fréquent dans les Alpes et les Pyrénées. Il est très friand de Tortues, dont il brise la carapace en les enlevant très haut et en les laissant retomber sur une pierre. On raconte même qu'en Grèce où il est abondant, chaque Gypaète fait choix d'un rocher sur lequel il vient exécuter les Tortues capturées. Peut-être était-ce au-dessous d'un de ces Oiseaux occupé à ce travail qu'Eschyle était placé lorsqu'il reçut sur la tête l'animal qui lui fendit le crâne.

L'*Aigle* (*fig.* 228) est remarquable par la puissance de ses ailes, qui peuvent avoir trois mètres d'envergure, alors que l'Oiseau n'a qu'un mètre de haut. Il vit sur les hautes montagnes et construit son nid dans les creux des rochers. Sa vue perçante lui permet de voir sa proie de fort loin. C'est alors qu'il plane au-dessus de cette proie, puis fondant brusquement sur elle, il la saisit dans ses griffes, la tue et l'emporte dans son nid. Celui qu'on appelle le *roi des Oiseaux* est un grand meurtrier.

Le *Faucon* est le plus rapide de tous les Rapaces ; on le reconnaît à ses ailes longues et pointues. Au moyen âge on l'avait dressé pour la chasse au vol. Du reste la *fauconnerie* est encore en honneur chez certains peuples asiatiques, chez les chefs arabes et en Angleterre. En France, ce sport est presque disparu. Mais il fût très pratiqué autrefois : Henri IV, par exemple, qui fut un bon fauconnier, fit graver un Faucon sur le sceau royal. L'attirail du fauconnier (*fig.* 229) se compose d'un *capuchon* souvent agrémenté d'un panache, de deux *entraves* que l'on attache aux pattes de l'Oiseau et d'une *filière* ou longue

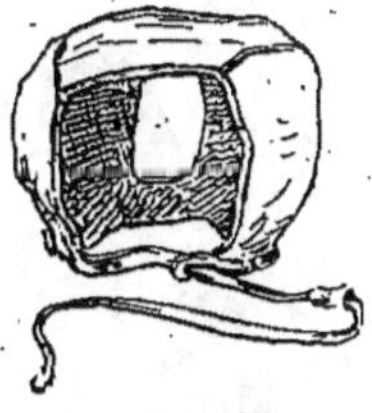

Entraves.   Capuchon.

Fig. 229. — Fauconnier et son outillage.

ficelle ; enfin d'un *leurre* ou mannequin recouvert de plumes qui sert à dresser et à rappeler le Faucon. Pour dresser cet Oiseau, on commence par l'attacher au moyen des entraves, on le place sur une perche et on le laisse jeûner pendant vingt-quatre heures ; puis, après l'avoir pris sur le poing, on lui présente un Oiseau qu'il doit manger. S'il ne le mange pas, on lui remet les entraves pour vingt-quatre heures, et ainsi de suite en le laissant jeûner jusqu'à ce qu'il mange sur le poing, ce qui est essentiel. C'est alors qu'on le dresse véritablement : avant chaque exercice on décapuchonne l'Oiseau et on le porte sur le poing ; après on le coiffe de nouveau et on l'attache. L'Oiseau apprend ainsi à sauter sur le poing du Fauconnier pour y prendre sa nourriture, même à une grande distance. On le dresse à la chasse en lançant en l'air des Oiseaux auxquels on a coupé les ailes et sur lesquels le Faucon fond avec une rapidité extraordinaire. A côté du Faucon, on peut placer l'*Émouchet*, l'*Épervier*, la *Buse*, le *Milan*, qui sont des Rapaces de nos pays faisant une chasse active aux petits animaux. Leurs ailes sont rondes et plus courtes que celles du Faucon ; aussi leur vol est moins élevé.

Le *Serpentaire* (*fig.* 230) vit en Afrique et fait la chasse aux Reptiles, qu'il frappe avec ses ailes armées au poignet d'une sorte d'éperon. Il protège ses jambes avec l'une de ses ailes, pendant que de l'autre aile il frappe à coups redoublés le Reptile, qui finit par être assommé. Rapidement l'Oiseau lui enfonce son bec dans le crâne, lance sa victime en l'air et l'avale.

Le nid ou *aire* des Oiseaux de proie est grossièrement construit avec des branches; il est souvent transformé en un véritable charnier par les débris de chair et les ossements qui y sont accumulés. On cite un nid d'Aigle où l'on a trouvé les restes de 40 Lièvres et de 300 Canards !

Fig. 230. — Serpentaire luttant avec un Serpent.

Fig. 231. — Chouette effraie.

2° Rapaces nocturnes. — Ils ne chassent que la nuit, car ils sont éblouis par l'éclat du jour; leurs yeux sont grands et placés sur le devant de la tête; leur plumage est mou et soyeux et leur vol silencieux, ce qui leur permet de surprendre plus facilement leurs victimes.

Les principaux genres sont : le *Hibou*; le *Grand-Duc*, qui porte sur la tête deux touffes de plumes dessinant comme des oreilles, l'*Effraie* (*fig.* 231) et la *Chouette*.

Ces animaux sont de grands destructeurs de Rats, de Souris, de Mulots ; ils tuent rarement des Oiseaux; ils sont donc utiles à l'Agriculture, sauf cependant le Grand-Duc, qui est un grand destructeur d'Oiseaux.

VIII. — Ordre des Coureurs.

Caractères.— Les *Coureurs* sont des Oiseaux qui ne volent pas; aussi les muscles de leurs ailes sont réduits et le sternum est lisse et dépourvu de bréchet. Leurs pattes longues et robustes sont bien constituées pour la course, et chez ces Oiseaux, comme chez les Mammifères à course rapide, le nombre des doigts subit une réduction : l'Autruche n'a que deux doigts.

Principaux genres. — Ils comprennent l'Autruche, le Nandou, le Casoar, l'Aptéryx.

Fig. 232.— Parc d'Autruches : Mâle, Femelle, Autruchons.

L'*Autruche* (*fig.* 232) est le plus grand des Oiseaux actuels; sa tête est petite et son cou long et nu. Elle se nourrit de graines; elle est d'une voracité extrême, et avale impunément des cailloux ou même des morceaux de fer. L'Autruche est très forte; elle peut d'un coup de patte renverser un Homme; elle est, malgré sa force, assez gracieuse dans ses mouvements; elle pratique même la danse et affectionne particulièrement une sorte de valse. Ses ailes et sa queue portent de magnifiques plumes larges et flexibles (*fig.* 233), fort recherchées pour la parure. Jusque dans ces derniers temps on se bornait à chasser l'Autruche sauvage, mais depuis quelques années on élève ces Oiseaux pour les plumer périodiquement. Cet élevage a merveilleusement réussi dans la colonie africaine du Cap, qui exporte chaque année pour 30 millions de francs de plumes d'Autruche fournissant la matière première d'une industrie

dont le chiffre d'affaires dépasse 100 millions. La plume d'Autruche a
été utilisée dès la plus haute antiquité chez les Grecs et les Romains; les
Médicis l'introduisent dans la coiffure féminine; Henri IV à la bataille

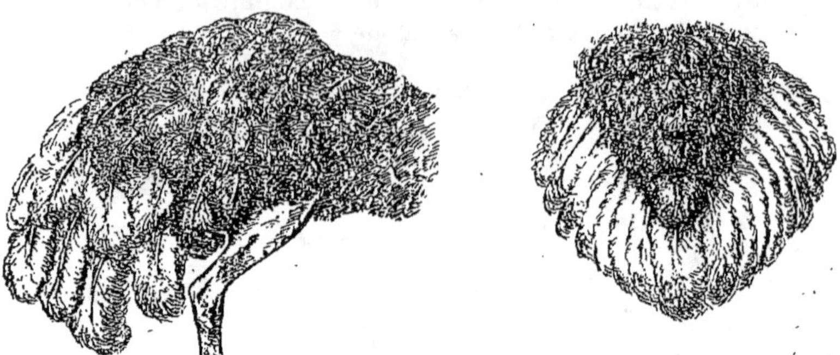

Fig. 233. — Plumes de l'aile et de la queue de l'Autruche.

d'Ivry illustre le panache blanc, et les Mousquetaires de Louis XIII la
rendirent populaire; mais c'est surtout avec Marie-Antoinette que s'exa-

Fig. 234. — Nandou ou Autruche d'Amérique.

gère la mode du panache, et quand la reine passe dans les galeries de
Versailles, c'est une forêt de plumes qui ondule au-dessus des têtes.
L'Autruche fait chaque année trois pontes de 25 à 30 œufs chacune

et chaque œuf équivaut environ à 25 œufs de Poule. Les indigènes pillent les nids d'Autruche pour leurs œufs; ils mangent aussi la chair qui a une saveur agréable.

L'Autruche dépose ses œufs dans le sable et le soleil se charge de l'incubation; la nuit cependant elle couve ses œufs. Elle aime la solitude et les grands espaces, aussi les fermes d'élevage de cet animal exigent de vastes enclos appelés *camps;* 200 hectares sont nécessaires pour 100 Oiseaux.

Fig. 235. — Casoars à casque.

L'élevage de l'Autruche réussirait sans aucun doute dans nos colonies du Nord africain. Il faut ajouter qu'en dehors de son importance économique, l'Autruche est un précieux auxiliaire dans la lutte contre les Sauterelles qui désolent cette région : une Autruche peut en dévorer plusieurs kilogrammes par jour.

Fig. 236. — Aptéryx.

Le *Nandou* ou *Autruche d'Amérique* (*fig.* 234) a trois doigts à chaque patte; ses plumes ont peu de valeur et ne sont guère employées que pour fabriquer les balais à épousseter.

Le *Casoar* (*fig.* 235) habite l'Australie; il a le front surmonté d'une grosse saillie cornée en forme de casque.

L'*Aptéryx* (*fig*. 236) est un Oiseau à long bec et à courtes pattes : il

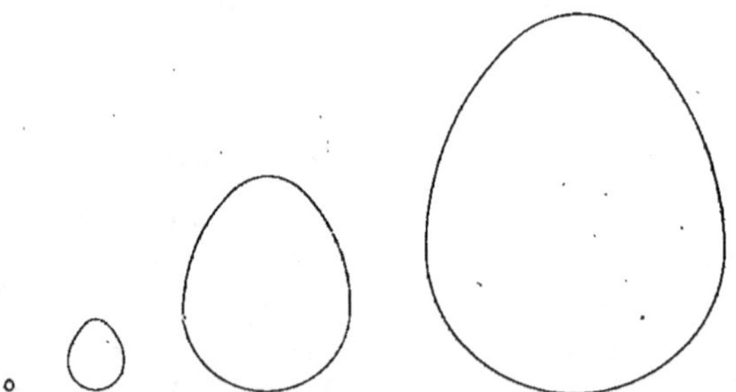

Fig. 237. — Æpyornis.

est remarquable par ses ailes qui sont presque disparues et par ses

Oiseau-Mouche. Poule.   Autruche.   Æpyornis.
Fig. 238. — Dimensions comparées d'œufs d'Oiseaux.

plumes qui ressemblent à des poils. Il se nourrit surtout de Vers et il
habite la Nouvelle-Zélande.

A une époque assez peu reculée il a existé à Madagascar un Oiseau fort curieux, voisin du Casoar, c'est l'*Æpyornys* (*fig.* 237). Il est complètement disparu aujourd'hui. C'était un Oiseau gigantesque, aux pattes massives, aux ailes atrophiées et à la tête petite; sa taille dépassait trois mètres. Ses œufs énormes (*fig.* 238), d'une capacité de huit litres et demi, équivalaient à 6 œufs d'Autruche, à 150 œufs de Poule et à 50.000 œufs d'Oiseau-Mouche; ce qui a fait dire plaisamment à un explorateur de Madagascar qu'un chapeau aurait pu servir de coquetier à cet œuf.

RÉSUMÉ

Caractères généraux. — Les *Oiseaux* ont le corps couvert de *plumes*, un *bec corné* et sont *ovipares*.

Les *plumes*, comme les poils, sont des productions de la peau. Elles sont de deux sortes : les *pennes* (*rémiges* et *rectrices*) et le *duvet*.

Caractères internes. — L'*appareil digestif* comprend ; le *bec* dépourvu de dents, l'œsophage portant un renflement appelé *jabot*, le *ventricule succenturié*, le *gésier* et l'*intestin* qui vient aboutir à un *cloaque* où débouchent les *uretères*.

La *circulation* du sang est très active chez les Oiseaux, dont la température est de 42 à 44 degrés.

L'*appareil respiratoire* est composé de poumons qui communiquent avec de vastes réservoirs ou *sacs aériens*.

Le *squelette* est formé d'os qui sont *creux*; les membres antérieurs sont transformés en *ailes* et le sternum présente un *bréchet*.

Les *œufs* sont formés : 1° d'une *coquille calcaire*; 2° de deux *membranes coquillières* laissant entre elles la *chambre à air* ; 3° du *blanc* ou *albumine*; 4° du *jaune* ou *vitellus* qui présente la *cicatricule* ou *germe* du petit Oiseau.

L'œuf doit être *couvé* pour que le germe se développe. La durée d'*incubation* varie avec les espèces.

Mœurs et instincts. — Pour abriter ses œufs, l'Oiseau construit un *nid* avec une grande habileté.

Certains Oiseaux (Hirondelles) accomplissent des voyages périodiques ou *migrations*; et par une faculté d'*orientation* merveilleuse ils savent retrouver leur nid l'année suivante.

Tableau indiquant les caractères des ordres des **Oiseaux**

I. — Sternum *pourvu d'un* bréchet	*Pattes non palmées*		*Pattes palmées et courtes (nageurs)*	PALMIPÈDES.	Canard. / Mouette. / Pélican. / Pingouin.
			Pattes longues . . . . ÉCHASSIERS.		Cigogne. / Poule d'eau. / Bécasse.
		Bec non crochu	Pattes fortes, bec fort .	GALLINACÉS.	Coq et Poule.
			Pattes et bec faibles . .	COLOMBINS	Pigeon.
			Petits Oiseaux . .	PASSEREAUX.	Pinson. / Rossignol. / Oiseau-Mouche. / Hirondelle. / Martin-Pêcheur
		Bec crochu.	2 doigts en avant, 2 en arrière . .	GRIMPEURS.	Pic. / Perroquet.
			3 doigts en avant, 1 en arrière, griffes puissantes (serres) . . .	RAPACES.	Vautour. / Hibou.
II. — Sternum *sans* bréchet	Pattes disposées pour la course.			COUREURS.	Autruche.

CHAPITRE VII

CLASSE DES REPTILES

Caractères. — Les *Reptiles* sont des Vertébrés qui respirent
avec des *poumons* et dont le corps est couvert d'*écailles* ; ce sont
des animaux à *sang froid* ou à *température variable*, c'est-à-dire

que leur température varie avec celle de l'endroit où ils vivent ;
ils se reproduisent par des *œufs*, sauf quelques-uns, comme la
Vipère dont les petits naissent tout vivants. Ce sont des ani-
maux *rampants :* en effet, lorsqu'ils ont des membres comme
le Lézard, par exemple, ceux-ci sont attachés sur les côtés, de
sorte que le corps de l'animal traîne à terre ; et lorsqu'ils sont
dépourvus de membres, comme le Serpent, par exemple, la
reptation se fait par des ondulations du corps dont les écailles
glissent facilement sur le sol.

Les *écailles* des Reptiles se forment dans l'épiderme comme les poils
des Mammifères et les plumes des Oiseaux. Chez les Tortues et les
Crocodiles, les écailles recouvrent de larges plaques osseuses qui se
développent dans le derme. Certains Reptiles subissent des *mues ;* les
Lézards, par exemple, ont leur épiderme qui se détache par plaques,
tandis que les Serpents ont leur revêtement écailleux qui se détache
tout d'une pièce, comme un fourreau, et d'où ils sortent la tête la pre-
mière en le retournant comme un doigt de gant.

Organisation. — Les *dents* sont toutes semblables entre elles
et sont dépourvues de racines ; chez les Crocodiles (*fig.* 239, C)
seulement les dents sont implantées dans les alvéoles ; chez

les autres Reptiles (*fig.* 239, A et B),
elles sont simplement soudées sur
les mâchoires et aussi sur les autres
os de la bouche. L'intestin, qui est
court, vient déboucher dans un
cloaque, comme chez les Oiseaux.

A   B   C
Fig. 239. — Dents de Reptiles.

Leur régime est généralement carnassier.

Le *cœur* des Lézards, Serpents et Tortues n'a que trois cavi-
tés : deux oreillettes et un ventricule. Les Crocodiles ont un
cœur à quatre cavités, comme les Oiseaux et les Mammifères.

La circulation du sang étant peu active, les Reptiles produisent peu
de chaleur et il en résulte que leur température subit les variations
de la température extérieure. Produisant moins de chaleur que les
Mammifères, ils développeront aussi moins de force : donc à taille égale
les Mammifères seront plus forts et surtout plus actifs que les Reptiles.

La *respiration* se fait à l'aide de poumons qui sont de simples
sacs légèrement plissés et dans lesquels les bronches ne pénè-
trent pas (Lézard, *fig.* 240), ou pénètrent sans se ramifier (Tor-
tue, *fig.* 241). Chez les Serpents (*fig.* 242), l'allongement du

corps n'a pas permis aux deux poumons de se développer : un seul a persisté, l'autre a presque disparu.

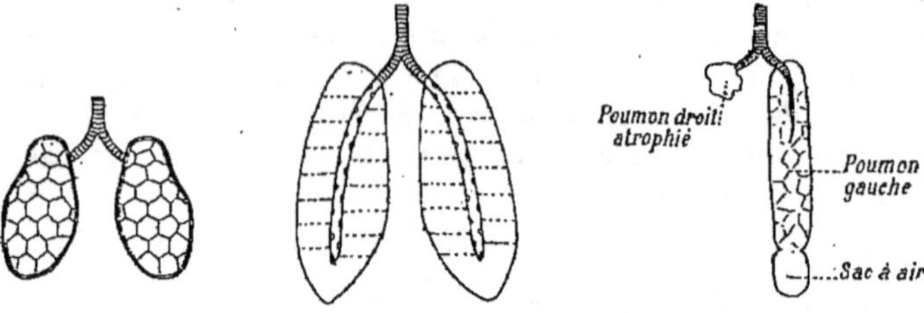

Fig. 240. — Poumons de Lézard.   Fig. 241. — Poumons de Tortue.   Fig. 242. — Poumons de Serpent.

Le *cerveau* est peu développé et les *organes des sens* sont loin d'être aussi perfectionnés que chez les animaux supérieurs.

Les Reptiles sont répartis en quatre ordres : les *Sauriens* ou Lézards, les *Ophidiens* ou Serpents, les *Chéloniens* ou Tortues, et les *Crocodiliens*.

I. — Ordre des Sauriens.

Caractères. — Les *Sauriens* sont les plus simples des Reptiles ; ils ont quatre pattes ; leurs yeux sont pourvus de paupières ; leur langue, qui peut être projetée en avant, hors de la bouche, est mince et fendue à son extrémité : c'est ce qu'on appelle parfois le *dard* et qu'on croit. bien à tort, venimeux. Cette langue, comme celle des Serpents, est inoffensive.

Principaux genres. — Ils comprennent le Lézard, le Gecko, le Caméléon, l'Orvet.

Le *Lézard* (*fig*. 243) est commun dans nos pays ; son corps est long et flexible ; sa queue très longue se casse dès qu'on la saisit pour retenir l'animal. On la voit alors se tortiller comme un Ver, pendant que le Lézard mutilé disparaît au plus vite. Ce sacrifice permet donc au Lézard d'échapper à l'ennemi ; c'est du reste un sacrifice qui lui coûte peu, car la queue repousse, parfois même il en repousse deux au lieu d'une.

Il y a en France plusieurs espèces de Lézards : le *Lézard gris* des murailles, le *Lézard vert*, plus gros et plus richement coloré, qui

habite les haies et les broussailles ; le *Lezard ocellé* du Midi. Ces Lé-
zards se nourrissent d'Insectes nuisibles qu'ils capturent avec leur lan-
gue enduite d'une salive gluante : *ils sont donc utiles à l'Agriculture.*

Le *Varan* est un Lézard d'Afrique qui peut atteindre 2 mètres de
long et qui est vénéré des Égyptiens, car
il détruit les œufs de Crocodile.

Le *Gecko* a les doigts terminés par des
palettes qui lui permettent de grimper le
long de surfaces lisses et même sur les pla-
fonds des maisons ; ce Reptile existe dans le
Midi de la France, où il est connu sous le
nom de *Tarente.* L'*Iguane* est un grand
Lézard de l'Inde qui se rápproche du
Gecko ; de même le *Dragon volant* de Java,
dont la peau se prolonge entre les pattes
antérieures et postérieures de façon à for-
mer une sorte de parachute.

Le *Caméléon* (fig. 244) est un Reptile
bizarre d'aspect et d'allures ; ses cinq

Fig. 243. — Lézard vert.   Fig. 244. — Caméléon.

doigts sont divisés en deux paquets, l'un de trois, l'autre de deux,
de façon à former une sorte de pince qui permet à l'animal de se tenir
facilement sur les branches ; sa queue enroulée autour des branches,
comme une liane, l'aide à se mieux accrocher. Il peut ainsi demeurer
immobile sur un arbre pendant des heures entières, surveillant les
environs avec ses gros yeux qu'il roule dans tous les sens. Qu'un Insecte
vienne à passer à bonne portée, le Caméléon sans bouger le saisit et
le ramène dans sa bouche, d'un coup de langue dardé avec la rapidité
d'une flèche. Il est difficile à apercevoir, car sa couleur verdâtre
s'harmonise avec celle du feuillage ; suivant ce qui l'entoure, il change
de couleur et peut passer du gris au brun jusqu'au noir, du bleu vio-

lacé au gris bleuâtre, d'un brun de rouille à une couleur chair. Cette palette assez riche lui permet des excursions sur les tons les plus variés. Si l'on crève les yeux d'un Caméléon, il ne change plus de teinte. Cet animal vit en Afrique et surtout à Madagascar, où se trouvent les trois quarts des espèces connues, et où sa taille peut atteindre 1 mètre.

L'*Orvet* (*fig*. 245) a le corps très allongé et ressemble extérieurement

Fig. 245. — Orvet.

À un Serpent ; ses pattes disparues sont cachées sous la peau et ne sont plus visibles que sur le squelette (*fig*. 246). Il est commun dans toute la France ; il est tantôt désigné sous le nom de *Serpent de verre* à cause

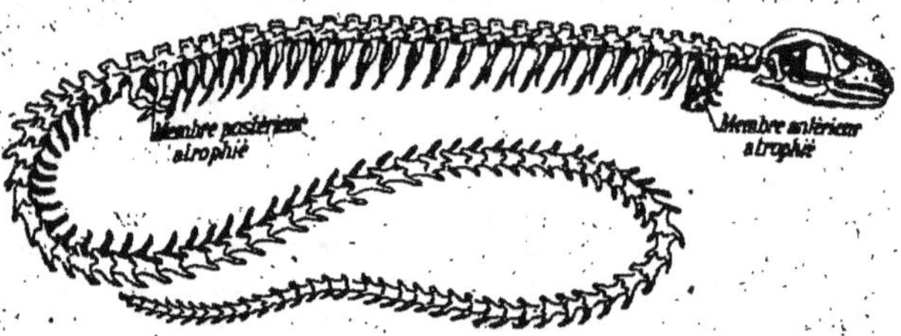

Fig. 246. — Squelette d'Orvet.

de la facilité avec laquelle il se brise, ou plus souvent sous le nom de *borgne*. En certains pays, il est considéré comme venimeux, parfois même comme sorcier ; en réalité, il est inoffensif et ne doit sa mauvaise réputation qu'à sa ressemblance avec les Serpents ; il est même utile, car il est insectivore. Cet animal nous permet de passer facilement des Lézards aux Serpents.

II. — Ordre des Ophidiens.

Caractères. — Les *Ophidiens* ou *Serpents* sont complètement dépourvus de membres ; ils ne peuvent donc se mouvoir que par des ondulations du corps ; aussi leur colonne vertébrale

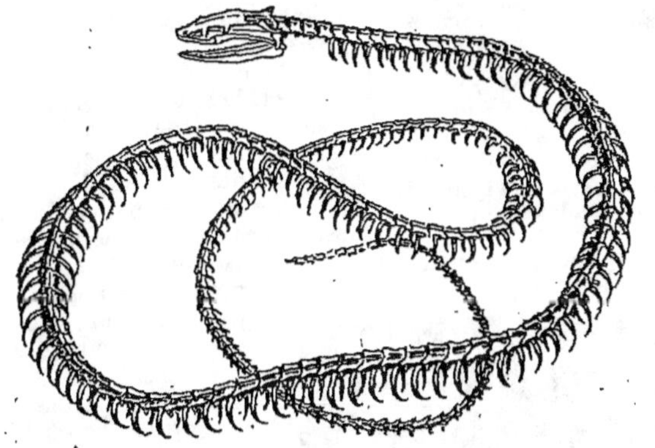

Fig. 247. — Squelette de Serpent.

(*fig.* 247), composée d'un grand nombre de vertèbres (jusqu'à 300 chez certains Serpents), est d'une étonnante souplesse. Plusieurs Serpents nagent et grimpent fort bien.

Leurs yeux sont dépourvus de *paupières. Leur bouche peut* s'ouvrir largement pour saisir la proie, qui est avalée tout d'une pièce.

Les Serpents tuent d'abord leur proie, et pour cela ils ont deux procédés : les uns étouffent leurs victimes, ce sont les *Serpents non venimeux*, comme la Couleuvre ; les autres les empoisonnent, ce sont les *Serpents venimeux*, comme la Vipère.

1° Serpents non venimeux. — Ils comprennent la Couleuvre, le Boa et le Python.

La *Couleuvre* (*fig.* 248) a la tête peu large, couverte de larges écailles et insensiblement reliée au corps ; sa queue est longue et effilée ; sa taille, qui peut atteindre 1^m,50, est généralement plus grande que celle de la Vipère. Elle est inoffensive pour l'Homme, et se nourrit de Grenouilles, d'Oiseaux, de Souris et d'Insectes qu'elle avale vivants. Elle comprend différentes espèces : la *Couleuvre à collier*, brune avec un collier blanc sur le cou ; la *Couleuvre vipérine ;* ces deux espèces vont fréquemment dans l'eau ; la *Couleuvre verte et jaune* et toutes les autres espèces sont terrestres. La Couleuvre recherche de préférence les terrains secs où brille le soleil et se roule en spirale au bord des haies. Lorsque septembre arrive, elle se rapproche des habitations et va déposer ses œufs dans les tas de paille ou de fumier. Ces œufs, au nombre d'une quinzaine, sont réunis en chapelet par une matière gélatineuse. A ce propos, il est bon de rappeler les préjugés qui existent dans certains pays : ces œufs de Couleuvre sont parfois appelés *œufs de Coq*, sans doute à cause de leur ressemblance avec les œufs avortés de la Poule. Il paraîtrait aussi que la Couleuvre est friande de lait ; on l'aurait même vue s'enrouler autour des pattes des Vaches et téter le lait ; ceci n'est qu'une pure fable, car la bouche de la Couleuvre n'est pas disposée pour la succion.

Le *Boa* d'Amérique et le *Python* sont les plus grands des Serpents. Ils peuvent atteindre 12 mètres de long et se tiennent souvent sur les arbres, où ils se suspendent par la queue (*fig.* 249) pour saisir la proie qui passe à portée ; ils écrasent cette proie en s'enroulant autour d'elle, puis ils l'engluent de salive

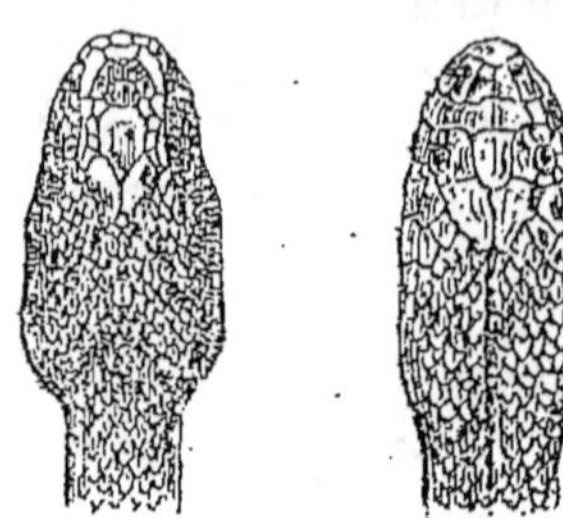

Vipère commune.   Couleuvre.

Fig. 248. — Têtes de Vipère et de Couleuvre.

Fig. 249. — Serpent suspendu à un arbre.

et l'avalent sans la mâcher. Pendant leur digestion, qui est lente et pénible, ils restent engourdis ; c'est alors qu'on les capture pour les ménageries. Ces Serpents couvent leurs œufs en s'enroulant au-dessus : on cite un Python qui, à la Ménagerie du Muséum de Paris, est resté 56 jours dans cette position, sans manger, mais buvant beaucoup. La peau de ces Serpents est employée pour la maroquinerie de luxe.

2° **Serpents venimeux.** — Leur mâchoire supérieure porte, outre les dents ordinaires, de grands *crochets* (*fig.* 250) creusés

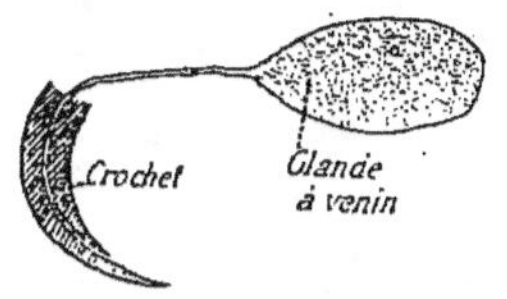

Fig. 250. — Crochet et glande à venin de Vipère.

d'un canal par où s'écoule le *venin*, qui est produit par une glande salivaire modifiée. Quand la mâchoire s'ouvre, les crochets qui étaient recourbés en arrière se redressent et portent leur pointe en avant pour s'enfoncer dans la chair et introduire le venin dans le sang.

Le venin passé dans le sang peut amener la mort ; il importe donc de l'empêcher d'y pénétrer. Pour cela, il faut, dès qu'on a été mordu, élargir la plaie, la faire saigner, la sucer et cracher le sang ainsi aspiré ; puis laver la plaie avec du permanganate de potassium ou de l'acide chromique à 1 pour 100. On emploie depuis quelque temps avec succès des injections de *serum antivenimeux*.

Les Serpents venimeux les plus communs sont : la Vipère, l'Aspic et le Serpent à lunettes, le Crotale ou Serpent à sonnettes.

Fig. 251. — Un chasseur de Vipères.

La **Vipère** (*fig*. 248) a la tête plate, triangulaire, brusquement séparée du corps, recouverte de petites écailles, et portant en arrière deux taches noires figurant un V; la queue est courte et obtuse. Il en existe deux espèces dans nos pays : la *Vipère commune*, longue de 60 centimètres, qui habite le Centre et le Sud de la France; on la trouve dans la forêt de Fontainebleau; la *Vipère péliade*, plus petite, qui habite le Nord et l'Ouest de la France. La Vipère qui se nourrit de petits animaux leur inocule son venin et attend que sa proie soit morte pour la manger. Les Vipères ont pour ennemis les Oiseaux rapaces, les

Cigognes et surtout les Hérissons, qui sont réfractaires à leurs morsures. Les chasseurs de Vipères, pour capturer ces animaux, se servent d'un

Fig. 252. — Cobra ou Serpent à lunettes.

bâton fourchu (*fig.* 251) qui leur permet de les immobiliser sans risquer de se faire piquer.

L'*Aspic* est un Serpent très venimeux qui vit en Égypte et par lequel Cléopâtre se fit mordre pour se donner la mort. On peut placer à côté le *Cobra* ou *Serpent à lunettes* (*fig.* 252), ainsi appelé parce que son cou porte un dessin qui a l'aspect d'une paire de lunettes ; excité, il dresse la partie antérieure du corps et étale son cou, ce qui lui donne un aspect redoutable. Sa longueur peut atteindre 2 mètres. Il vit dans l'Inde, où il fait de nombreuses victimes. On l'appelle encore *Serpent cracheur*, à cause du bruit qu'il fait en se lançant sur ses ennemis. Il se nourrit de petits Mammifères et d'Oiseaux, et comme la Couleuvre, il avale sa proie vivante. Les *charmeurs* de Serpents de l'Inde (*fig.* 253),

Fig. 253. — Indien charmeur de Serpents.

sous l'influence des sons monotones et lents d'une petite flûte, lui font exécuter des mouvements cadencés ; et en lui comprimant la nuque ils le font se raidir comme une baguette de verre. Toutefois ces charmeurs ont soin d'arracher au préalable les crochets venimeux.

Fig. 254. — Crotale ou Serpent à sonnettes.

Le *Crotale* ou *Serpent à sonnettes* (*fig.* 254) est le plus dangereux des Serpents : il est ainsi appelé parce que sa queue porte une série de clochettes cornées formées par des bourrelets d'épiderme desséchés qui proviennent des mues successives. Il vit en Amérique.

On peut encore citer le *Trigonocéphale* de l'Amérique : l'*Elaps*, dont les anneaux sont alternativement rouges, noirs et jaunes.

III. — Ordre des Chéloniens.

Caractères. — Les *Chéloniens* ou *Tortues* ont le corps protégé par une enveloppe formée de plaques osseuses soudées entre elles et formant une boîte solide. Cette boîte présente deux ouvertures : une, en avant, qui laisse passer la tête et les pattes antérieures ; une autre, en arrière, pour la queue et les pattes postérieures. La partie supérieure de cette cuirasse est bombée, c'est la *carapace ;* la partie inférieure est aplatie, c'est le *plastron*.

Les plaques osseuses de la partie dorsale sont soudées aux côtes et à la partie moyenne de la colonne vertébrale ; elles sont recouvertes d'une substance cornée spéciale utilisée dans le commerce sous le nom d'*écaille*. Cette écaille peut être ramollie par l'eau bouillante et servir à la fabrication d'objets de tabletterie.

Les Tortues ont un bec corné et sont dépourvues de dents. Les unes sont herbivores, les autres carnivores.

On peut les ranger en Tortues terrestres, d'eau douce et marines.

1° **Tortues terrestres.** — Elles ont les doigts immobiles et très courts. Une petite espèce, la *Tortue grecque*, est élevée dans nos jardins ; une grande espèce est la *Tortue éléphantine* de Madagascar, qui peut peser 300 kilogrammes.

2° **Tortues d'eau douce.** — Elles ont les doigts mobiles et ordi-

Fig. 255. — Cistude commune.

nairement palmés. Telle est la *Cistude commune* (*fig.* 255) qui habite le midi de la France.

3° **Tortues marines.** — Elles ont les pattes transformées en nageoires et sont de très grande taille, car elles peuvent peser jusqu'à 600 kilogrammes. Elles ne quittent la mer que pour venir pondre leurs œufs dans des trous creusés dans le sable du rivage. C'est alors que les pêcheurs en capturent beaucoup en les retournant sur le dos pour les empêcher de retourner à la mer ; puis, le moment venu, ils les dépècent. On peut citer parmi elles : la *Tortue franche* (*fig.* 256), dont la chair est fort estimée ; le *Caret* ou *Tortue imbriquée*, dont les plaques

Fig. 256. — Tortue franche.

d'écailles se recouvrent comme les tuiles d'un toit et qui fournissent la belle écaille du commerce ; cette Tortue habite l'Océan indien et l'Océan atlantique ; sa taille peut atteindre 1^m,50.

IV. — Ordre des Crocodiliens.

Caractères. — Les *Crocodiliens* sont les Reptiles les plus élevés en organisation. Leur corps est protégé par de larges plaques osseuses.

Ils habitent les fleuves; aussi leurs doigts sont palmés. Leurs dents, toutes semblables, ne servent pas à mâcher, mais à retenir la proie qui est engloutie tout d'une pièce. Ils viennent déposer sur le sable leurs œufs, qui sont semblables à des œufs de Poule, et le soleil seul se charge de les faire éclore.

Principaux genres. — Ils comprennent : le Crocodile, le Caïman et le Gavial.

Le *Crocodile* (*fig.* 257) habite le Nil et les fleuves de l'Afrique tropicale ; il a la mâchoire supérieure échancrée de chaque côté pour laisser

Fig. 257. — Crocodile.

passer deux dents de la mâchoire inférieure. Sa taille peut atteindre 6 mètres. C'est un animal redoutable. Il enlève souvent les Hommes qui viennent puiser de l'eau à la rivière ou qui traversent un gué. La victime saisie, il l'entraîne sous l'eau, la dépose dans quelque anfractuosité, puis revient la dévorer quand il la juge suffisamment faisandée. Grâce à ce goût particulier, il est arrivé que des Hommes ont pu être retirés vivants de ce garde-manger du Crocodile.

Le *Caïman* d'Amérique a la tête triangulaire et la mâchoire supérieure dépourvue d'échancrures.

Le *Gavial* de l'Inde a le museau étroit et allongé et se nourrit presque exclusivement de Poissons ; il n'attaque pas l'Homme.

RÉSUMÉ

Les *Reptiles* sont des Vertébrés à *sang froid*, à *respiration pulmonaire* et dont le corps est couvert d'*écailles*. Ce sont des animaux qui rampent et certains sont dépourvus de membres.

Les *dents* sont toutes semblables. Le *cœur* a 3 cavités (2 oreillettes et un ventricule) chez les Reptiles inférieurs et 4 cavités chez les Reptiles supérieurs. Les *poumons* sont de simples sacs.

Tableau des caractères des différents ordres de **Reptiles.**

I. — Cœur à 3 cavités.	Pas de carapace	4 membres, des paupières	SAURIENS.	*Lézard.*
		pas de membres, pas de paupières	OPHIDIENS.	*Couleuvre.* *Vipère.*
II. — Cœur à 4 cavités.	Une carapace	Un bec corné, pas de dents	CHÉLONIENS.	*Tortue.*
		Dents implantées dans des alvéoles, plaques osseuses dermiques.	CROCODILIENS.	*Crocodile.*

CHAPITRE VIII

CLASSE DES BATRACIENS

Caractères. — Les *Batraciens* sont des Vertébrés à sang froid et à peau nue ; pendant leur jeune âge, ils vivent dans l'eau, ressemblent aux Poissons, et respirent à l'aide de *branchies* ; à l'âge adulte leur respiration devient *pulmonaire*.

Organisation. — L'*appareil digestif* ressemble à celui des

Reptiles ; la plupart des Batraciens ont de nombreuses petites dents.

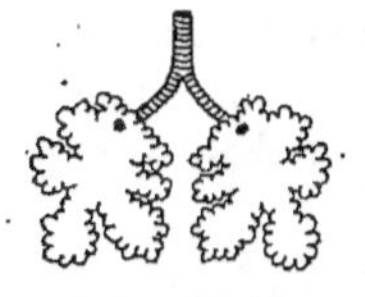

Fig. 258. — Poumons de Grenouille.

L'*appareil circulatoire* présente un cœur à trois cavités : deux oreillettes et un ventricule.

L'*appareil respiratoire* comprend deux poumons (*fig.* 258), qui sont de simples poches ; du reste leur rôle est peu important, car la respiration se fait surtout par la peau, sous laquelle circulent de nombreux vaisseaux.

Le *squelette* (*fig.* 259) ne présente pas de côtes ; les membres postérieurs, plus développés que les membres antérieurs, permettent à ces animaux de sauter facilement.

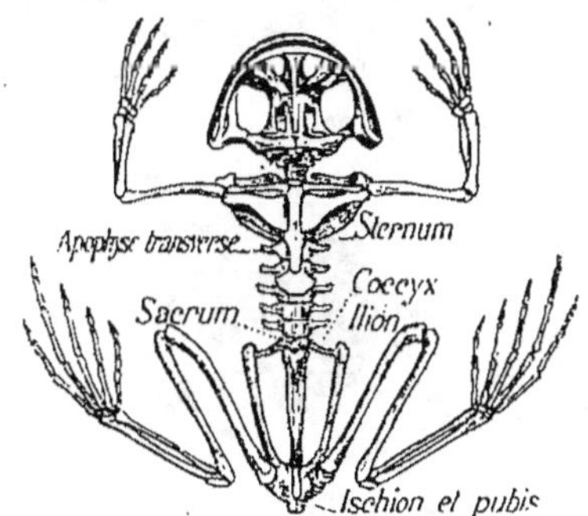

Fig. 259. — Squelette de Grenouille.

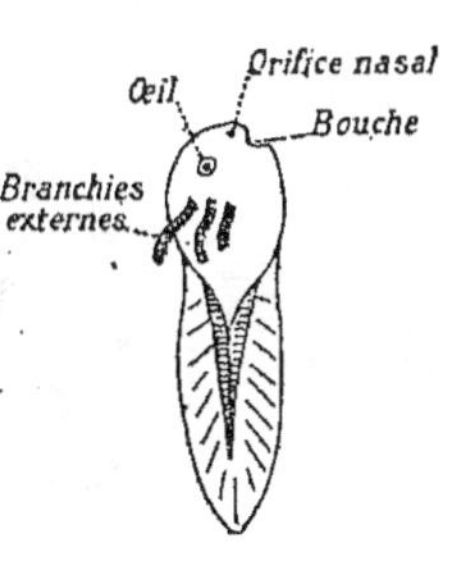

Fig. 260. — Têtard.

Métamorphoses. — Au printemps, les Batraciens pondent des œufs qui, pour donner l'animal parfait, vont subir une série de transformations connues sous le nom de *métamorphoses*.

Étudions ces changements de forme chez le Crapaud. Les œufs ont la forme de petits grains arrondis, qui sont agglutinés par une matière gélatineuse (*fig.* 261, A). Ces œufs sont pondus en nombre considérable sur le bord des marais ou des ruisseaux. Au centre de l'œuf on voit un petit point noir, c'est le *germe*, qui au bout de quelques jours va donner un petit animal possédant une longue queue et une énorme tête, ce qui lui a valu le nom de *têtard* (*fig.* 260 et 261). Cet animal n'a ni pattes, ni nageoires, mais il nage grâce aux ondulations de sa queue. De chaque côté de la tête apparaissent des houppes qui servent à la respiration : ce sont les *branchies externes*. En même temps se forment la bouche et les yeux. Puis une *mue* survient : les branchies externes disparaissent, et sont remplacées par des *branchies*

A. Œufs.   B. Têtard avec branchies externes.   C. Les branchies externes ont disparu.

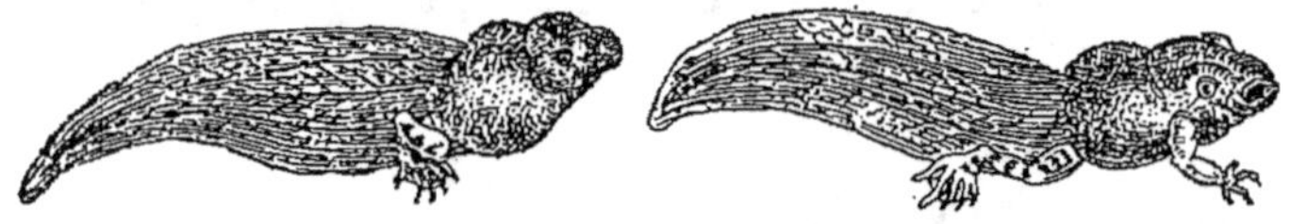

D. Les pattes postérieures apparaissent.   E. Ensuite les pattes antérieures.

F. Les pattes s'allongent.   G. La queue se résorbe.

Fig. 261. — Métamorphoses du Crapaud.

internes situées de chaque côté de la tête dans une cavité communiquant d'un côté avec la bouche et de l'autre avec l'extérieur par des fentes. Pendant ce temps, les pattes postérieures se développent d'abord (*fig.* 261, D) ; puis bientôt après les pattes antérieures (*fig.* 261, E) ; enfin la queue diminue graduellement pour disparaître complètement, et les branchies internes sont, à leur tour, remplacées par des *poumons*. La respiration, d'*aquatique*, est devenue *aérienne* : le Têtard est devenu un Crapaud. La durée de ces transformations est d'environ deux mois.

On divise les Batraciens en quatre ordres : les *Anoures*, les *Urodèles*, les *Pérennibranches* et les *Apodes*.

I. — Ordre des Anoures.

Caractères. — Les *Anoures* sont dépourvus de queue, et leurs métamorphoses sont complètes, c'est-à-dire semblables à celles décrites pour le Crapaud.

Principaux genres. — Ils comprennent : la Grenouille, la Rainette et le Crapaud.

La *Grenouille* a les pattes postérieures très longues, ce qui lui permet de faire des bonds énormes. Elle a de petites dents et se nourrit d'Insectes et de Vers. Elle vit sur le bord de l'eau, mais quand vient l'hiver, elle s'enfonce dans la vase et y dort jusqu'aux beaux jours. Au printemps et pendant la nuit, elle fait entendre un *coassement* particulier. Sa chair est blanche et délicate ; les pattes postérieures seules sont utilisées dans l'alimentation. A ce propos, il est facile de reconnaître, dans les brochettes de cuisses de Grenouilles, les cuisses de Crapauds que l'on est exposé à y trouver : ces dernières sont courtes, trapues, à chair grisâtre, tandis que les autres sont longues, minces et à chair blanche ou rosée.

Il existe dans l'Amérique du Nord une Grenouille énorme, la *Grenouille-Taureau*, qui peut atteindre 40 centimètres de longueur. On a essayé aux États-Unis de faire de l'élevage de Grenouilles, mais la difficulté est de nourrir ces animaux. Une des *fermes à Grenouilles* les plus prospères de cette région a fourni, en une année, 2.500 kilogrammes de cuisses préparées et 7.000 Grenouilles vivantes, destinées soit au repeuplement, soit aux laboratoires où elles servent aux expériences.

La *Rainette* verte (*fig*. 262) a les doigts pourvus de petites pelotes qui fonctionnent comme des ventouses et qui lui permettent de grimper sur les arbres où elle demeure pendant toute la belle saison. Elle peut aussi changer de teinte : elle est d'un beau vert sur les feuilles, brune ou grise sur les écorces, dorée auprès des objets métalliques.

Fig. 262. — Rainette.

Le *Crapaud* (*fig*. 263) n'a pas de dents. Sa peau verruqueuse produit

un venin très actif qui est mortel pour un animal à qui on l'injecte ;
mais le Crapaud est en réalité inoffensif, car il n'a pas d'organe qui lui
permette d'injecter ce venin dans le sang. Il faut cependant éviter de
se toucher les yeux après avoir manipulé ces animaux, car il pourrait

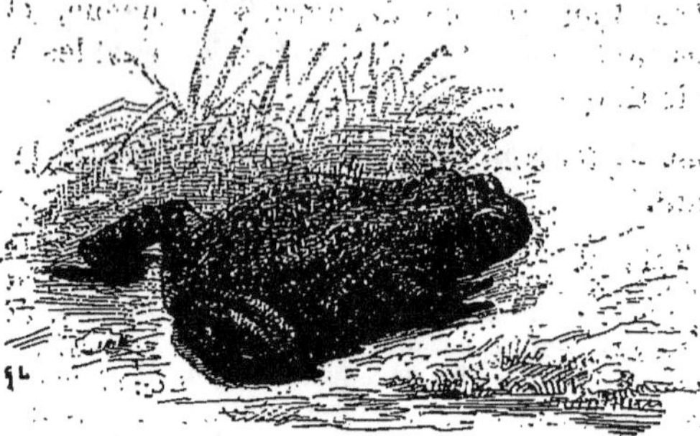
Fig. 263. — Crapaud commun.

se produire une inflammation de ces organes qui causerait de vives douleurs. Le venin du Crapaud à cause de son goût âcre doit avoir pour but de le protéger contre les Carnassiers qui seraient tentés de le dévorer. Cet animal se cache le jour sous les pierres ou dans les creux d'arbres ; la nuit, il fait une chasse active aux Insectes, aux Vers et aux Limaces. Aussi malgré son aspect repoussant, il faut bien se garder de détruire le *Crapaud, qui est très utile à l'Agriculture.*

Le *Pipa* est un gros Crapaud d'Amérique dont le mâle place sur le dos de la femelle les œufs qui s'y développent dans des petites fossettes.

II. — Ordre des Urodèles

Caractères. — Les *Urodèles* sont pourvus de queue ; leurs

Fig. 264. — Triton.

métamorphoses sont donc moins complètes que celles des Anoures, puisque leur queue persiste à l'état adulte.

Principaux genres. — Ils comprennent : la Salamandre et le Triton.

La *Salamandre* est terrestre ; elle a le corps brun avec des bandes jaunes ; sa peau sécrète un venin énergique. Elle ressemble à un petit Lézard.

Le *Triton* ou *Salamandre aquatique* (fig. 264) a la queue aplatie et une longue crête saillante sur le dos. Il est commun dans les mares des environs de Paris. Il a la propriété fort curieuse de reproduire ses pattes ou sa queue lorsque ces organes sont amputés.

III. — Ordre des Pérennibranches.

Caractères. — Les *Pérennibranches* subissent des métamorphoses encore plus incomplètes que les Urodèles, car, non seulement ils conservent leur queue pendant toute leur vie, mais encore des branchies, tout en acquérant des poumons.

Fig. 265. — Axolotl.

Principaux genres. — Ils comprennent : l'Axolotl, le Protée, la Sirène.

L'*Axolotl* (fig. 265), qui vit dans les lacs du Mexique et qu'on élève aujourd'hui dans nos aquariums, a environ 25 centimètres de long.

Le *Protée* (fig. 266) vit dans les lacs souterrains de la Carniole et de la Dalmatie ; il passe sa vie entière dans l'obscurité ; aussi ses yeux sont disparus.

Fig. 266. — Protée.

La *Sirène* habite les marais de l'Amérique du Nord, et n'a plus que les pattes antérieures ; les pattes postérieures n'existent plus.

IV. — Ordre des Apodes.

Les *Apodes* sont complètement dépourvus de membres et ont le corps allongé comme celui des Serpents.

La *Cécilie* est le seul genre. Elle vit dans la terre humide en Amérique et à Ceylan ; elle est souvent aveugle.

RÉSUMÉ

Les *Batraciens* sont des Vertébrés à *sang froid* et à *peau nue* ; ils respirent avec des *branchies* pendant le jeune âge et avec des *poumons* quand ils sont adultes.

Le *cœur* a 3 cavités : 2 oreillettes et 1 ventricule ; la *respiration* se fait surtout par la peau.

Pour arriver à l'état parfait, les Batraciens subissent une série de changements de forme appelés *métamorphoses*.

Tableau des caractères des divers ordres de **Batraciens.**

I. — Des membres.	Pas de branchies à l'âge adulte	Pas de queue . . . ANOURES.	Grenouille. Crapaud.
		La queue persiste. URODÈLES.	Salamandre. Triton.
	Les branchies persistent	. . . . . PÉRENNIBRANCHES.	Protée.
II. — Pas de membres :	Corps serpentiforme. APODES.		Cécilie.

CHAPITRE IX

CLASSE DES POISSONS

Caractères. — Les *Poissons* sont des Vertébrés *aquatiques* dont le corps est couvert d'*écailles* et pourvu de *nageoires* ; ils respirent pendant toute leur vie l'air dissous dans l'eau à l'aide d'organes appelés *branchies*.

La *forme* de leur corps et la nature de leurs *écailles* sont bien adaptées à la locomotion dans l'eau, c'est-à-dire à la *natation*.

Le *corps*, généralement allongé et aplati latéralement, a la forme d'un fuseau, forme qui convient particulièrement à la natation.

Les *écailles* qui recouvrent le corps des Poissons diffèrent de celles des Reptiles en ce qu'elles proviennent du derme et non de l'épiderme. Elles sont disposées de façon à faciliter le glissement du corps dans l'eau : elles se recouvrent, en effet, comme les tuiles d'un toit, d'avant en arrière, et de plus elles sont enduites d'une mucosité spéciale. La forme des écailles est variable : tantôt ce sont de petites lamelles amincies ; tantôt elles sont petites et enfouies dans la peau, comme chez le Requin, par exemple, formant ce qu'on appelle vulgairement la *peau de chagrin*. Les écailles sont généralement incolores ; et les colorations souvent très vives et très variées de certains Poissons sont produites par des matières contenues dans l'épiderme qui recouvre les écailles. Ainsi l'éclat argenté de beaucoup de Poissons est dû à la présence de petites lamelles microscopiques d'une substance particulière : cette substance, soluble dans l'ammoniaque, est employée dans l'industrie pour fabriquer les fausses perles, qui ne sont autre chose que des boules de verre argentées intérieurement par une couche de cette matière.

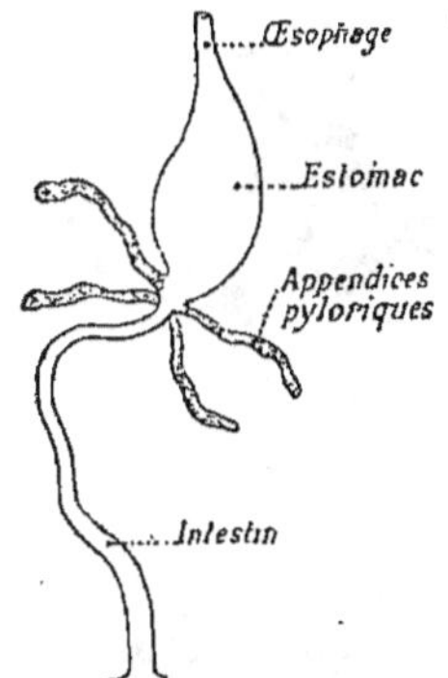

Fig. 267. — Tube digestif de Poisson.

Organisation. — L'*appareil digestif* est simple : la bouche présente de nombreuses et fines dents soudées non seulement sur les mâchoires, mais sur les autres os de la bouche et même sur la langue ; l'estomac est à peine renflé (*fig*. 267) et l'intestin vient s'ouvrir par l'anus un peu en avant de la nageoire anale.

Les Poissons sont très voraces : les uns se nourrissent d'herbes ; d'autres sont carnivores et mangent des petits Crustacés, des larves de Mollusques, et même d'autres Poissons. On sait avec quelle facilité les Poissons se dévorent entre eux.

L'*appareil circulatoire* comprend un cœur à deux cavités : une oreillette et un ventricule. Du ventricule part une artère qui se divise en quatre branches appelées *arcs aortiques* pour porter le sang aux branchies où il va respirer. Le sang devenu artériel est transporté par l'aorte dans les divers organes qu'il nourrit ;

transformé alors en sang veineux, il revient au cœur par les veines. Le cœur des Poissons contient donc du sang veineux et correspond au cœur droit de l'Homme.

L'*appareil respiratoire* est constitué par des organes appelés *branchies* qui sont de fines lamelles attachées régulièrement comme les dents d'un peigne sur des os appelés *arcs branchiaux*. Ces branchies sont parcourues par le sang qui vient y respirer en absorbant l'oxygène de l'air contenu dans l'eau et en rejetant le gaz carbonique. On peut montrer que les Poissons respirent l'air qui est en dissolution dans l'eau en plaçant un de ces animaux dans de l'eau dont on a chassé l'air par ébullition ; il meurt alors rapidement par asphyxie. Les branchies sont logées, de chaque côté de la tête (*fig.* 269), dans des cavités appelées *chambres branchiales*, qui communiquent d'une part avec la bouche et d'autre part avec l'extérieur par des orifices appelés *ouïes*.

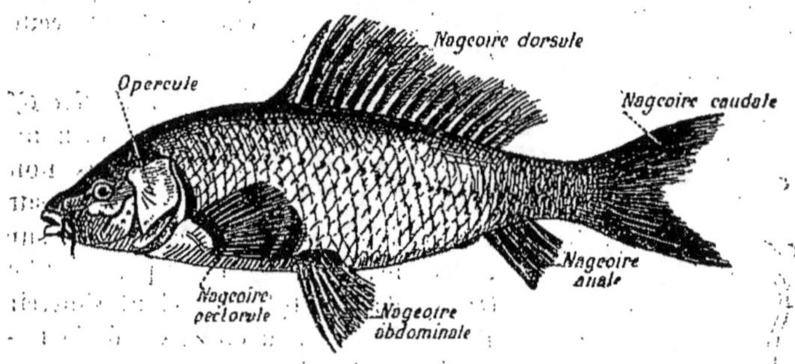

Fig. 268. — Opercule et nageoires d'un Poisson (Carpe).

Ces ouïes peuvent s'ouvrir ou se fermer par des plaques osseuses, les *opercules* (*fig*. 268), qui s'écartent et se rapprochent alternativement.

Il suffit de soulever l'opercule pour apercevoir les branchies sous l'aspect de fines lamelles roses ; c'est ce que font les ménagères pour reconnaître si le Poisson est frais ; si, en effet le Poisson est mort depuis un certain temps, les branchies sont flétries, desséchées, noirâtres.

Pour respirer, le Poisson fait entrer l'eau par la bouche ; puis cette eau passe dans les chambres branchiales, baigne les branchies et sort par les ouïes, comme l'indiquent les flèches de la figure 269.

A l'appareil respiratoire se rattache un organe spécial, la *vessie natatoire*. C'est une poche remplie d'air, assez volumi-

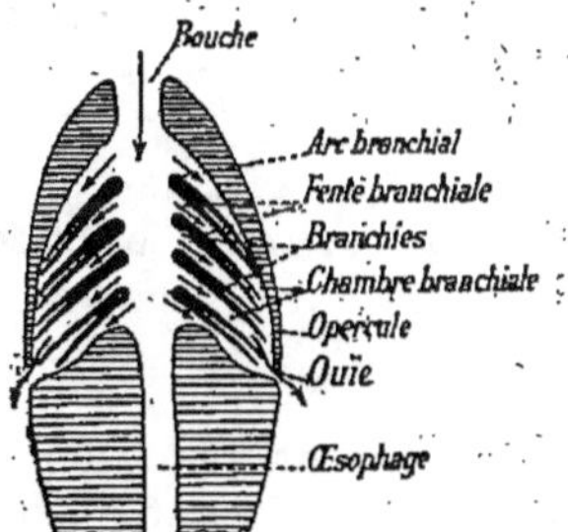

Fig. 269. — Disposition des branchies d'un Poisson.

Fig. 270. — Vessie natatoire d'un Poisson.

neuse chez certains Poissons comme la Carpe, et que les enfants s'amusent parfois à faire éclater en l'écrasant du pied. Cette poche communique avec l'œsophage (*fig.* 270) chez certains Poissons et peut fonctionner comme un *poumon* ; chez d'autres, elle est complètement close et leur sert d'appareil flotteur, leur permettant de se maintenir facilement à un certain niveau dans l'eau comme un ballon gonflé se maintient dans l'air.

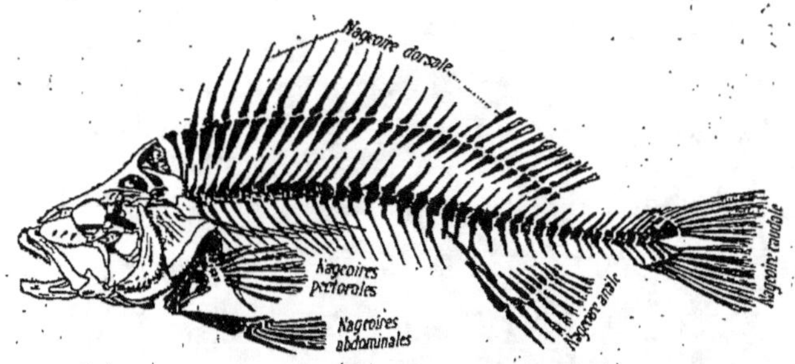

Fig. 271. — Squelette de la Perche.

Le *squelette* (*fig.* 271) est caractérisé par la transformation des membres en *nageoires*. Les nageoires sont de deux sortes : 1° les *nageoires paires* qui correspondent aux membres des autres Vertébrés ; ce sont les *nageoires pectorales* représentant les membres antérieurs et les *nageoires abdominales* représentant les membres postérieurs ; 2° les *nageoires impaires*, qui sont de simples membranes soutenues par des baguettes osseuses ou cartilagineuses ; elles comprennent les nageoires *dorsale*, *anale* et *caudale*, disposées sur la ligne médiane du corps.

Le *toucher* s'effectue souvent à l'aide de filaments situés autour de la bouche (*fig.* 268) et appelés *barbillons*. L'ouïe est assez fine (seule l'oreille interne existe). La *vue* a pour organe un œil volumineux.

Œufs, ponte et migrations. — Les Poissons pondent des œufs en quantité énorme : un Hareng peut contenir 45.000 œufs, un Maquereau 700.000, une Morue 6 millions, un Turbot 9 millions, une Lingue, sorte de grande Morue, 28 millions. Cette remarquable fécondité permet aux Poissons de résister aux nombreuses causes de destruction qui menacent leurs œufs et surtout leurs petits.

Ces œufs sont le plus souvent abandonnés à eux-mêmes : les uns, comme ceux du Hareng, tombent et se développent au fond de la mer ; les autres, comme ceux de la Morue, vont flotter à la surface ou dans la masse des eaux. Parfois cependant, comme chez l'Épinoche (*fig.* 272), petit Poisson d'eau douce, les œufs sont déposés dans une sorte de nid construit avec des herbes ; à l'éclosion, les petits sont soignés, surveillés, et s'ils viennent à s'écarter un peu trop

Fig. 272. — Épinoches et leur nid (taille d'une Ablette).

du nid, ils y sont ramenés par leurs parents.

Pour déposer leur ponte, ou pour *frayer* comme on dit ordinaire-
ment, les Poissons accomplissent souvent des voyages ou *migrations.*
C'est ainsi que dans la mer du Nord et dans la Manche, des bandes
innombrables de Harengs, désignées par les pêcheurs sous le nom de
bancs de Harengs, viennent pondre de juillet à novembre ; puis ces
Poissons disparaissent de ces régions, s'éloignent des côtes, vont vers
la mer libre, et reviennent l'année suivante à la même époque visiter
le même terrain de ponte. Ces animaux n'accomplissent pas d'aussi
longs voyages qu'on le croyait jadis. Mais c'est toujours un spectacle
merveilleux que d'observer, par une mer calme, ces bandes de Poissons
serrés les uns contre les autres, frétillant à la surface de l'eau, et dont
les écailles argentines sont autant de petits miroirs qui reflètent la
lumière en des feux multiples et variés. Ces bancs, parfois longs de
6 kilomètres et larges de moitié, contiennent tant de Poissons qu'un
seul coup de filet peut suffire à charger un bateau de pêche. On raconte
que dans un petit port d'Écosse, des marins prirent en une seule nuit
10 millions de ces Poissons.

Le *Maquereau* et la *Sardine* accomplissent des migrations moins
étendues : le Maquereau s'approche des côtes pour pondre en été, et se
retire au large en hiver ; la Sardine, au contraire, demeure sur la côte
en hiver, et s'éloigne en été pendant la saison de la ponte.

Certains Poissons de mer comme le *Saumon* et l'*Esturgeon* quittent
la mer à certaines époques et remontent les fleuves pour y venir
pondre ; l'*Anguille* au contraire descend les rivières pour aller pondre
à la mer. Pour faciliter aux Saumons la montée des fleuves, on dispose
aux endroits des chutes d'eau des gradins que ces animaux gravissent
par bonds successifs.

Pisciculture. — Les Poissons, surtout les Poissons de mer,
sont d'une grande utilité dans l'alimentation de l'Homme. En
France, 90.000 hommes montant 25.000 bateaux sont occupés à
la pêche, sans compter 60.000 hommes, femmes et enfants qui
pêchent à pied le long des grèves. Le produit annuel de la pêche
française est d'environ 100 millions de francs, dont 10 millions
pour la pêche à pied.

La pêche anglaise occupe 120.000 matelots et produit 300 mil-
lions de francs.

Le long des côtes, la pêche se fait soit avec des lignes tendues
à marée basse sur les plages que la mer couvre ou découvre
alternativement, soit au moyen de grands filets ou *chaluts* traî-
nés par les bateaux.

Pour augmenter le rendement des pêches on a fait de la *pisciculture*,
c'est-à-dire qu'on a fait de l'élevage de Poissons. On a commencé par
faire de la pisciculture dans les eaux douces. Pour cela on recueille

les œufs de Poissons qu'on place ensuite dans des caisses où circule de l'eau. Les œufs ne tardent pas à éclore et les jeunes ou *alevins* qui en sortent portent suspendue sous leur ventre une poche contenant le jaune de l'œuf, qui les nourrit pendant quelque temps. Les jeunes se développent ainsi plus sûrement que s'ils étaient abandonnés aux hasards de la rivière. Pour les aider à se développer, on les nourrit en leur donnant de petits Crustacés (*Daphnies*), du *frai* ou œufs de Batraciens, des larves d'Insectes, du sang desséché, etc. C'est seulement lorsque les alevins ont atteint une certaine taille qu'on les jette dans les rivières que l'on veut peupler. De nombreux établissements de pisciculture ont été installés en France depuis quelques années, et les résultats obtenus dans le repeuplement des eaux douces ont engagé à faire de la pisciculture marine. C'est ainsi qu'un établissement norvégien a pu fournir en une année 300 millions d'alevins de Morue ; celui de Dunbar, en Écosse, 4 millions d'alevins de Turbot et 45 millions d'alevins de Plie et de Sole. Un établissement semblable a été installé, en France, au laboratoire maritime du Muséum de Paris situé à Saint-Vaast-la-Hougue (Manche).

On peut diviser la classe des Poissons en quatre ordres d'après la nature du squelette et l'appareil respiratoire. Ce sont : 1° les *Poissons osseux* ; 2° les *Ganoïdes*, intermédiaires entre les Poissons osseux et les cartilagineux ; 3° les *Poissons cartilagineux* ; 4° les *Dipneustes*, qui ont des branchies et des poumons.

I. — Poissons osseux.

Caractères. — Les *Poissons osseux* ont le squelette complètement ossifié, et leurs branchies sont protégées de chaque côté de la tête par un opercule.

On les divise en deux groupes : 1° ceux qui ont une nageoire dorsale dont les rayons sont durs et *épineux* comme le *Maquereau* (*fig.* 273) ; 2° ceux qui ont une nageoire dorsale à rayons *mous* comme la *Carpe* (*fig.* 268).

Fig. 273. — Maquereau.

1° Les Poissons qui ont la *nageoire dorsale épineuse* sont les plus nombreux ; nous citerons seulement les plus connus.

Parmi ceux qui habitent les *eaux douces* : la *Perche* (*fig*. 274), qui a le corps zébré de bandes noires et qui est très vorace; l'*Epinoche* (*f*. 272), qui construit un nid pour y déposer ses œufs.

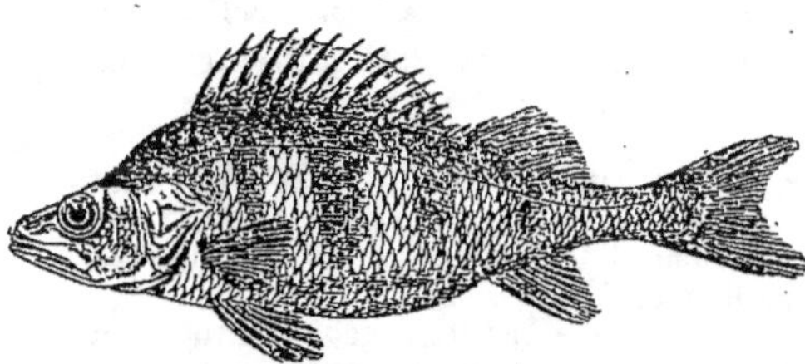

Fig. 274. — Perche.

Parmi ceux qui habitent la *mer* : le *Maquereau* (*fig*. 273), recouvert d'écailles régulières qui ont des reflets irisés et dont la nageoire caudale a la forme d'un croissant de lune; sa chair est grasse et difficile à digérer; il abonde dans la Manche, d'avril à juillet, et fait l'objet d'une pêche très active qui produit annuellement en France la somme de 4.500.000 francs; le *Thon*, qui habite la Méditerranée où il donne lieu à des pêches importantes; il peut atteindre 5 mètres de long; la *Vive*, qui possède des piquants venimeux sur le dos et sur les opercules;

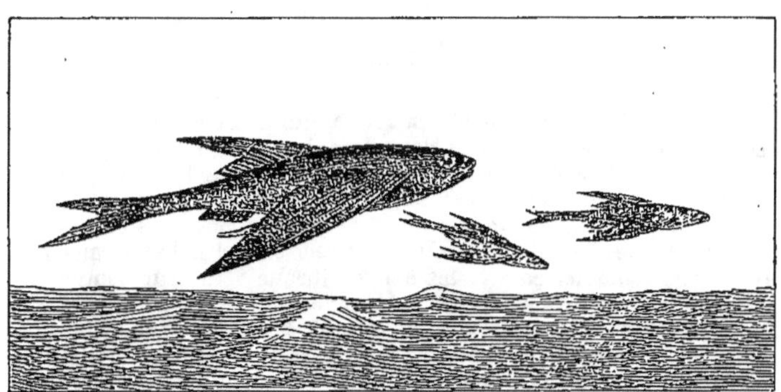

Fig. 275. — Exocets ou Poissons volants.

l'*Exocet* ou *Poisson volant* (*fig*. 275), dont les nageoires pectorales très longues forment une sorte de parachute qui permet au Poisson de s'élancer hors de l'eau; la *Scorpène* ou *Rascasse*, qui sert à préparer la bouillabaise et dont la piqûre est venimeuse; le *Rouget*; le *Trigle* ou *Grondin*; la *Dorade*, etc

2º Les Poissons dont la *nageoire dorsale est molle* peuvent êtrerangés en deux groupes selon la position de leurs nageoires abdominales :

A. *Les nageoires abdominales sont placées en arrière des nageoires pectorales* et la vessie natatoire communique avec l'œsophage.

EAU DOUCE : Les *Cyprins*, comprenant la *Carpe* (*fig.* 268), qui peut atteindre une grande taille et dont les écailles sont grandes et arrondies, le *Barbeau*, la *Tanche*, le *Goujon*, l'*Ablette*, le *Gardon* et toutes les petites espèces désignées sous le nom de *Poissons blancs*.

Les *Saumons* se reconnaissent à une petite nageoire située en arrière de la nageoire dorsale (*fig.* 276) et qui est un repli de la peau

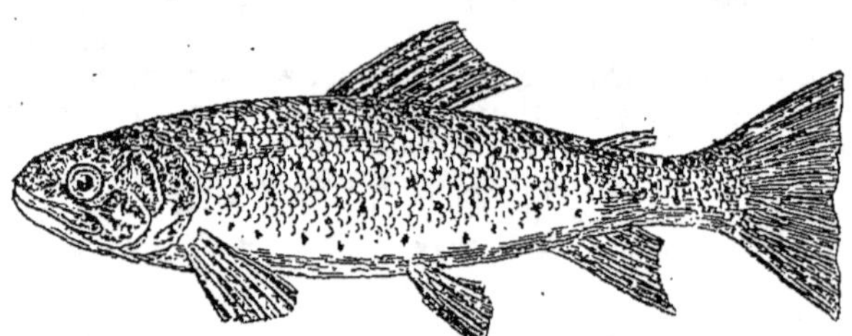

Fig. 276. — Truite.

rempli de graisse. Ils comprennent : la *Truite*, qui a une chair exquise et qui se plaît dans les eaux vives des régions montagneuses : pour frayer elle préfère des eaux peu profondes et un fond sablonneux ; la *Truite arc-en-ciel*, qui est un Saumon d'origine américaine et qui a été acclimatée depuis quelques années en France dans nos lacs et nos étangs, où elle donne d'excellents résultats ; le *Saumon* qui habite la mer pendant l'hiver, remonte, en été, les fleuves jusque vers leur source pour y déposer ses œufs, et redescend ensuite vers la mer ; il peut peser jusqu'à 45 kilogrammes ; on le pêche surtout à l'embouchure de la Loire, dans la Dordogne, l'Adour et la Bidassoa, et il produit annuellement 1 million de francs. Les Hollandais prennent chaque année dans les parties basses de la Meuse et du Rhin 60.000 Saumons.

Si le Saumon est assez rare en Europe, il abonde dans le Nord de l'Amérique et en particulier dans le Canada et l'Alaska. C'est au moment où le Saumon remonte les cours d'eau que se font les plus belles pêches. A l'embouchure des rivières de l'Alaska (*fig.* 277) des guetteurs signalent la troupe des Poissons et les pêcheurs relevant le filet, ramènent une masse compacte de Saumons qui vont remplir les barques. Les Saumons sont ensuite transportés aux usines qui vont les mettre en conserve. Certaines usines bien outillées peuvent produire chacune, an-

nuellement, 70 millions de boîtes ! En 1895 les usines de la côte ouest
de l'Amérique ont livré au commerce 104 millions de boîtes d'une livre
valant 50 millions de francs, et la côte est du Canada, 100 millions de boîtes.
A ces boîtes il faut ajouter 250.000 kilogr. de Saumon salé, seulement

Fig. 277. — Un barrage de filets pour capturer les Saumons, dans l'Alaska.

pour l'Alaska ; enfin 250 wagons frigorifiques ont emporté des Saumons
conservés dans des glacières à destination de Londres et de Hambourg.
Un tel massacre aura pour résultat la disparition du Saumon dans ces
régions, et déjà une diminution considérable est constatée dans le ren-
dement des pêcheries de l'Alaska.

Le *Brochet* a les mâchoires garnies de fortes dents ; il est très vorace
et son poids peut atteindre 10 à 12 kilogrammes ; il abonde dans nos
rivières et nos lacs.

MER : Le *Hareng* n'existe que dans les mers du Nord ; nous avons dé-
crit (page 193) les voyages qu'il accomplit pour venir frayer ; c'est de
juillet à novembre qu'il vient en bandes innombrables dans la Manche
et la mer du Nord, et le produit annuel de sa pêche, qui se fait sur le
littoral de la Manche de Dunkerque à Cherbourg, est de 10 millions de
francs ; pour conserver le Hareng, on le sale ou on le fume (*Hareng
saur*).

La *Sardine*, voisine du Hareng, mais plus petite, est abondante sur les côtes de Bretagne et aussi sur les côtes de la Méditerranée ; c'est surtout entre Douarnenez et les Sables d'Olonne que son exploitation est la plus active. Cette pêche produit environ 12 millions par an, mais ce chiffre est variable. Pour attirer les Sardines dans leurs filets, les matelots jettent à la surface de la mer un appât particulier appelé *rogue* et composé d'œufs de Morue conservés dans le sel. Enfin citons l'*Anchois*, qui est pêché sur toutes nos côtes et dans le Zuyderzée, et l'*Alose*, qui remonte fort loin dans nos rivières.

Tous ces poissons (Hareng, Sardine, etc.) sont pêchés avec des filets tendus verticalement dans l'eau ; lorsqu'une bande de Poissons rencontre le filet, tout Poisson qui essaye de passer s'engage dans une maille et ne peut plus avancer, mais il essaye de reculer ; c'est alors que les cordes du filet passent derrière ses ouïes et empêchent l'animal de reculer ou d'avancer ; le Poisson est *maillé*, comme disent les pêcheurs.

On peut ranger à part certains genres qui n'ont pas de nageoires abdominales : l'Anguille et la Gymnote.

Fig. 278. — Anguille.

L'*Anguille* (*fig*. 278) a le corps cylindrique, allongé, et toutes les nageoires impaires sont confondues en une seule ; à l'automne elle va frayer à la mer, et au printemps les jeunes remontent les fleuves ; elle peut parfois s'éloigner de l'eau et voyager dans les prairies humides. La *Gymnote*, qui vit dans les fleuves de l'Amérique du Sud, peut atteindre 2 mètres ; elle produit de l'électricité en quantité suffisante pour tuer un Cheval ; lorsqu'une Gymnote a déchargé ainsi son électricité, il lui faut un certain temps pour se charger de nouveau : c'est alors que l'Homme peut la pêcher sans danger.

B. *Les nageoires abdominales sont attachées au même niveau que les nageoires pectorales* et la vessie natatoire est complètement close.

Parmi ces Poissons, les plus importants sont : la *Morue* ou *Cabillaud*, qui peut avoir 1 mètre de long ; elle abonde dans les mers du Nord, principalement sur les côtes de Terre-Neuve, et dans l'espace compris entre l'Islande et la Norvège. Sa pêche, très pénible, est pratiquée par les Américains, les Anglais, les Norvégiens et les Français. Plus de 10.000 de nos matelots y sont employés en été. Le rendement de cette pêche est d'environ 13 millions de francs. La Morue, salée, puis séchée (*fig*. 279), constitue une ressource alimentaire importante ; son foie fournit une huile, *huile de foie de Morue*, employée en médecine contre le rachitisme et la phtisie ; ses œufs conservés avec du sel fournissent un

Fig. 279. — Un séchoir de Morues à Terre-Neuve.

appât (*rogue*) utilisé pour la pêche de la Sardine ; le *Merlan*, qui est très commun dans la Manche, est plus petit que la Morue ; la *Lotte* ou *Lingue* et enfin la *Merluche* des Côtes de Provence.

Il faut classer à part les *Poissons plats* ou *Pleuronectes*, comme le *Turbot* (*fig.* 280), la *Barbue*, la *Sole*, la *Plie*, la *Limande*, le *Carrelet*, qui nagent sur l'un des côtés du corps et vivent généralement sur les fonds plats sablonneux. Le côté tourné vers le sol est blanc, celui qui est tourné vers la lumière est coloré et porte les deux

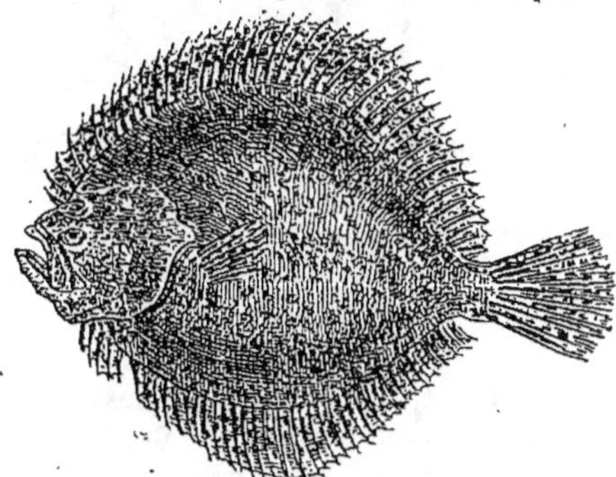

Fig. 280. — Turbot commun

yeux. Chez le jeune, les yeux sont d'abord symétriques, c'est-à-dire situés de chaque côté de la tête ; puis au cours du développement, l'un des yeux vient se placer à côté de l'autre ; de sorte que les deux yeux sont tantôt du côté droit, tantôt du côté gauche. Le côté coloré peut varier de teinte ; il prend généralement la même coloration que le fond sur lequel l'animal vit. Tous ces Poissons sont fort recherchés pour la délicatesse de leur chair.

Certains Poissons osseux ont les branchies en forme de houppes ; tels sont l'*Hippocampe* ou *Cheval marin* (fig. 281), ainsi nommé à cause de la forme de sa tête ; il a la queue préhensile ; le *Syngnathe* ou *Aiguille de Mer*, très allongé.

Enfin il existe un groupe de Poissons osseux dont le corps globuleux, parfois presque sphérique, est protégé par une cuirasse de plaques dermiques. Tels sont : le *Coffre*, dont le corps est triangulaire ; le *Môle* ou *Poisson lune* au corps sphérique ; le *Diodon* ou *Hérisson de mer*, dont la cuirasse est hérissée de piquants.

Poissons des grandes profondeurs. — On peut ranger parmi les Poissons osseux certains Poissons qui vivent dans les grandes

Fig. 281. — Hippo-
campe.

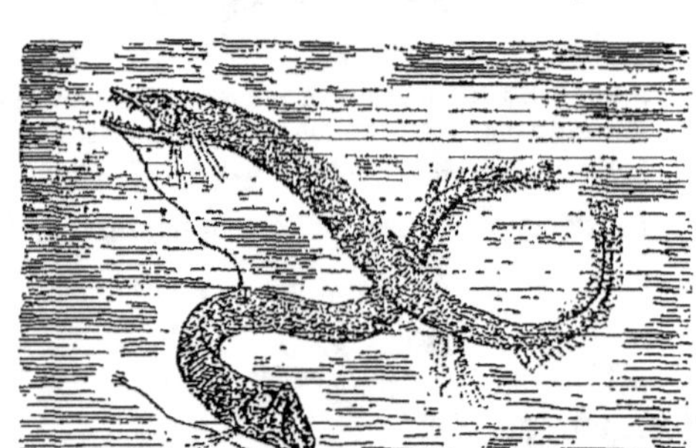

Fig. 282. — Eustomias obscur pêché à 2.700 mètres
de profondeur.

profondeurs de la mer jusqu'à plus de 5.000 mètres. Ce sont des êtres aux formes étranges et aux couleurs sombres. Généralement leur corps est allongé, leur bouche est large, armée de dents longues, fines et pointues, pour saisir au passage les Crustacés ou les petits Poissons qui viennent à les frôler. Dans ces grandes profondeurs où la lumière n'arrive pas, les Poissons portent de longs filaments tactiles : c'est ainsi que l'*Eustomias obscur* (*fig.* 282), pêché à 2.700 mètres de profondeur, dans l'expédition du *Talisman* (bateau construit et aménagé spécialement pour ces recherches sous-marines), présente sous la mâchoire inférieure un long filament au moyen duquel le Poisson explore le terrain, comme un aveugle le ferait de son bâton. Dans ces ténèbres éternelles du fond des mers, les yeux peuvent disparaître, mais quelquefois aussi ils persistent, deviennent énormes, et répandent alors une douce lueur phosphorescente. Ces yeux sont donc à la fois des organes de vision et des appareils d'éclairage. Souvent même le corps du Poisson est couvert d'un mucus phosphorescent qui revêt l'animal d'une robe de lumière.

Ces Poissons semblent vivre de préférence près du fond, et ne s'accommodent pas d'un changement de niveau. Il est arrivé, en effet, dans les explorations sous-marines, de remonter dans la drague (sorte de *filet*) des Poissons dont la vessie natatoire se détendait au point de faire ernie à travers la bouche, dont les yeux se gonflaient et sortaient de a tête, dont les écailles se hérissaient et tombaient, qui en un mot rrivaient sur le pont du navire dans un état pitoyable. Et cela se conçoit très bien si l'on songe à l'immense pression que supportent des Poissons habitués à avoir au-dessus d'eux une formidable masse d'eau. Le phénomène est analogue à ce qui se passe quand un Homme s'élève en ballon à une trop grande hauteur : la différence entre la faible pression de l'air extérieur et celle de ses organes intérieurs a pour conséquence de refouler le sang vers l'extérieur ; ses yeux s'injectent, le sang jaillit par la bouche, le nez, les oreilles, et la mort survient. La différence de pression est cependant ici relativement faible ; mais pour des Poissons vivant à 5.000 mètres de profondeur, la pression à la surface est près de 500 fois moindre qu'au fond ! Donc ces Poissons ne doivent pas s'élever beaucoup au-dessus du fond des abîmes sous-marins ; et s'ils ne connaissent pas la lumière du soleil, il est permis de penser que dans ces effroyables abîmes la nuit n'est pas aussi complète que l'on pourrait le croire, puisque de nombreux animaux (Poissons et Crustacés) illuminent ces grands fonds d'une douce clarté phosphorescente.

II. — Poissons Ganoïdes.

Les *Ganoïdes* sont intermédiaires entre les Poissons osseux et les Poissons cartilagineux. Leur squelette, en effet, est tantôt osseux, tantôt cartilagineux. Les écailles sont larges, épaisses et recouvertes d'une couche d'émail.

Le principal genre est l'*Esturgeon* (*fig.* 283), qui peut atteindre 3 mètres de long ; son museau est pointu et pourvu de barbillons ; il porte sur le dos cinq rangées de plaques osseuses et sa queue présente deux lobes

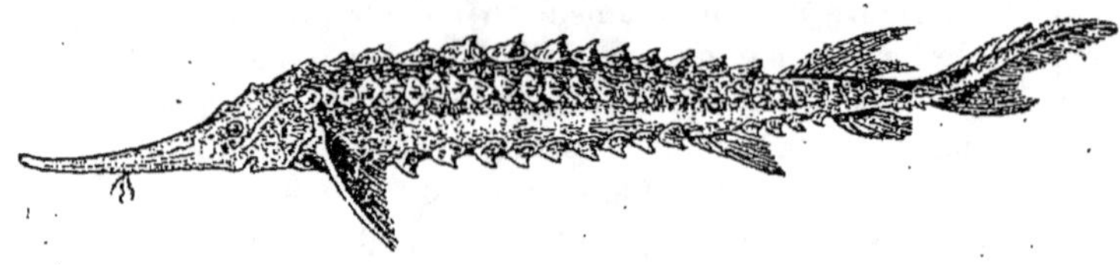

Fig. 283. — Esturgeon.

inégaux. Il est abondant dans la mer Noire et la mer Caspienne, et à l'époque de la ponte, il remonte les fleuves. L'*Esturgeon commun* est pêché dans la Garonne, la Loire et le Rhône. Sa chair est grossière ; ses œufs servent à préparer le *caviar*, mets très apprécié en Russie ; sa colonne vertébrale bouillie dans l'eau sert à faire des potages ; avec sa vessie natatoire on fabrique la *colle de Poisson*, qui sert à clarifier les liquides et à préparer le taffetas d'Angleterre.

III. — Poissons cartilagineux.

Caractères. — Les *Poissons cartilagineux*, dont le squelette est *cartilagineux*, ont les branchies fixées sur les parois des *chambres branchiales* qui communiquent avec l'extérieur par autant de *fentes branchiales*. Ils comprennent deux groupes :

1° Les Poissons qui ont *cinq fentes branchiales* et dont la *bouche transversale* est située à la face inférieure du museau. Tels sont : les Squales ou Requins et les Raies.

Les *Squales* ou *Requins* ont le corps allongé et cylindrique, et les cinq fentes branchiales situées de chaque côté du cou.

Le principal genre est le *Requin* (*fig.* 284), qui peut atteindre jusqu'à 12 mètres de longueur dans les mers du Sud, et dont la bouche est armée de plusieurs rangées de dents pointues (*fig.* 285) qui le rendent dangereux même pour l'Homme. Il suit les navires en attendant sa proie, et tout ce qui tombe du bord disparaît dans sa large gueule :

débris de cuisine, bouteilles, boîtes de conserve, etc. Lorsqu'on jette un cadavre à la mer, il est presque toujours saisi par le Requin avant

Fig. 284. — Requin.

d'arriver au fond, et les Hommes vivants qui tombent à l'eau leur échappent difficilement. La peau, couverte de petits tubercules calcaires, sert à faire des objets de maroquinerie ou à polir l'ivoire et le bois ; les ailerons sont fort appréciés des gourmets chinois, et la tonne d'ailerons est vendue à Sydney 700 francs.

A côté du Requin on peut placer la *Roussette* ou *Chien de mer*, la *Peau bleue*, le *Marteau* dont la tête a la forme d'un maillet.

Les *Raies* ont le corps aplati et les fentes

Fig. 285. — Dent de Requin.

branchiales situées sur la face ventrale; les nageoires pectorales sont très grandes et étalées horizontalement.

Elles comprennent : la *Raie* (*fig.* 286) dont la chair est assez estimée; c'est un Poisson de haute mer ; la *Raie bouclée*, qui a le corps protégé

Fig. 286. — Raie.

par des tubercules osseux armés d'une épine recourbée ; la *Torpille*, qui possède de chaque côté de la tête un organe électrique pouvant donner de fortes secousses ; elle vit dans la Méditerranée ; le *Poisson-scie*, qui a la mâchoire supérieure prolongée par une lame osseuse portant de chaque côté une série de dents disposées horizontalement et formant une sorte de scie.

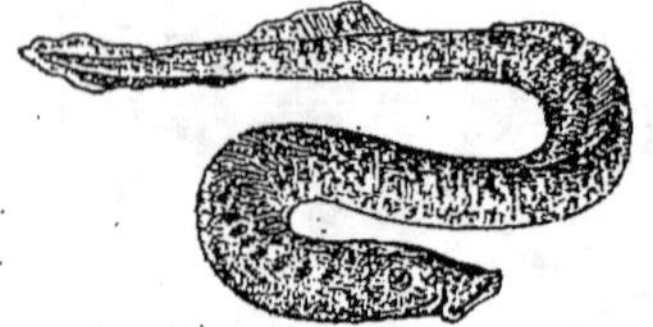

Fig. 287. — Lamproie.

2º Les Poissons qui ont *sept fentes branchiales* et dont la *bouche circulaire* est disposée pour la succion. Ils n'ont pas de nageoires paires.

Le principal genre est la *Lamproie* (*fig.* 287), qui habite la mer, mais qui remonte les fleuves au printemps pour y frayer.

IV. — Poissons Dipneustes.

Les *Dipneustes* font la transition entre les Poissons et les Batraciens, car ils ont des *branchies*, comme celles des Poissons osseux, mais leur vessie natatoire fonctionne comme un *poumon* de Batracien. Ils vivent dans les pays chauds : pendant la saison des pluies, ils habitent les marais et respirent avec leurs branchies ; pendant la saison sèche, ils s'enfouissent dans la vase et respirent avec leur vessie natatoire.

Ils comprennent : le *Ceratodus*, qui habite les rivières d'Australie, le *Lépidosiren* du Brésil et le *Protoptérus* de l'Afrique centrale.

RÉSUMÉ

Les *Poissons* sont des Vertébrés *aquatiques*, dont le corps est couvert d'*écailles* et qui respirent pendant toute leur vie avec des *branchies*.
Le corps allongé en forme de fuseau est pourvu de *nageoires*.

Dents nombreuses soudées sur tous les os de la bouche.
Le *cœur* a deux cavités : oreillette et ventricule ; il contient du sang veineux.
Les *branchies* sont disposées de chaque côté de la tête dans des cavités

ou *chambres branchiales* qui s'ouvrent à l'extérieur par les *ouïes* (P. osseux) ou les *fentes branchiales* (P. cartilagineux).

La *vessie natatoire* est un prolongement du tube digestif.

Le *squelette* présente deux sortes de nageoires : 1° *paires*, provenant des membres (pectorales et abdominales) ; 2° *impaires* (dorsale, anale, caudale).

Pour pondre leurs œufs, les Poissons accomplissent des voyages ou *migrations* afin de trouver le terrain qui leur convient le mieux.

La *Pisciculture* a pour but l'élevage des Poissons.

Tableau des caractères des principaux ordres de **Poissons.**

I. — Bran-chies.	Squelette osseux.	1° POISSONS OSSEUX	*Maquereau.Carpe.*
	Squelette osseux ou cartilagineux.	2° GANOÏDES. . . .	*Esturgeon.*
	Squelette cartilagineux.	3° POISSONS CARTILAGINEUX. . .	*Squale* ou *Requin Lamproie.*
II. — Bran-chies et Poumons.	. . . .	4° DIPNEUSTES. . .	*Ceratodus.*

CHAPITRE X

EMBRANCHEMENT DES ARTICULÉS

Les *Articulés* ou *Arthropodes* sont des Invertébrés, c'est-à-dire des animaux dépourvus de squelette interne, dont le corps est formé d'*anneaux*, semblables entre eux, et portant chacun une paire de *pattes articulées* (*fig*. 288), c'est-à-dire composées d'articles ou segments mobiles les uns sur les autres. Leur corps est recouvert d'une couche protectrice dure formée d'une substance appelée *chitine*.

Les Articulés se divisent en quatre classes :

1° Les *Insectes*, dont le corps est divisé en *trois régions distinctes* et porte *trois paires de pattes ;*

2° Les *Myriapodes*, dont le corps formé d'un grand nombre d'anneaux tous semblables, possède de nombreuses paires de pattes ; aussi on les appelle encore *Mille-pattes ;*

3° Les *Arachnides*, dont le corps présente *deux régions distinctes* et porte *quatre paires de pattes ;*

Fig. 288. — Un Articulé : Scolopendre.

4° Les *Crustacés*, qui sont adaptés à la vie aquatique et qui respirent par conséquent au moyen de *branchies*, tandis que les trois classes précédentes comprennent des animaux aériens ou terrestres respirant à l'aide de tubes ramifiés ou *trachées*.

I. — CLASSE DES INSECTES

Caractères. — Les *Insectes* sont des Articulés aériens dont le corps présente *trois régions* bien distinctes : la *tête*, le *thorax* et l'*abdomen* (*fig.* 289). Le thorax porte toujours *trois paires de pattes articulées* et le plus souvent *deux paires d'ailes*.

Étudions successivement chacune des trois parties du corps de l'Insecte.

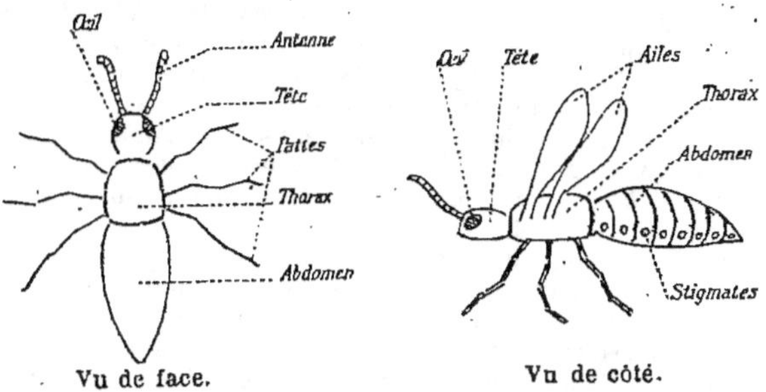

Fig. 289. — Figure schématique d'un Insecte.

1° La **tête** est formée d'une seule pièce résultant de la soudure d'un certain nombre d'anneaux ; elle porte les *antennes*, les *yeux* et la *bouche*.

Les *antennes* sont des filaments formés de parties articulées et mobiles ; elles servent au toucher et à l'odorat. Leur forme est variable et sert dans la classification : chez le Hanneton (*fig.* 290), par exemple, elles se terminent par de fines lamelles.

Les *yeux* situés de chaque côté de la tête sont appelés *yeux composés* ou *à facettes*, parce que la cornée présente de nombreuses facettes (*fig.* 291), dont chacune correspond à un œil différent. Chez certains Insectes il existe en outre sur le sommet de la tête plusieurs yeux simples appelés *ocelles*.

Fig. 290. — Antenne du Hanneton (mâle).

Fig. 291. — Œil composé d'un Insecte.

La *bouche* présente un certain nombre de pièces articulées, qui seront étudiées plus loin à propos du tube digestif.

2° Le **thorax** des Insectes résulte de la soudure de trois anneaux portant chacun une paire de *pattes* et dont les deux derniers portent souvent une paire d'*ailes*.

Les *pattes* présentent quatre parties : la *hanche*, la *cuisse*, la *jambe* et le *tarse*, ordinairement terminé par de petits crochets à l'aide desquels l'Insecte peut grimper. La forme des pattes varie avec le genre de vie de l'animal : la Sauterelle a les pattes postérieures très longues disposées pour le saut ; le Dytique, Insecte aquatique, a les pattes en forme de rames adaptées à la natation, etc. On peut se faire une idée de la marche de l'Insecte en se représentant trois Hommes placés à la suite l'un de l'autre, et dont le premier et le troisième marcheraient au pas, et d'un pas contraire avec celui du milieu.

Les *ailes* sont des replis du corps soutenus par des *nervures*. La plupart des Insectes ont quatre ailes, mais d'autres, comme la Mouche n'en ont que deux, et certains, comme la Puce, en sont complètement dépourvus. Les Insectes peuvent voler vite et longtemps : leurs ailes peuvent battre jusqu'à 2.000 fois par minute, et une Libellule poursuivie par une Hirondelle peut voler pendant une heure sans se laisser atteindre ; d'autre part dans des courses organisées entre Pigeons voyageurs et Abeilles sur une distance de quelques kilomètres seulement, ce fut souvent une Abeille qui arriva première.

3° **L'Abdomen** est dépourvu d'appendices ; il est formé de neuf anneaux qui peuvent se tirer ou se rentrer à la façon des tubes d'une lorgnette.

Le dernier anneau porte l'anus et se termine par un aiguillon comme chez l'Abeille, ou par une pince comme chez le Perce-Oreille. Sur les côtés de l'abdomen on voit les orifices des trachées ou *stigmates* (*fig.* 289).

Organisation. — L'APPAREIL DIGESTIF commence par la *bouche* qui contient un certain nombre de pièces dont la forme varie avec le régime alimentaire de l'Insecte. Ces pièces qui constituent l'appareil buccal sont des appendices spécialement modifiés pour la mastication des aliments. De même que la dentition des Mammifères varie avec le régime de l'alimentation, l'appareil buccal des Insectes varie suivant que l'animal est *broyeur*, *lécheur*, *suceur* ou *piqueur*. En général il est possible de voir que l'appareil buccal se compose de six pièces : une *lèvre supérieure* ou *labre*, une *lèvre inférieure* ou *labium*, *deux mandibules* et *deux mâchoires*.

Chez les *Insectes broyeurs* (*fig.* 292), comme le Hanneton, les mandibules et les mâchoires portent de petites dents vers l'intérieur et sont disposées comme des pinces ; elles peuvent se mouvoir de droite à gauche et non pas de haut en bas, et c'est en se rapprochant qu'elles saisissent les aliments et les broient.

Fig. 292. — Pièces de la bouche d'un Insecte broyeur (Hanneton).

Les mâchoires et la lèvre inférieure portent souvent de petits filaments articulés, les *palpes*, qui sont des organes du toucher.

Chez les *Insectes lécheurs* (*fig.* 293), comme l'Abeille, la lèvre supérieure et les mandibules ont conservé leur forme, mais les

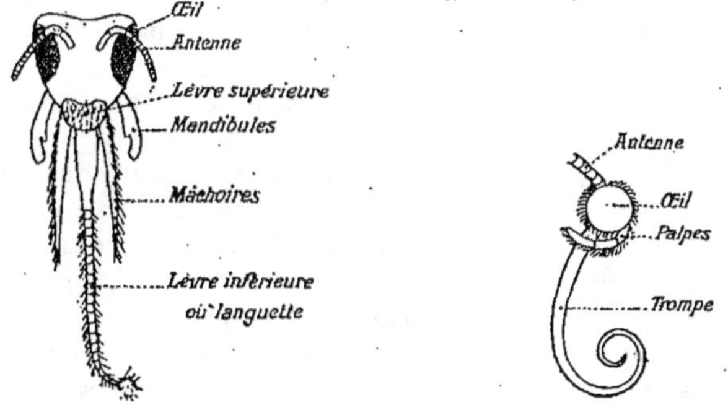

Fig. 293. — Pièces de la bouche d'un Insecte lécheur (Abeille).

Fig. 294. — Pièces de la bouche d'un Insecte suceur (Papillon).

mâchoires et la lèvre inférieure s'allongent et forment une sorte de languette qui permet à l'Insecte de lécher facilement le suc des plantes.

Chez les *Insectes suceurs* (*fig.* 294), comme le Papillon, les mâchoires s'allongent en se creusant en gouttière et se soudent pour donner une longue trompe molle enroulée en spirale que l'animal peut dérouler pour aspirer le nectar au fond des fleurs.

Chez les *Insectes piqueurs* (*fig.* 295), comme le Moustique, la lèvre inférieure, transformée en une sorte de canal, renferme

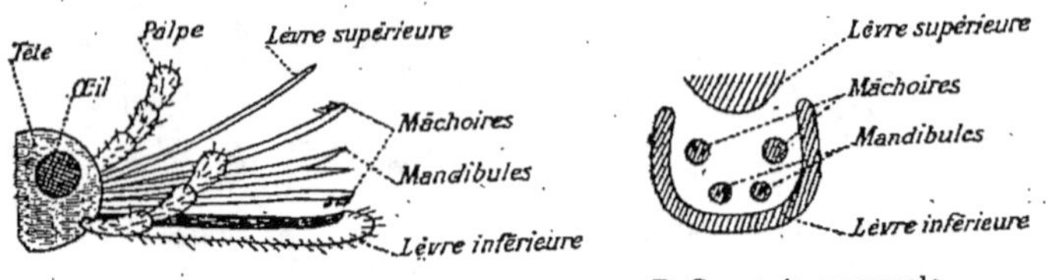

A. Ensemble.   B. Coupe transversale.

Fig. 295. — Pièces de la bouche d'un Insecte piqueur (Moustique).

quatre stylets perforants qui résultent de la transformation des mandibules et des mâchoires. Cette disposition permet à l'Insecte de perforer la peau des animaux et d'aspirer leur sang.

Donc la bouche des Insectes présente des aspects bien différents, mais elle est toujours formée des mêmes pièces semblablement placées.

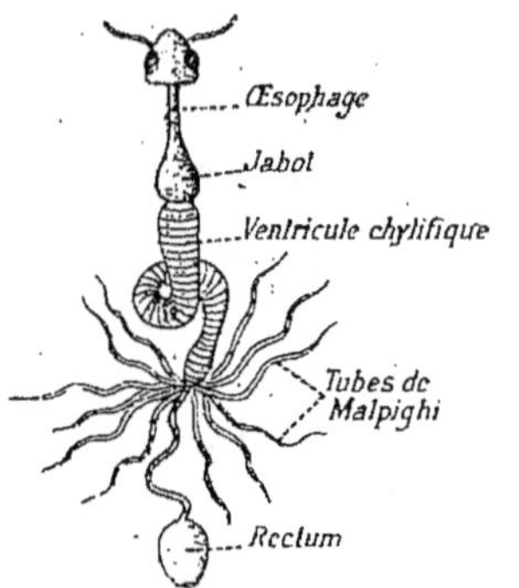

Fig. 296. — Tube digestif d'un Insecte (Hanneton).

A la suite de la bouche viennent : l'œsophage (*fig.* 296), souvent pourvu d'un renflement appelé *jabot*, puis parfois un *gésier* muni de pièces cornées destinées à broyer les aliments, enfin le véritable estomac ou *ventricule chylifique*. L'intestin a une longueur qui varie suivant que l'Insecte est carnivore ou herbivore. A la limite de l'estomac et de l'intestin se trouvent de longs tubes, les *tubes de Malpighi*, qui sont les organes urinaires. Le rectum est dilaté en une sorte de cloaque où vient s'écouler tantôt un liquide odorant que certains Insectes peuvent lancer contre leurs ennemis, tantôt un liquide venimeux qui vient empoisonner un aiguillon comme celui de l'Abeille.

L'APPAREIL CIRCULATOIRE est fort simple : un *vaisseau dorsal* ouvert à ses deux extrémités fait fonction de cœur ; il n'y a ni artères, ni veines. Le sang incolore circule d'arrière en avant dans le vaisseau dorsal, puis tombe dans la cavité générale, baigne les organes, respire et revient au vaisseau dorsal.

L'APPAREIL RESPIRATOIRE se compose de tubes appelés *trachées* (*fig.* 297) qui vont se ramifier dans tous les organes. Ces trachées s'ouvrent à l'extérieur par des orifices ou *stigmates* situés sur la face inférieure de chaque anneau de l'abdomen ; destinées

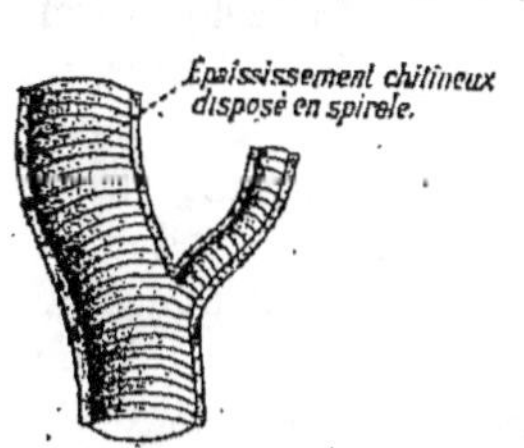

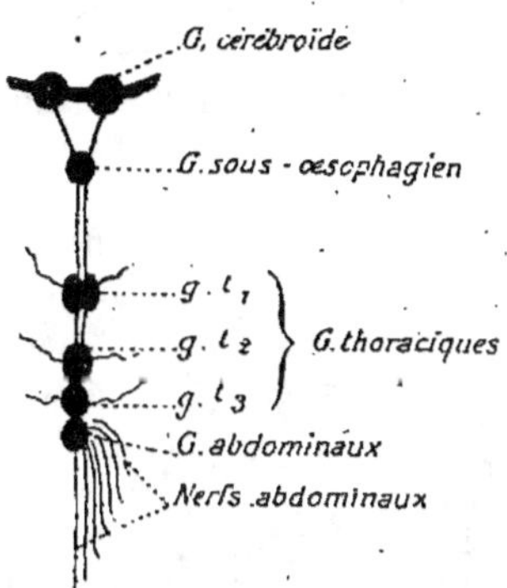

Fig. 297. — Trachée d'un Insecte.

Fig. 298. — Système nerveux d'un Insecte (Hanneton).

à amener l'air, elles sont maintenues béantes par un filament chitineux qui s'enroule en spirale autour d'elles. L'air circule dans ces tubes et apporte l'oxygène nécessaire à la respiration.

Le SYSTÈME NERVEUX (*fig.* 298) est composé de petits renflements appelés *ganglions*, disposés par paires et réunis par des filets nerveux. La paire de ganglions placée en avant envoie des nerfs aux organes des sens ; elle correspond donc au cerveau des Vertébrés et les ganglions sont appelés *cérébroïdes*.

Œuf et métamorphoses. — Les Insectes pondent de très petits œufs, d'où sortent des jeunes qui ne ressemblent guère aux adultes. Ces jeunes vont subir de nombreux changements avant d'atteindre leur forme définitive. Ces changements de forme ont reçu le nom de *métamorphoses*. Celles-ci peuvent être *complètes* (Hanneton, Papillon) ou *incomplètes* (Éphémère, Sauterelle).

1° Métamorphoses complètes. — Prenons comme exemple le Hanneton, dont l'œuf passe successivement par trois états : *larve, nymphe* ou *chrysalide*, et *Insecte parfait*. Étudions ces trois formes.

I. LARVE. — La femelle du Hanneton, qui peut vivre une soixantaine de jours (Mai et Juin), pond environ 80 œufs en trois pontes successives dont le nombre d'œufs va en diminuant : $35 + 30 + 15 = 80$. Elle enfonce ces œufs dans la terre à une profondeur de 20 centimètres. Au bout de 25 jours environ, il sort de l'œuf un animal au corps mou, blanchâtre, dépourvu d'ailes, et ayant plutôt l'aspect d'un Ver que celui d'un véritable Insecte (*fig.* 299). Aussi il est ordinairement désigné sous le nom de *Ver blanc*. Cet animal ou *larve* a des mandibules puissantes, trois paires de pattes grêles, un abdomen recourbé et formé d'une douzaine d'anneaux, et le corps recouvert d'une mince cuticule portant des poils. Cette larve mange beaucoup et va grossir rapidement ; mais la peau coriace qui l'enveloppe ne peut pas s'étendre, aussi elle finira par éclater sur le dos, et la larve s'en débarrassera comme d'un

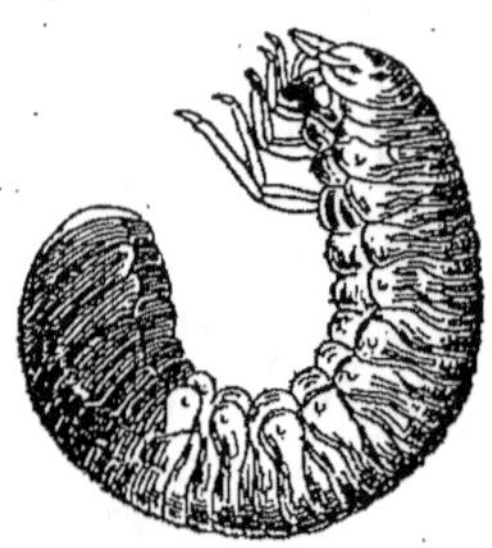

Fig. 299. — Larve de Hanneton
Ver blanc.

habit trop étroit. Il se formera alors une nouvelle peau plus grande que l'ancienne et qui permettra à la larve de s'accroître plus vite. C'est à ce changement de peau qu'on a donné le nom de *mue*. Cette larve vit sous terre, s'enfonçant plus profondément au moment des gelées, revenant à la surface au printemps, et causant des dégâts considérables en rongeant les racines d'arbres, qu'elle peut faire mourir. Elle vit ainsi pendant deux ans. Au printemps de la 3ᵉ année, la larve se construit une cavité en tassant la terre autour d'elle et en répandant sur les parois un léger enduit gommeux : c'est dans cette loge de forme ovoïde (*fig.* 300) que la *larve va se transformer en nymphe*.

II. NYMPHE. — On voit alors sortir de l'enveloppe du Ver blanc un animal qui se rapproche davantage du Hanneton adulte

(*fig.* 300). Il est enveloppé, comme un enfant dans son maillot,
par une peau dure qui l'immobilise complètement et qui recou-
vre les antennes, les pattes et même les ailes qui vont se déve-
lopper peu à peu : c'est la *nymphe*. La nymphe ne mange pas ;
elle reste complètement im-
mobile pendant un mois en-
viron ; c'est alors que l'*In-
secte parfait* va s'échapper de
la peau de cette nymphe.

Fig. 300. — Nymphe de Hanneton
dans sa loge.

Fig. 301. — Hanneton : au repos
et au vol.

III. INSECTE PARFAIT. — La peau de la nymphe se fend et laisse
sortir un Hanneton semblable à celui que nous voyons voler
sur les arbres (*fig.* 301), mais il va rester cloîtré dans la cellule
construite par la larve pendant près de huit mois ; et ce n'est
qu'au printemps suivant qu'il va creuser une galerie, remonter
à la surface du sol et prendre son vol à la première heure qui
suit le crépuscule. Dès lors le Hanneton ne changera plus et ne
grandira plus : c'est ce qui explique pourquoi les Hannetons de
la même espèce ont tous la même taille.

Le développement du Hanneton pour aller de l'œuf à l'Insecte
parfait a donc duré trois ans. Nous reviendrons plus loin
sur les dégâts considérables causés par cet Insecte et sa larve.

D'autres Insectes subissent aussi des métamorphoses com-
plètes. Le Papillon, par exemple, pond des œufs d'où sortent
des *larves* ou *chenilles* (*fig.* 302, A). La Chenille subit ensuite
des mues, comme la larve du Hanneton ; puis elle va s'entourer

d'un fil très fin formant une sorte de gaine soyeuse appelée *cocon* ; et c'est à l'intérieur de ce cocon que la larve se transformera en nymphe ou *chrysalide* (*fig*. 302, B). Enfin c'est de cette chrysalide que le Papillon, brisant les parois de sa prison, va s'échapper pour ne plus jamais changer ni de forme, ni de taille (*fig*. 303).

On retrouve donc chez le Papillon les trois phases de la vie du Hanneton.

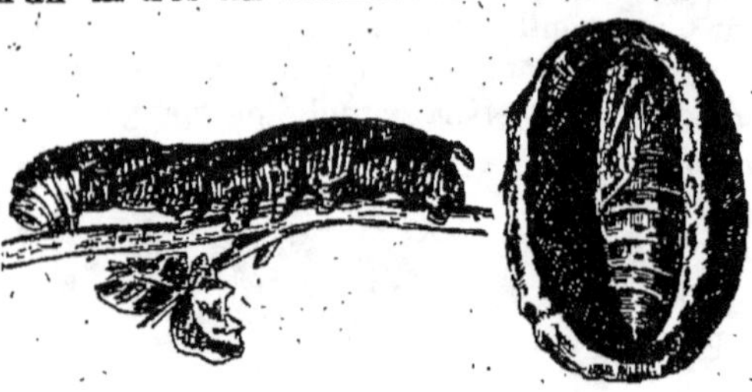

A. Chenille.   B. Chrysalide dans le cocon.
Fig. 302. — Sphinx tête de mort.

Fig. 303. — Sphinx tête de mort.

2° Métamorphoses incomplètes. — Prenons comme exemple l'Éphémère. Ses métamorphoses sont incomplètes, car la larve ne diffère guère de l'Insecte parfait que par l'absence d'ailes. L'Insecte dans ce cas atteint l'état parfait sans passer par l'état de nymphe.

La larve d'Éphémère (*fig*. 304, A) naît et se développe dans l'eau ; au bout de trois ans, lorsqu'elle a achevé son développement, elle quitte le fond de l'eau, la vase où elle vivait, grimpe sur les herbes et vient à la surface. Et là, par un mouvement brusque du corps, la peau se fend sur le dos et donne passage à l'Insecte parfait (*fig*. 304, B), qui s'envole pour pondre et meurt au bout de quelques heures. En somme, l'Insecte parfait naît, vit et meurt le même jour.

Enfin, certains Insectes, comme le Pou, la Punaise, n'ont pas de métamorphoses.

Mœurs et prévoyance maternelle chez les Insectes. —

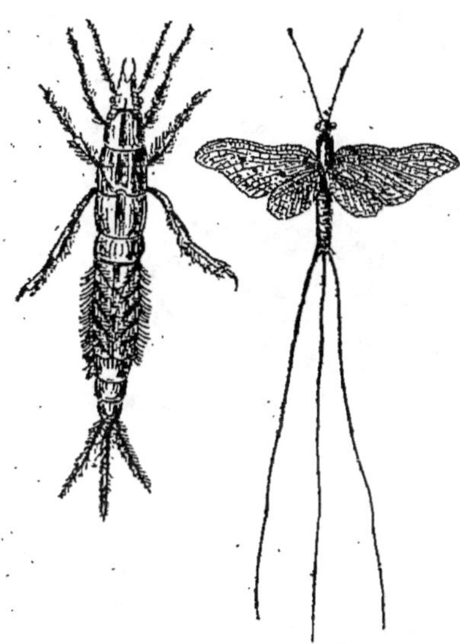

A. Larve.   B. Insecte parfait.
Fig. 304. — Insecte parfait.

L'histoire des Insectes est remplie de faits merveilleux ; aussi de nombreux et gros volumes ont été écrits sur les mœurs de ces animaux. Nous ne pouvons qu'indiquer ici quelques traits particuliers, et à ce propos les soins prévoyants de certains Insectes pour leurs larves sont particulièrement intéressants à signaler.

La plupart des Insectes meurent à l'automne, tandis que les œufs qu'ils ont pondus n'éclosent qu'au printemps suivant. La larve est donc presque toujours orpheline. Mais avant de mourir, les parents ont pris soin d'assurer l'avenir de leur famille ; c'est ainsi que la femelle prépare pour les petits qu'elle ne connaîtra pas, des provisions et un abri parfaitement adaptés aux besoins de ses jeunes : c'est une forme spéciale de l'amour maternel, c'est de la *prévoyance maternelle*. Nous allons citer quelques exemples.

Les *Abeilles* fabriquent du miel avec le pollen et le nectar des fleurs un peu pour elles, mais surtout pour les jeunes qui, au moment de l'éclosion, auront un aliment de choix.

D'autres Insectes pondent leurs œufs sur des cadavres d'animaux dont les larves devront se nourrir. C'est ainsi que les *Nécrophores* (fig. 305), grands Insectes aux ailes tachées de jaune et de noir, opèrent : s'ils rencontrent un cadavre de Rat ou d'Oiseau, ils se réunissent à trois ou quatre, creusent la terre au-dessous du cadavre qui s'enfonce peu à peu. Si le terrain est meuble, ils peuvent, en moins de deux heures, descendre le cadavre à une profondeur de 30 centimètres, et le recouvrir ensuite de terre : ce sont de véritables fossoyeurs. Une fois cette opération terminée, les femelles entrent dans le sol, pondent leurs œufs sur le cadavre et se retirent. Quand les larves éclosent, elles dévorent facilement la chair de ce cadavre amollie par la putréfaction.

Certains Insectes préfèrent donner à leur progéniture, au lieu d'un

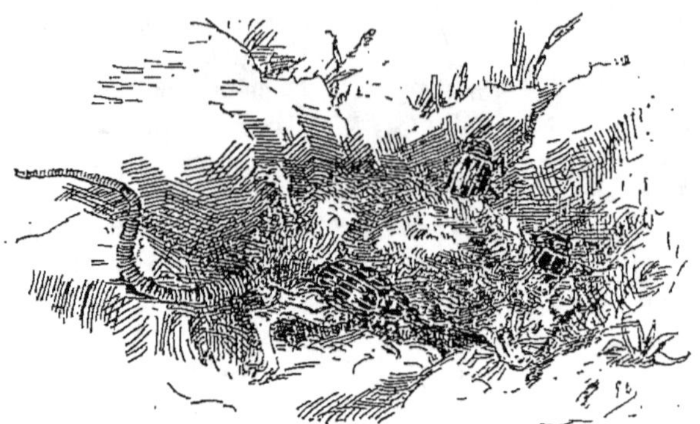

Fig. 305. — Nécrophores fossoyeurs enterrant un Rat.

cadavre, un animal vivant qu'ils ont soin de paralyser auparavant. Ainsi le *Sphex* (*fig.* 306), Insecte voisin des Guêpes, dépose ses œufs dans des ter-

Fig. 306. — Sphex traînant un Grillon.

riers ; chaque terrier renferme trois ou quatre chambres et dans chacune le Sphex place un œuf et à côté plusieurs gros Insectes, des Grillons qu'il a pris de la façon suivante : il enfonce son aiguillon, entre la tête et le thorax du Grillon, dans le cerveau de celui-ci qui est alors empoisonné, paralysé; puis il saisit le Grillon par l'antenne et le rapporte à son terrier (*fig*. 306). Le Grillon qui est immobile, mais qui n'est pas mort, car il ne se putréfie pas, sera dévoré plus tard par la larve du Sphex lors de son éclosion. C'est donc une sorte de conserve alimentaire que le Sphex a préparée pour sa progéniture.

Parfois les Insectes vont pondre leurs œufs dans l'épaisseur des feuilles où les larves se développeront en produisant des excroissances ou *galles* (*fig*. 307). C'est ainsi que les *Cynips* font développer à la surface des feuilles de Chêne des galles parfois semblables à de petites pommes d'api et

Fig. 307. — Galles produites sur des feuilles de Chêne par la piqûre d'un Insecte. (*Cynips*.)

appelées vulgairement noix de galle. En ouvrant une de ces galles on trouve la larve de l'Insecte. Ces galles, à cause du tannin qu'elles renferment, sont utilisées pour la fabrication de l'encre.

Tous les Insectes cités jusqu'ici prévoient les besoins de leur progéniture, assurent sa subsistance et meurent sans l'avoir vue. Mais il existe des Insectes, comme les Abeilles et les Fourmis, qui au lieu de vivre isolés, savent mettre en commun leur travail, et former des sociétés, souvent fort nombreuses où chacun profite du travail de tous. Dans ces sociétés, qui font l'admiration des observateurs, les jeunes reçoivent une véritable

Fig. 308. — Intérieur d'une fourmilière avec différentes chambres contenant: celle d'en haut, les œufs; celle du milieu, les larves; celle du bas, les cocons.

éducation et sont soignés avec des précautions infinies. Cette éducation des jeunes est confiée à une classe particulière de Fourmis, les *ouvrières*, qui n'ont pas de famille et qui adoptent leurs frères et leurs neveux.

Les ouvrières rangent dans des chambres séparées, les *œufs*, les *larves* et les *nymphes* ou *cocons* (*fig.* 308) ; de cette façon leur travail est simplifié, car tous les individus réunis dans une même chambre exigent les mêmes soins. Suivant qu'il fait chaud ou froid, les ouvrières transportent les larves aux divers étages de la fourmilière afin de les protéger contre les trop grandes chaleurs ou les trop grands froids. Plusieurs fois par jour, les larves sont emportées des galeries supérieures dans les galeries profondes et réciproquement. Les Fourmis transportent les larves au moyen de leurs mandibules, pourtant si puissantes qu'elles peuvent décapiter un ennemi d'un seul coup ; mais dans ce cas, ces mandibules deviennent des mains délicates incapables de blesser le corps si tendre des larves et des nymphes. Ces larves ne peuvent se mouvoir, ni manger seules ; aussi ce sont les ouvrières qui viennent dégorger dans leur bouche le liquide sucré qu'elles ont butiné dans les fleurs. La chambre du milieu de la figure 308 montre des Fourmis donnant la becquée aux larves. Ces Fourmis nous fournissent un merveilleux exemple d'un instinct dont les actes sont tous utiles à la prospérité de la société ; il en existe beaucoup d'autres que vous pourrez lire dans les beaux livres consacrés à l'histoire des Insectes.

CLASSIFICATION

Les Insectes sont classés d'après la forme des *pièces de la bouche*, le nombre et la structure des *ailes*, et la nature de leurs *métamorphoses*.

Ils comprennent sept ordres : les *Coléoptères*, les *Orthoptères*, les *Névroptères*, les *Hyménoptères*, les *Lépidoptères*, les *Hémiptères*, et les *Diptères*.

I. — Ordre des Coléoptères.

Caractères. — Les *Coléoptères* sont des Insectes *broyeurs*, pourvus de quatre ailes dont les deux antérieures appelées *élytres*, sont cornées et rigides, recouvrant comme d'une sorte d'étui les ailes postérieures plus minces et repliées transversalement au repos. Les métamorphoses sont complètes.

Pour voler, le Coléoptère écarte ses élytres (*fig.* 301) et utilise sa 2ᵉ paire d'ailes comme rames aériennes.

Les Coléoptères comprennent plus de 100.000 espèces dont l'organisation est uniforme et ressemble beaucoup à celle du Hanneton.

Dans chacun des groupes d'Insectes que nous allons étudier, nous nous bornerons à citer quelques types parmi les *espèces utiles* et les *espèces nuisibles*.

Coléoptères utiles. — Le *Carabe* (*fig.* 309) a des mandibules tranchantes ; c'est un carnassier très utile, car il dévore de petits Insectes nuisibles, des Chenilles et des Limaces. Les élytres cannelées et d'un beau vert doré, métallique, sont soudées, de sorte que le Carabe ne peut voler ; c'est un Insecte marcheur.

Fig. 309. — Carabe doré.

Il est commun dans nos jardins où il est connu sous le nom de *Carabe doré* ou de *Jardinière*.

La *Cicindèle champêtre* (*fig.* 310), verte avec des reflets cuivrés sur les élytres ; elle détruit de nombreux Insectes nuisibles ; elle est si carnassière que Linné l'appelait le Tigre des Insectes.

La *Coccinelle* ou *Bête à bon*

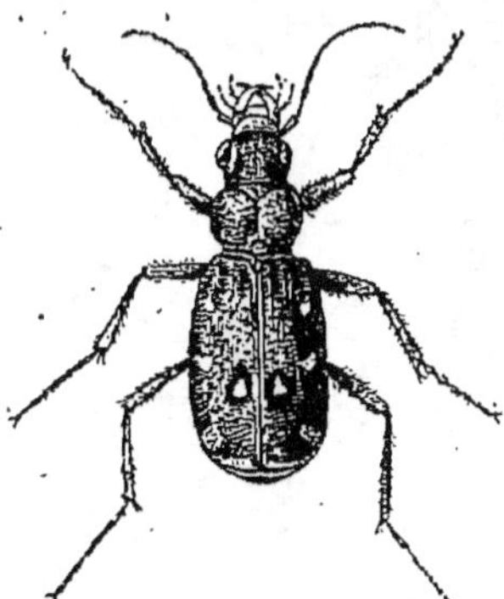

Fig. 310. — Cicindèle champêtre.

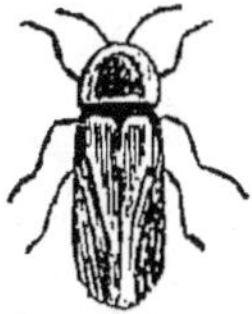

A. Femelle.   B. Mâle.
Fig. 311. — Vers luisants.

Dieu a les élytres rouges tachées de points noirs ; elle est très utile, car elle détruit les Pucerons qui ravagent les Rosiers et les arbres fruitiers.

Le *Lampyre* ou *Ver luisant* (*fig.* 311), dont le mâle seul a des ailes et dont la femelle aplatie et molle produit pendant la nuit une lueur particulière. On peut placer à côté la *Luciole*, qui vit en Provence et en Italie : elle est aussi phosphorescente, et donne aux endroits où elle abonde l'aspect d'une grande ville éclairée ; lorsqu'elle vole en nombreuse compagnie, elle produit une sorte de valse d'étincelles. La lumière émise par les Vers luisants de nos pays ne donne qu'une faible idée des lueurs brillantes produites par certains Insectes tropicaux, comme le *Cucujo* ou *Taupin*. Dans l'Amérique du Sud, les Indiens attachent cet Insecte à leur orteil et l'utilisent comme une petite lanterne pour retrouver leur chemin ou écarter les Serpents ; les premiers missionnaires aux Antilles, manquant d'huile pour s'éclairer, remplaçaient les lampes par des Taupins pour lire matines. Certaines forêts vierges américaines sont constellées de ces étoiles volantes ou rampantes. On cite un Oiseau, le *Baya*, qui illumine son nid en fixant ces Vers luisants sur des boulettes d'argile ; et ce petit Oiseau éclairant sa demeure de la lueur de ces Insectes suppliciés évoque le souvenir des empereurs romains qui se servaient comme torches de chrétiens enflammés.

La *Cantharide* (*fig.* 312) vit sur les Frênes et les Lilas dans le Midi de la France ; elle est d'un beau vert doré et son abdomen renferme une

Fig. 312. — Cantharide.

Fig. 313. — Scarabée.

substance irritante utilisée en médecine pour faire les *vésicatoires*. On la récolte le matin, lorsqu'elle est encore engourdie, en secouant l'arbre sur lequel elle se tient.

Le *Scarabée* ou *Bousier* (*fig.* 313), d'un beau noir, vit dans les bouses de Vache et dans d'autres excréments ; il est utile, car il détruit ces excréments et les disperse dans la terre qu'ils fertilisent; cet Insecte était vénéré des Égyptiens à cause de ses services.

Le *Nécrophore* (*fig.* 305), dont nous avons étudié les mœurs curieuses (page 215).

Coléoptères nuisibles. — Le *Hanneton* (*fig.* 301) est certainement le plus nuisible de tous les Coléoptères; les dégâts qu'il cause pourraient se chiffrer par millions de francs. Sa larve ou *Ver blanc* ronge les racines et fait mourir les plantes ; plus nuisible encore que l'Insecte parfait qui dévore les feuilles et les bourgeons, c'est un des plus grands fléaux de l'Agriculture, aussi doit-il être détruit avec grand soin, et le paysan ne doit pas passer indifférent à côté du Ver blanc que la charrue ramène à la surface du sol. Mais le moyen le plus efficace et le seul pratique est assurément la destruction méthodique des Hannetons adultes, car en détruisant une femelle de Hanneton on détruit en même temps 80 œufs, qui auraient donné 80 Vers blancs. Un bon moyen de procéder au *hannetonage* est d'aller secouer les arbres, avec un bâton armé d'un crochet (*fig.* 314), le matin de préférence, quand les Insectes sont encore engourdis. On les reçoit dans une toile, puis on les met dans des sacs et on les tue en les jetant dans des fosses contenant de l'eau de chaux. La lutte contre les Hannetons doit être poursuivie d'une façon régulière et ininterrompue, et l'on ne saurait trop encourager les destructeurs de Hannetons en leur accordant des primes. On sait que les larves de ces Insectes mettent trois ans à se

Fig. 314. — Récolte des Hannetons, le matin.

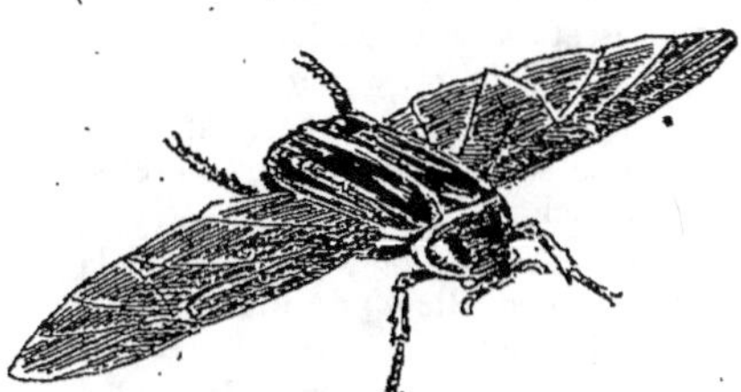

Fig. 315. — Cétoine dorée volant.

développer, de sorte qu'il y a tous les trois ans « une année de Hannetons » pendant laquelle le hannetonage doit être particulièrement actif.

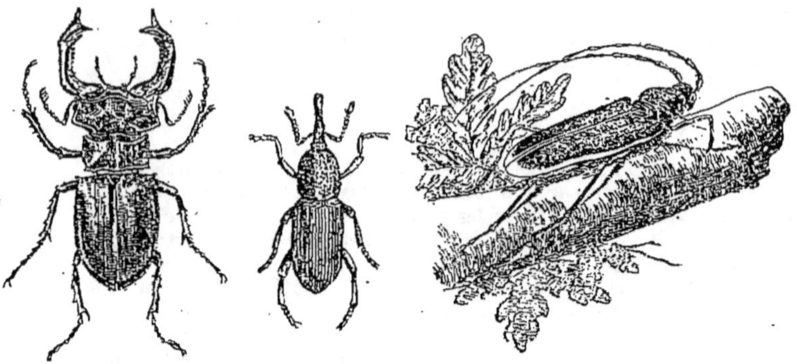

Fig.316.—Cerf-volant. Fig.317.—Charançon du Blé.   Fig. 318. — Capricorne.

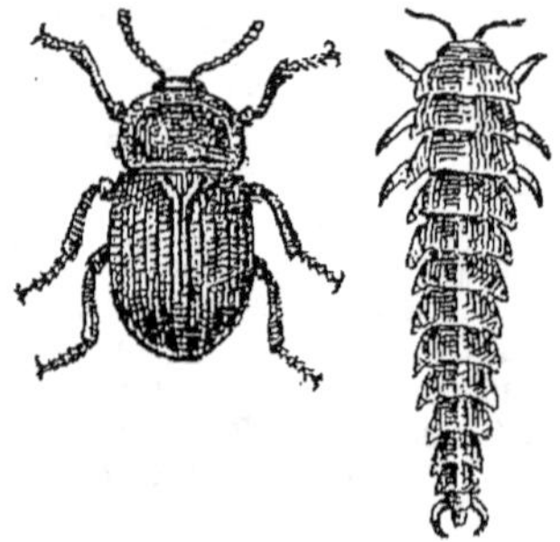

Fig. 319. — Silphe et sa larve.   Fig. 320. — Dytique.

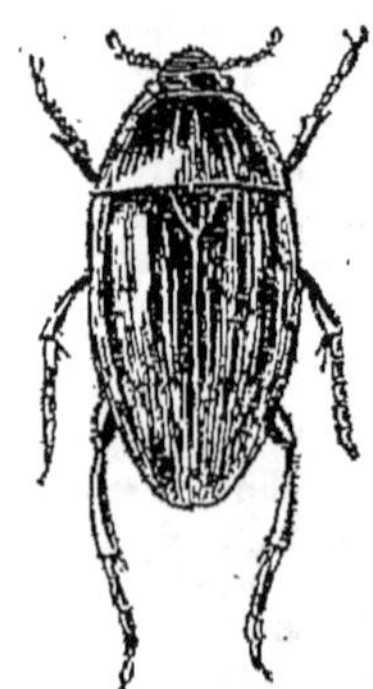

Fig. 321. — Hydrophile brun.

La *Cétoine dorée* (*fig*. 315) est d'un beau vert doré ; elle se trouve sur les belles fleurs, en particulier sur les roses, et s'attaque parfois aux fruits.

Le *Lucane* ou *Cerf-volant* (*fig*. 316), le plus grand Coléoptère de nos pays, est remarquable par les *énormes* mandibules du mâle; sa larve creuse le tronc des vieux Chênes.

Le *Charançon* ou *Calandre* (*fig*. 317), dont la larve vit dans les grains de Blé ou de Riz; il cause des dégâts dans les greniers.

Le *Capricorne* (*fig*. 318) est remarquable par la longueur de ses antennes ; sa larve est nuisible.

Le *Silphe* (*fig*. 319) et sa larve causent des dégâts considérables dans les cultures de Betteraves.

Le *Dytique* (*fig*. 320) est un Insecte aquatique

dont les pattes aplaties et munies de poils raides sont transformées en rames; il est très carnassier et peut détruire le frai des Poissons.

L'*Hydrophile* (*fig.* 321) est un gros Insecte qui vit comme le Dytique dans les mares et les ruisseaux ; il est herbivore.

II. — Ordre des Orthoptères.

Caractères. — Les *Orthoptères* ont quatre ailes ; les deux antérieures sont des *élytres* moins dures que celles des Coléoptères ; les deux postérieures sont pliées en éventail sous les élytres. Ce sont des Insectes *broyeurs*, et leurs métamorphoses sont incomplètes.

Principaux genres. — La *Forficule* ou *Perce-oreilles* (*fig.* 322) porte à l'extrémité de son abdomen une sorte de pince ; elle est nuisible aux plantes de nos jardins, mais elle ne pénètre pas dans notre oreille comme on le dit souvent.

Fig. 322. — Forficule ou Perce-oreilles.

Fig. 323. — Criquet pèlerin.

Le *Criquet* (*fig.* 323) a les pattes postérieures très longues et disposées pour le saut. Ces pattes postérieures en frottant contre les bords des élytres produisent un bruit strident bien connu. Le Criquet est très vorace, et certaine espèce, comme le *Criquet pèlerin* d'Algérie, voyage en bandes nombreuses dévastant tout sur son passage, ne laissant derrière elle ni un brin d'herbe sur le sol, ni une feuille sur les arbres. Nos colons algériens ont beaucoup de peine à lutter contre ce terrible fléau ; c'est du reste à ce Criquet qu'il faut attribuer la huitième plaie d'Égypte. Certaines peuplades d'Afrique utilisent ces Insectes comme aliments.

A côté du Criquet on peut placer le *Grillon* ou *Cri-Cri*, ainsi nommé à cause du bruit que le mâle fait entendre en frottant ses élytres l'une

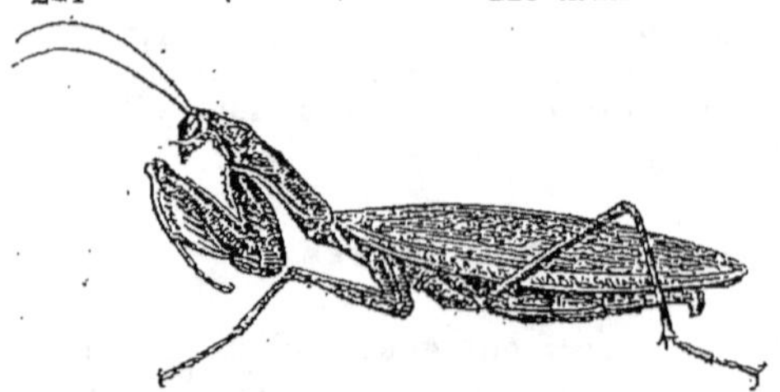

Fig. 324. — Mante religieuse.

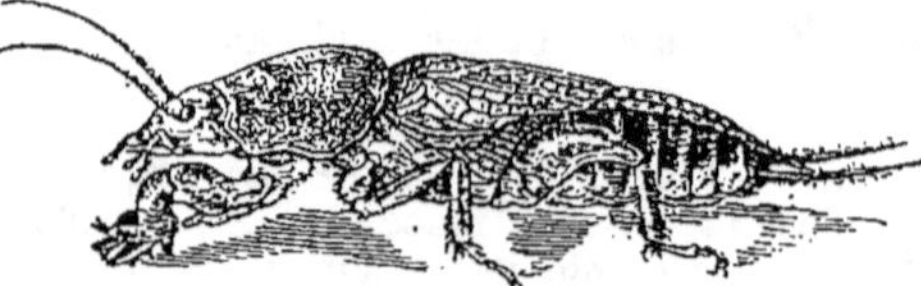

Fig. 325. — Courtilière.

contre l'autre ; il est fréquent dans les vieilles cheminées et les boulangeries ; la *Sauterelle verte*, qui est abondante dans nos pays et qui est peu nuisible.

La *Mante Religieuse* (*fig.* 324), abondante dans le Midi, où elle est connue sous le nom de *Prega-Diou* (Prie-Dieu), à cause de ses pattes antérieures qui sont allongées et relevées comme dans l'attitude de la prière. Ces pattes antérieures fonctionnent comme des griffes, ce qui permet à l'Insecte de saisir rapidement au passage la proie qu'il guette.

La *Courtilière* (*fig.* 325) a les pattes antérieures élargies en forme de pelles et bien disposées pour creuser des galeries dans le sol : elle est nuisible, car

Fig. 326. — Phyllie.

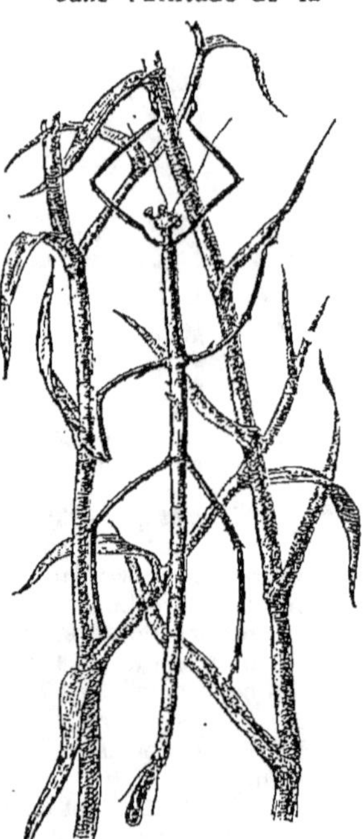

Fig. 327. — Phasmie.

elle coupe et dévore les racines de nos jardins. Elle est parfois appelée *Ecrevisse de terre,* à cause de son aspect qui rappelle vaguement celui de l'Écrevisse.

La *Blatte* a les pattes disposées pour la marche ; elle a une odeur repoussante et s'attaque surtout aux comestibles. Cette espèce comprend la *Blatte des cuisines* ou *Cafard* et le *Cancrelat* des ports de mer et des raffineries de sucre.

C'est parmi les Orthoptères aussi qu'il faut ranger les *Phyllies* (*fig.* 326), qui ressemblent à des feuilles, et les *Phasmies* (*fig.* 327), très allongées et ressemblant à des brindilles de bois.

III. — Ordre des Névroptères.

Caractères. — Les *Névroptères* sont des Insectes *broyeurs* dont les quatre ailes sont minces, transparentes et parcourues par un grand nombre de fines nervures.

On peut les diviser en deux groupes : 1° ceux qui ont des métamorphoses complètes, comme le Fourmilion, la Phrygane ; 2° ceux qui ont des métamorphoses incomplètes, comme la Libellule, l'Éphémère, le Termite.

Fig. 328. — Fourmilion, sa larve et son piège en entonnoir.

1° *Névroptères à métamorphoses complètes.* — Tels sont :
Le *Fourmilion* (*fig.* 328), qui a le corps long et mince et dont la larve creuse dans le sable un trou en forme d'entonnoir au fond duquel elle

se blottit. Si un Insecte vient à passer sur le bord de l'entonnoir, le sable s'écroule, l'Insecte roule au fond et tombe entre les mandibules du chasseur à l'affût. Souvent la larve accélère cette chute en lançant sur sa victime une pluie de grains de sable.

Fig. 329. — Libellule adulte.

La *Phrygane*, dont la larve est aquatique et habite dans une sorte d'étui fait de sable et de brins d'herbes; c'est le *Ver d'eau*, dont la Truite est friande et qui est utilisé comme appât par les pêcheurs.

2° *Névroptères à métamorphoses incomplètes*. — Tels sont :

La *Libellule* ou *Demoiselle* (*fig.* 329), superbe Insecte aux reflets bleuâtres qui voltige au-dessus de nos étangs et de nos cours d'eau ; elle a une grosse tête et des yeux énormes ; elle est très vorace, de même que sa larve qui vit au fond de l'eau, et elle fait une chasse terrible aux Mouches et aux Papillons.

L'*Éphémère* (*fig.* 304), qui porte trois longues soies à l'extrémité du corps et qui ne vit que quelques heures à l'état parfait, tandis que la larve vit trois ans au fond de l'eau.

Fig. 330. — Termites : en haut, *mâle* volant ; en bas, à droite, la *reine* ; en bas, à gauche, un *soldat* ; au milieu, un *ouvrier*.

Le *Termite* ou *Fourmi blanche* (*fig.* 330) vit en sociétés fort nombreuses à la façon des Fourmis. Dans une colonie de Termites, il y a quatre sortes d'individus : 1° les *mâles*, qui seuls ont des ailes ; 2° la femelle ou *reine*, qui est unique et dont l'abdomen est énorme ; elle peut pondre jusqu'à 15.000 œufs en 24 heures ; 3° les *soldats*, dont la tête énorme, munie de puissantes mandibules, en fait d'excellents défenseurs de la colonie; aussi à la moindre alerte ils se portent sur le point attaqué et luttent avec le plus grand courage; 4° les *ouvriers*, qui ont la tête petite, et qui sont chargés des travaux de la communauté : construction de l'habitation, nourriture et éducation des larves, etc. Les nids de Termites ou *termitières* (*fig.* 331) peuvent atteindre dans l'Afrique du sud jusqu'à cinq mètres de haut. Dans ces régions on utilise le Termite dans

Fig. 331. — Termitières.

l'alimentation après l'avoir fait rôtir à sec comme on fait des grains de café.; ainsi préparé il a un peu la saveur de la Crevette avec un parfum agréable de torréfaction. Les indigènes de ces régions en sont très friands.

Dans le sud-ouest de la France existe le *Termite lucifuge*, qui ronge les bois de charpente et cause des dégâts sérieux dans les maisons de La Rochelle et de Bordeaux en y creusant de nombreuses galeries.

IV. — Ordre des Hyménoptères.

Caractères. — Les *Hyménoptères* sont des Insectes *lécheurs* pourvus de quatre ailes membraneuses à nervures grosses mais peu nombreuses. Ils subissent des métamorphoses complètes et vivent en sociétés merveilleusement organisées.

Principaux genres. — L'*Abeille* a la bouche (*fig.* 293) disposée pour lécher le suc ou nectar des fleurs; son abdomen se termine par une pointe qui sert de fourreau à deux petits stylets dentelés que l'Insecte peut faire sortir lorsqu'il est irrité. Cette sorte de dard ou *aiguillon* introduit dans la plaie qu'il fait un liquide venimeux rendant la bles-

sure douloureuse. L'Abeille laisse souvent son aiguillon dans la plaie de
sorte que l'Insecte meurtrier mutilé ne tarde pas à mourir. Une société
d'Abeilles comprend trois sortes d'individus : la femelle ou *reine*, les
mâles ou *faux-bourdons* et les *ouvrières*.

A. — Reine.

1° La *Reine* (*fig.* 332, A) a pour unique
fonction de pondre les œufs ; elle est de la
taille des Faux-bourdons, mais ses ailes sont
moins longues et l'abdomen est plus al-
longé, car il est distendu par les œufs ; elle
peut pondre 3.500 œufs par jour.

2° Les *mâles* ou *Faux-bourdons* (*fig.*
332, B) sont en petit nombre (quelques
centaines) et paraissent inactifs ; ils sont de
plus grande taille que les ouvrières et leur
abdomen velu est dépourvu d'aiguillon.

B. Faux-Bourdon.

C. Ouvrière.

Fig. 332. — Abeilles.

3° Les *ouvrières* (*fig.* 332, C) sont très nombreuses (30 à 40.000) et
plus petites que les autres Abeilles ; elles accomplissent tous les travaux
de la colonie : elles recueillent le nectar et le pollen des fleurs, produi-
sent la cire et le miel, élèvent les larves, etc. Elles représentent les
forces vives de la société : c'est le peuple de ce petit État.

A l'état sauvage, les Abeilles s'installent dans quelque tronc d'arbre
creux ; mais celles qui ont été domestiquées par l'Homme profitent
des abris ou ruches que celui-ci met à leur disposition. A l'intérieur
de ces ruches, les ouvrières construisent des *gâteaux* ou *rayons* de cire
formés de cellules ou *alvéoles* (*fig.* 333) ayant la forme de prismes à
six pans parfaitement réguliers. La cire utilisée pour construire ces
alvéoles est fabriquée par les glandes de l'abdomen des ouvrières ; on
peut voir cette substance suinter sous forme de lamelles entre les an-
neaux de l'abdomen (*fig.* 334).

La reine pond un œuf dans chacune des alvéoles, puis au bout de
trois ou quatre jours l'œuf éclot et il en sort une larve que les ouvrières
nourrissent avec une pâtée faite de miel et de pollen. Après cinq ou

six jours, les ouvrières ferment les alvéoles avec de la cire et les larves se transforment en nymphes qui vont donner des Insectes parfaits, lesquels s'échapperont de leur cellule, aidés par les ouvrières qui perceront le couvercle. La transformation d'un œuf en Insecte parfait

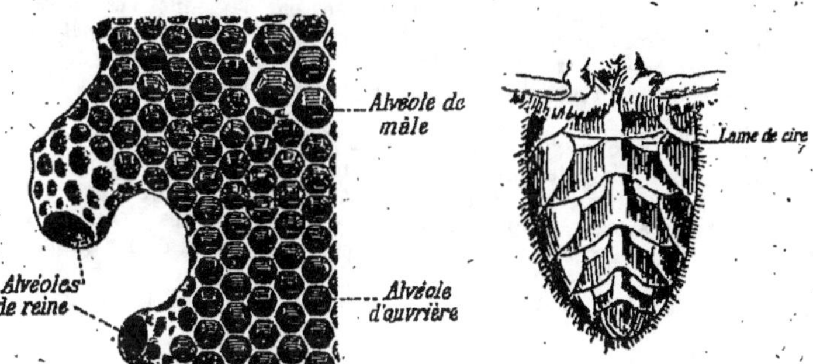

Fig. 333. — Les trois sortes d'alvéoles dans un fragment de rayon.

Fig. 334. — Abdomen d'ouvrière vu par dessous.

dure environ vingt-cinq jours. Mais tous les alvéoles ne sont pas égaux: les plus petits et les plus nombreux renferment les larves d'ouvrières, d'autres un peu plus grands sont réservés aux mâles, enfin les plus grands et les plus irréguliers reçoivent des larves que les ouvrières nourrissent avec une pâtée plus nutritive, la *pâtée royale*, et qui donneront des reines. Une seule de ces reines persistera, et lorsque cette jeune reine aura atteint son complet développement, l'ancienne reine lui cédera la place et s'envolera en emmenant avec elle un certain nombre d'ouvrières pour aller fonder une nouvelle colonie : ce groupe d'Abeilles qui émigre forme ce qu'on appelle un *essaim*. Il ne peut exister qu'une seule reine dans une ruche; aussi lorsque deux reines se trouvent en présence, elles se livrent un combat acharné qui ne se termine que par la mort de l'une d'elles.

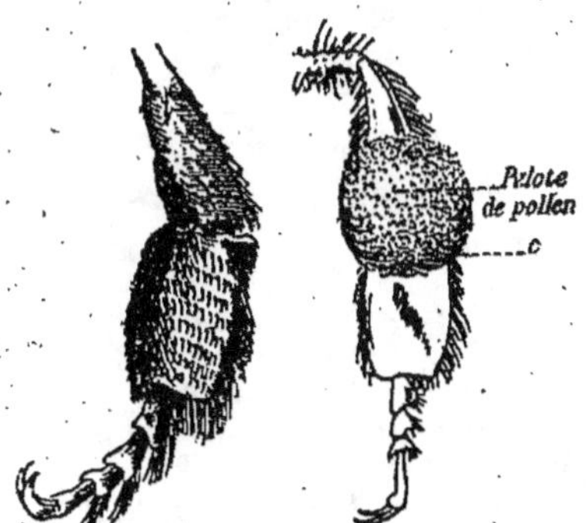

A. Vue en dessous.   B. Avec pelote de pollen.
Fig. 335. — Patte d'ouvrière.

Pour fabriquer la nourriture des larves, les ouvrières travaillent de la bouche et des pattes : avec leur bouche elles aspirent le suc des fleurs ou *nectar*, puis ce suc subit dans le jabot un commencement de digestion et il est dégorgé dans les alvéoles sous forme de miel ; avec leurs pattes (*fig.* 335) transformées en brosses par des poils très abondants, elles rassemblent le pollen des fleurs, et le mettent en une pelote qui reste attachée aux poils de la patte. A son retour à la ruche, chaque ouvrière se brosse soigneusement pour que rien ne soit perdu de sa récolte.

La qualité du miel varie avec le parfum des fleurs qui ont été visitées par les Abeilles ; les fameux miels du mont Ida, en Crète, et de l'Hymette, dans l'Attique, doivent leur goût exquis aux plantes aromatiques (Thym, Serpolet, etc.) qui couvrent ces montagnes ; ceux des Corbières (miel de Narbonne) et des Alpes sont aussi d'une grande délicatesse.

Dans l'élevage des Abeilles (*apiculture*) on a remplacé la *ruche de*

A. Ruche ordinaire.   B. Ruche à cadres mobiles.

Fig. 336. — Ruches.

paille primitive (*fig.* 336, A) par une ruche dite à *cadres mobiles* (*fig.* 336, B). Avec l'ancienne ruche on est obligé de briser les gâteaux de cire pour retirer le miel ; avec les ruches à cadres, au contraire, on enlève le miel quand on veut, sans détruire les alvéoles, et de plus il est facile de surveiller ce qui se passe à l'intérieur de la colonie.

Parmi les ennemis des Abeilles signalons l'Ours, qui est très friand de miel, et qui, dans les pays de montagnes, renverse les ruches et dévore le miel et la cire ; la Mésange, le Lézard, le Crapaud ; mais ce sont surtout les Papillons qui sont les plus nuisibles et contre lesquels les Abeilles se défendent avec une remarquable intelligence.

Il existe en France environ 1.500.000 ruches produisant annuellement 7 millions de kilogrammes de miel et 1 million 1/2 de cire, le tout représentant une valeur de 15 millions de francs.

A côté de l'Abeille, on peut placer le *Bourdon*, qui est plus gros que l'Abeille et qui vit par sociétés de cinquante environ ; la *Guêpe*, qui construit un nid avec des débris de feuilles qu'elle transforme en une sorte de papier gris, et dont la piqûre est parfois dangereuse ; c'est pourquoi il est bon de laver cette piqûre avec de l'eau additionnée d'ammoniaque ; la Guêpe fait son nid tantôt dans la terre (*Guêpe commune*), tantôt sur des branches d'arbres (*Guêpe sylvestre, fig.* 337 et *Poliste gauloise, fig.* 338), ou bien encore dans des arbres creux (*Guêpe*

Fig. 337. — Nid suspendu de
Guêpe sylvestre.

Fig. 338. — Nid de la Poliste
gauloise.

frelon) ; enfin le *Sphex*, dont nous avons cité les mœurs curieuses page 216.

La *Fourmi* (*fig.* 339) a la tête triangulaire, les mandibules fortes, et l'abdomen rattaché au thorax par un étroit pédoncule ; elle n'a pas d'ai-

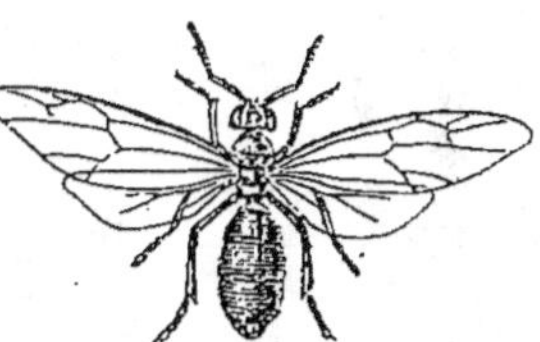

A. Mâle.   B. Ouvrière.   C. Femelle.
Fig. 339. — Fourmis.

guillon, mais elle peut mordre avec ses mandibules, puis verser dans la plaie l'acide formique sécrété par son abdomen et produire une certaine irritation. Les Fourmis vivent en nombreuses sociétés dans des habitations ou *fourmilières* qu'elles se construisent à la surface du sol. Ces fourmilières forment des monticules creusés de nombreuses galeries qui font communiquer entre elles des chambres de différentes

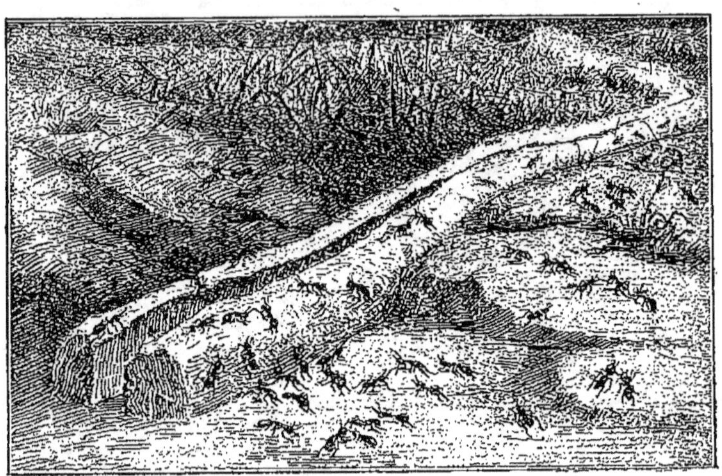

Fig. 340. — Fourmis occupées à construire un chemin couvert.

grandeurs (*fig.* 308) servant de demeure aux fourmis et d'abri pour les larves. Habiles dans l'art de la construction, certaines espèces de Fourmis

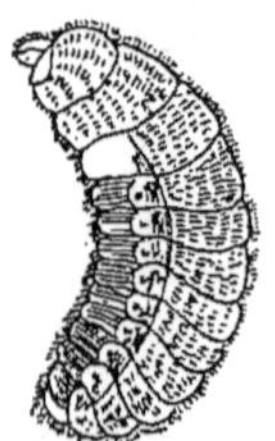
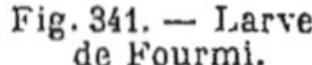

Fig. 341. — Larve de Fourmi.

Fig. 342. — Nymphe de Fourmi.

édifient un chemin couvert (*fig.* 340) leur permettant de se rendre d'un nid à l'autre en toute sécurité.

Dans une fourmilière il y a trois sortes d'individus (*fig.* 339) : 1° les *mâles*, qui ont des ailes ; 2° les *femelles*, dont le rôle est de pondre les œufs ; 3° les *ouvrières*, qui sont dépourvues d'ailes, qui construisent la fourmilière, vont chercher les provisions et élèvent les larves. Les œufs donnent des larves (*fig.* 341) dont les ouvrières prennent le plus grand soin en leur donnant la becquée comme les Oiseaux à leurs petits (*fig.* 308) ; puis la larve se transforme en nymphe (*fig.* 342) et s'entoure d'une coque soyeuse. Ce sont ces nymphes, de la grosseur d'un grain de Blé, qui sont appelées vulgairement *œufs de Fourmis* et qui servent à nourrir les jeunes Faisans.

Les Fourmis se nourrissent de matières sucrées qu'elles vont chercher

Fig. 343. — Fourmis occupées à traire les Pucerons.

sur les fleurs et les fruits, parfois même pénétrant dans nos maisons et faisant des visites aux sucriers et aux pots de confiture. Elles vont même jusqu'à sucer le liquide sucré qui coule de l'abdomen de certains Pucerons (*fig.* 343). Souvent pour avoir ces Pucerons à leur portée, elles les amènent dans la fourmilière, leur construisent une sorte d'étable, et les nourrissent comme de véritables vaches laitières qu'elles viennent traire régulièrement.

Certaines espèces de grandes Fourmis, les *Amazones*, livrent des combats acharnés à des Fourmis plus modestes ; elles pillent ces fourmilières, enlèvent les larves et les transportent dans leur demeure pour s'en faire des domestiques. Une fois élevées, ces petites Fourmis, réduites à un véritable esclavage, font docilement le service que leur imposent leurs maîtres.

Tous ces faits et bien d'autres qui pourraient être signalés montrent l'intelligence des Fourmis et des Abeilles.

On peut encore citer parmi les Hyménoptères : les *Ichneumons*, qui vont déposer leurs œufs dans le corps d'autres Insectes et de Chenilles qu'ils font ainsi mourir; ils rendent donc des services à l'Agriculture ; les *Cynips*, dont la piqûre produit les galles du Chêne (*fig.* 307).

V. — Ordre des Lépidoptères.

Caractères. — Les *Lépidoptères* sont des Insectes *suceurs* dont les quatre ailes sont recouvertes de fines *écailles* richement colorées et formant une poussière qui reste attachée aux doigts quand on saisit l'Insecte.

On peut obtenir une image colorée de l'aile d'un Papillon, en plaçant cette aile à plat sur une feuille de papier enduite d'une couche de gomme ou de cire ; on enlève ensuite l'aile, et toutes les petites écailles restent accolées sur le papier.

Les métamorphoses sont complètes. La larve des Lépidoptères est généralement connue sous le nom de *Chenille*, la nymphe sous le nom de *Chrysalide* et l'Insecte parfait est un *Papillon*.

Principaux genres. — Les Papillons suivant le moment où ils volent peuvent être : *diurnes, crépusculaires* ou *nocturnes*.

1° *Papillons diurnes.* — Ils volent pendant le jour, ont les couleurs les plus brillantes, et leurs antennes sont renflées en massue. Au repos leurs ailes sont relevées (*fig.* 344).

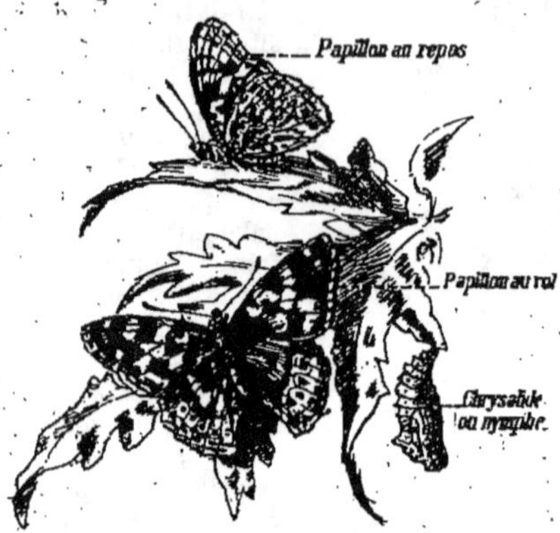

Fig. 344. — Vanesse.

Citons seulement : la *Vanesse* (*fig.* 344), joli Papillon abondant dans nos champs ; la *Piéride* du Chou (*fig.* 345), petit Papillon jaune très commun et dont la Chenille dévore les Choux.

Chenille.   Papillon (femelle).   Chrysalide.

Fig. 345. — Piéride du Chou.

2° *Papillons crépusculaires.* — Ils volent généralement au crépuscule, sont de couleur sombre. Au repos leurs ailes sont horizontales.

On peut citer le *Sphinx tête de mort* (*fig.* 303), ainsi appelé parce que son thorax porte un dessin rappelant vaguement une tête de squelette; c'est un ennemi redoutable des Abeilles, et sa Chenille, la plus grande connue en France, vit sur les touffes de Pommes de terre.

3° *Papillons nocturnes*. — Ils volent le soir ou la nuit ; au repos leurs ailes sont inclinées comme les deux versants d'un toit.

Parmi les plus connus se trouvent le Bombyx, la Teigne, la Pyrale.

Le *Bombyx* du Mûrier (*fig.* 346), dont la Chenille est connue sous le nom de *Ver à soie*, est un Papillon velu et blanchâtre. Il meurt aussitôt après avoir pondu ses œufs, qui sont de la grosseur d'une tête d'épingle. Ces œufs, appelés dans le commerce *graine de Ver à soie*, sont placés dans une chambre à la température de 25 degrés. Au bout de 12 jours il sort de l'œuf une petite Chenille qui va se nourrir de feuilles de Mûrier. Son développement durera 32 jours, pendant lesquels cette Chenille subira cinq mues. C'est alors que le Ver à soie va commencer à filer son cocon ; à cet effet il possède deux petites glandes, qui viennent s'ouvrir au voisinage de la bouche et qui fournissent un liquide durcissant au contact de l'air et constituant la soie. En se contournant sur lui-même, le Ver à soie finit par être complètement enveloppé dans ce cocon soyeux. La Chenille se transforme en chrysalide, et au bout de 20 jours le Papillon s'échappe

Fig. 346. — Bombyx : Papillon, Ver à soie. Chrysalide et cocon.

par un trou percé dans le cocon. Dans l'industrie, on étouffe la chrysalide dans une étuve ou dans l'eau bouillante afin que le Papillon ne perce pas le cocon, puis on dévide le fil de soie qui est continu et qui peut avoir plus d'un kilomètre de longueur.

L'élevage du Ver à soie ou *séricicullure* se fait dans le Midi de la France dans des établissements appelés *magnaneries* ; il fournit la matière première à l'une des branches les plus importantes de notre industrie nationale. Le Ver à soie est originaire de Chine, où il vit en liberté.

Les Vers à soie sont sujets à de nombreuses maladies qui ont été bien étudiées par Pasteur.

Parmi les Lépidoptères on peut encore citer : la *Pyrale* de la Vigne, qui cause de grands dégâts dans les vignobles ; la *Teigne*, petit Papillon blanc, dont la larve ronge les étoffes de laine ; enfin de nombreux Papillons, comme les *Noctuelles*, les *Phalènes*, dont les Chenilles ravagent les cultures et les arbres fruitiers. Aussi la loi sur l'*échenillage* prescrit sévèrement la destruction de toutes les Chenilles.

VI. — Ordre des Hémiptères.

Caractères. — Les *Hémiptères* sont des Insectes *suceurs* qui ont souvent quatre ailes, les deux antérieures étant cornées à la base ; ils peuvent manquer complètement d'ailes (Pou). Les métamorphoses sont incomplètes.

Principaux genres. — La *Punaise* répand une odeur désagréable : une espèce habite les bois, une autre les maisons malpropres.

La *Cigale* (*fig.* 347) vit dans le Midi et le mâle est pourvu d'un appareil musical qui fait entendre un chant bruyant et monotone ; cet appareil est situé de chaque côté de l'abdomen et il a la forme d'un tambour de basque ; la femelle est muette et pond ses œufs dans les troncs d'arbres.

Fig. 347. — Cigale hibou de Madagascar.

Le *Puceron* est abondant sur certaines plantes, où il cause des dégâts considérables en suçant les bourgeons et les jeunes pousses. Le Puceron le plus nuisible est le *Phylloxéra*, qui est un véritable fléau pour nos vignobles français, et c'est par milliards qu'il faudrait évaluer les dégâts qu'il a commis en France depuis trente ans. Si l'on examine un pied de Vigne attaqué, on voit que les racines sont couvertes d'une multitude d'Insectes dépourvus d'ailes (*fig.* 348) et qui sucent la sève

(*fig.* 349) ; ce sont des Phylloxéras qui vont pondre une quantité consi-
dérable d'œufs. Certains de ces œufs pourront se transformer en Insectes

Fig. 348. — Radicelle couverte de
Phylloxéras.

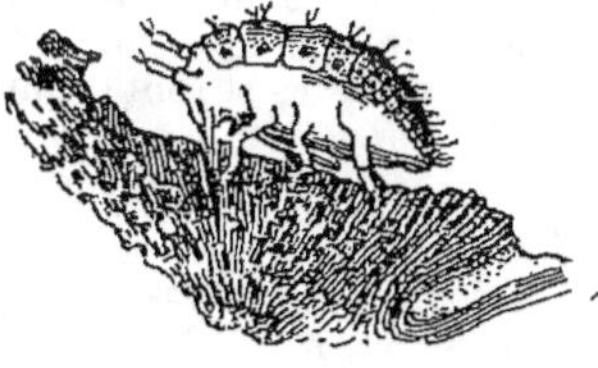

Fig. 349. — Phylloxéra suçant
la sève.

ailés (*fig.* 350) qui sortiront de terre et iront porter la maladie sur un
autre pied de Vigne. C'est de cette façon que le Phylloxéra se propage à de grandes distances. On combat le Phylloxéra par le sulfure de carbone ou par l'immersion des Vignes, ou mieux encore en greffant des vignes françaises sur des vignes américaines qui sont très robustes et qui peuvent résister à l'attaque de cet Insecte.

Fig. 350. — Phylloxéra ailé.

La *Cochenille* vit sur les plantes grasses et contient une matière colorante qui fournit le *carmin* ; cette matière a perdu de son importance depuis la découverte des couleurs d'aniline. C'est aussi une Cochenille qui fournit la *laque* employée en teinture et pour la fabrication des vernis.

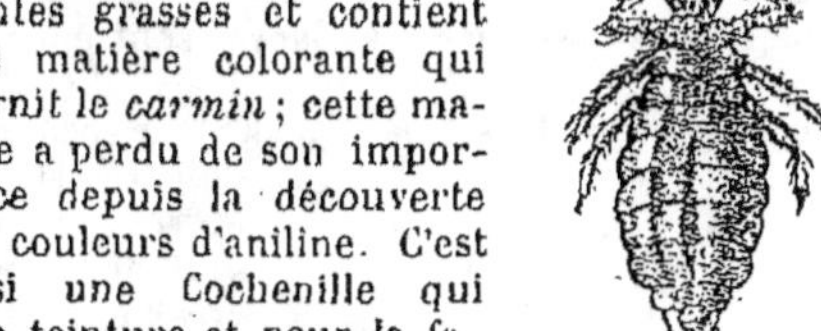

Fig. 351. — Pou
de la tête.

Le *Pou* (*fig.* 351) est dépourvu d'ailes et ne subit pas de métamorphoses ; il vit en parasite sur l'Homme et les animaux domestiques ; ses œufs très nombreux sont désignés sous le nom de *lentes* ; parfois il pullule sur le corps humain avec une rapidité effrayante.

VII. — Ordre des Diptères.

Caractères. — Les *Diptères* sont des Insectes *piqueurs* et n'ayant plus que les deux ailes antérieures, les deux autres étant représentées par deux petites tiges appelées *balanciers*. Les métamorphoses sont complètes.

Principaux genres. — La *Mouche* pourvue d'une longue trompe est très commune ; par sa trompe et par ses pattes elle peut transporter les *microbes* ou *germes* de certaines maladies d'un individu sur un autre. C'est ainsi qu'une Mouche suçant le sang d'un Mouton mort du Charbon peut communiquer cette *maladie* à d'autres animaux ou à l'Homme qu'elle pique ensuite. Les larves des Mouches ont la forme de petits Vers blancs et sont connues sous le nom d'*Asticots*.

Le *Taon* (*fig.* 352) pique le Cheval et le Bœuf pour en sucer le sang.

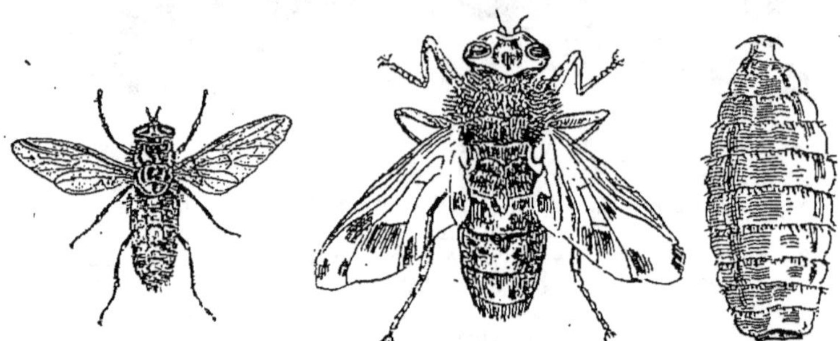

Fig. 352. — Taon.   Fig. 353. — Œstre.   Fig. 354. — Larve
                                                                de l'Œstre.

L'*Œstre* (*fig.* 353), grosse Mouche velue, pond ses œufs sur le poitrail du Cheval ; celui-ci se léchant avale ces œufs qui éclosent et se développent dans l'estomac ; les larves sont ensuite rejetées avec les excréments.

Le *Cousin* ou *Moustique* (fig. 355) se reconnaît à ses longues antennes ; sa larve est aquatique ; il est abondant au voisinage des eaux stagnantes et fait souffrir l'Homme par ses piqûres désagréables ; dans les pays chauds et marécageux, où il abonde, il joue un rôle très important dans la transmission des maladies. Aussi les personnes qui peuvent s'isoler dans une chambre bien close après le coucher du soleil n'ont pas les fièvres. C'est que l'espèce de Moustique, l'*Anophèle*, qui transmet les fièvres ne pique que pendant la nuit. Pour empêcher l'éclosion des Moustiques, il faut verser du pétrole à la surface des eaux stagnantes où ils déposent leurs œufs. Les larves en venant respirer à la

Fig. 355. — Cousin.

surface sont empoisonnées par le pétrole.

La *Puce* est dépourvue d'ailes et peut sucer le sang de l'Homme. Il existe en Amérique et en Afrique une petite Puce, la *Puce pénétrante* ou *Chique,* qui s'introduit sous les ongles ou dans la peau et dont l'abdomen atteint le volume d'un pois par suite de l'abondance d'œufs. Ces œufs se développant dans la peau peuvent causer des ulcérations.

La *Tsé-Tsé* (*fig.* 356) a la taille de la Mouche commune de nos pays; elle vit en Afrique, où sa piqûre est mortelle pour la plupart des animaux domestiques, et, d'après de récentes découvertes, on a reconnu qu'elle était pour l'Homme un dangereux agent de transmission de la *maladie du sommeil* qui fait tant de victimes parmi les nègres africains.

Fig. 356. — Mouche Tsé-Tsé.

II. — CLASSE DES MYRIAPODES

Caractères. — Les *Myriapodes* sont des Articulés vivant dans l'air, et dont le corps, pourvu d'une tête distincte, est formé d'un grand nombre d'anneaux portant chacun une ou deux paires de pattes.

La tête porte deux antennes et une bouche munie de mandibules et de mâchoires comme celle des Insectes.

Mais les anneaux sont nombreux et tous semblables, de sorte qu'il est impossible de distinguer un abdomen. Le nombre des pattes est très grand, d'où leur nom vulgaire de *Mille-pattes;* sans atteindre ce nombre de mille, il dépasse parfois 150 paires.

Ils vivent généralement sous les pierres humides et dans les vieux troncs d'arbre.

Principaux genres. — On distingue deux genres bien caractérisés : le *Scolopendre* et le *Iule.*

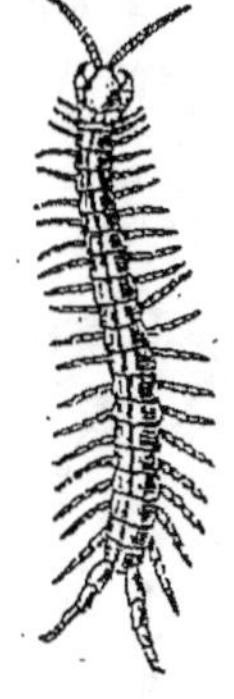

Fig. 357. — Scolopendre.

Le *Scolopendre* (*fig.* 357) est un carnassier des pays chauds n'ayant qu'une seule paire de pattes à chaque anneau. Deux de ses mâchoires sont transformées en crochets venimeux qui peuvent laisser écouler un venin assez actif pour tuer de petits animaux.

Le *Iule* se nourrit de végétaux en décomposition; il a deux paires de pattes à chaque anneau.

III. — CLASSE DES ARACHNIDES

Les *Arachnides* sont des Articulés vivant dans l'air, comme les Insectes et les Myriapodes ; mais leur corps est divisé en deux régions : 1° le *céphalothorax*, formé par la réunion de la tête et du thorax ; 2° l'*abdomen*. Le céphalothorax porte *4 paires de pattes* et jamais d'ailes ; de sorte que l'Arachnide a 8 pattes, tandis que l'Insecte n'en avait que 6.

Les Arachnides comprennent de nombreux groupes, dont les plus importants sont : les *Araignées*, les *Scorpions* et les *Acariens*.

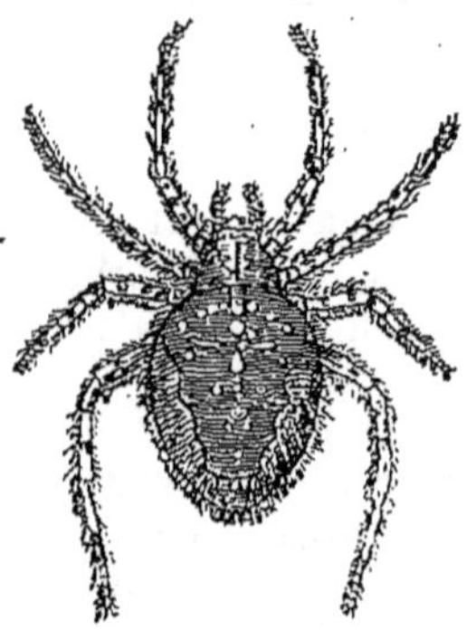

Fig. 358. — Épeire (femelle).

Araignées. — Les *Araignées* (*fig.* 358) sont caractérisées par leur abdomen distinct du céphalothorax, mais non divisé en anneaux. Les antennes sont transformées en une paire de pinces appelées *chélicères* ; elles ont la forme de crochets (*fig.* 359) percés d'un orifice et communiquant avec une glande à venin. Lorsque l'Araignée enfonce ses crochets dans le corps d'un animal, d'une Mouche, par exemple, le venin s'écoule dans la plaie et

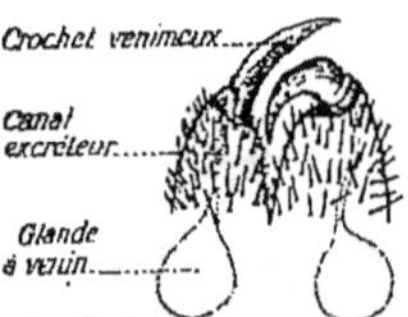

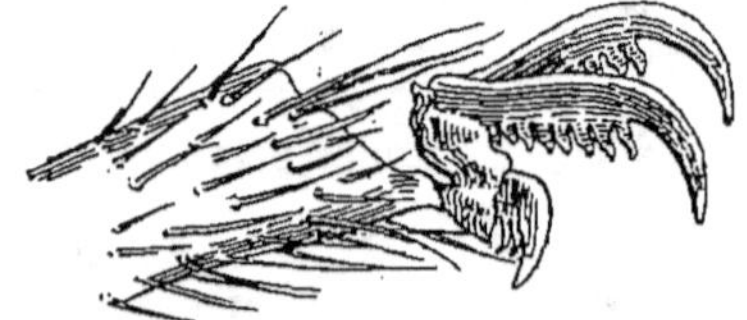

Fig. 359. — Chélicères ou crochets venimeux d'une Araignée.

Fig. 360. — Extrémité très grossie d'une patte d'Araignée.

tue ce petit animal. Au-dessous des chélicères se trouvent les mâchoires destinées à saisir et broyer les aliments.

A l'extrémité de l'abdomen sont de petites saillies, appelées *filières*, percées de trous par où s'échappe une matière liquide qui durcit à l'air en fournissant les fils de soie à l'aide desquels l'Araignée construit sa toile. Ces fils, une fois sortis des filières, sont saisis et tressés par les crochets des pattes qui constituent un outil d'une admirable perfection (*fig*. 360). La toile que l'Araignée se tisse lui sert en général de demeure et de piège pour capturer les Insectes dont elle se nourrit.

La toile est tantôt verticale, comme un rideau tendu entre deux buissons, tantôt horizontale et relevée aux angles, comme un hamac. Voici comment l'Araignée construit sa toile (*fig*. 361). Elle dévide un fil qui vogue dans l'air et finit par s'accrocher en donnant un petit pont à peu près horizontal AB qu'elle consolide en enroulant autour d'autres fils; puis du point G elle se laisse descendre par son propre poids le long du fil qu'elle sécrète, et établit en D une communication avec le sol; elle

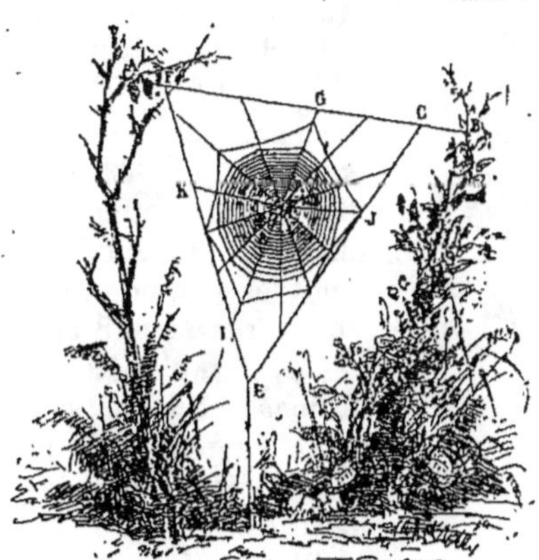

Fig. 361. — Schéma d'une toile
d'Araignée.

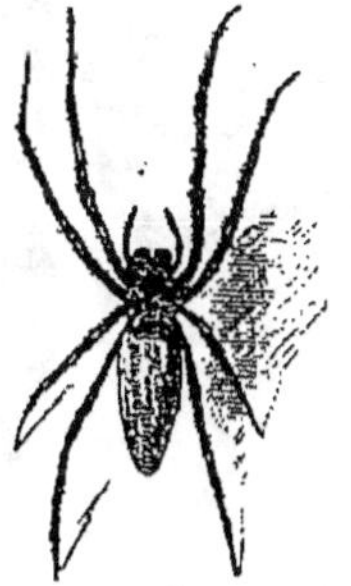

Fig. 362. — Araignée fileuse
de Madagascar.

remonte en E, fait une sorte de nœud, puis en suivant la route ECF va fixer le fil en F. Dès lors le cadre de la toile est fait : il est triangulaire, FCE. Remontant sur le pont AB, elle semble chercher le centre du triangle, va de G en H, puis de H en I, revient en H pour aller en J, puis gagne de nouveau H pour aller en K, et ainsi de suite, toujours *en croix*, pour poser les rayons. Il ne reste plus qu'à relier ces derniers par des fils circulaires, ce qui est le travail le plus facile. L'Araignée se tient souvent au centre de sa toile ; mais si elle se cache sous une feuille, elle reste rattachée au centre de la toile par des fils avertisseurs, et malheur à la Mouche qui va venir se jeter dans ce filet.

On a pu fabriquer des étoffes avec la soie de certaines Araignées ; c'est ainsi qu'à Madagascar il existe une Araignée (*fig*. 362) qui fournit

30 à 40 mètres de fil de soie qu'on enlève à l'aide d'un dévidoir. Cette soie, à cause de sa légèreté, sert à fabriquer l'enveloppe extérieure des ballons.

Parmi les principaux genres, citons : l'*Épeïre* (*fig.* 358), dont la toile est régulière ; l'*Araignée domestique*, dont la toile est irrégulière ; la *Mygale*, qui habite un trou qu'elle creuse dans la terre et qu'elle ferme avec un couvercle; le *Faucheur*, qui a de très longues pattes, ce qui lui permet de poursuivre sa proie à la course au lieu de l'attendre à l'affût comme les autres Araignées : aussi il ne tisse pas de toile.

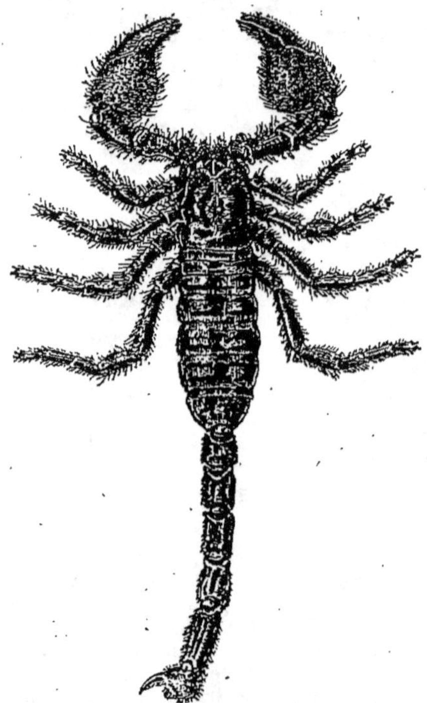

Fig. 363. — Scorpion.

Malgré le préjugé qui les condamne, on doit considérer toutes ces Araignées comme utiles, car elles dévorent un grand nombre d'Insectes.

Scorpions. — Les *Scorpions* (*fig.* 363) ont l'abdomen nettement divisé en 13 anneaux dont les sept premiers sont larges, tandis que les derniers plus étroits forment ce qu'on appelle vulgairement la *queue* ; le dernier anneau est muni d'un aiguillon venimeux.

Les *chélicères* se terminent par des pinces; et les appendices suivants portent de grandes pinces qui servent à prendre les aliments, tandis que par leur base elles fonctionnent comme des mâchoires.

Les Scorpions vivent surtout d'Insectes qu'ils tuent à l'aide de leur crochet venimeux. Pour cela ils retroussent leur abdomen par dessus le dos de façon à diriger le crochet en haut et en avant. La piqûre des Scorpions qui vivent dans le Midi de la France et qui sont de petite taille n'est pas mortelle ; mais les grands Scorpions des pays chauds,

le Scorpion africain par exemple, dont la taille peut atteindre 20 cen-
timètres, ont une piqûre redoutée et qui peut être mortelle pour
l'Homme.

Un trait curieux des mœurs des Scorpions est le suivant : en pré
sence de certains dangers, s'ils sont entourés de feu par exemple, ils
relèvent leur abdomen et brusquement ils s'enfoncent leur dard dans
le dos ou dans la tête et ne tardent pas à mourir, tués par leur propre
poison : c'est une sorte de suicide.

Acariens. — Les *Acariens* sont des parasites dont le corps ne
présente aucune division en anneaux ; mais leurs appendices
sont semblables à ceux des Araignées ; ils ont aussi 8 pattes
terminées par des griffes ou des ventouses. Leur organisation,
comme celle de tous les parasites, est très dégradée.

Parmi les principaux genres, nous pouvons citer : le *Sarcopte* (*fig.* 264),
dont la femelle creuse des galeries dans la peau pour y déposer ses œufs
en causant ainsi des démangeaisons violentes ; cet animal est la cause

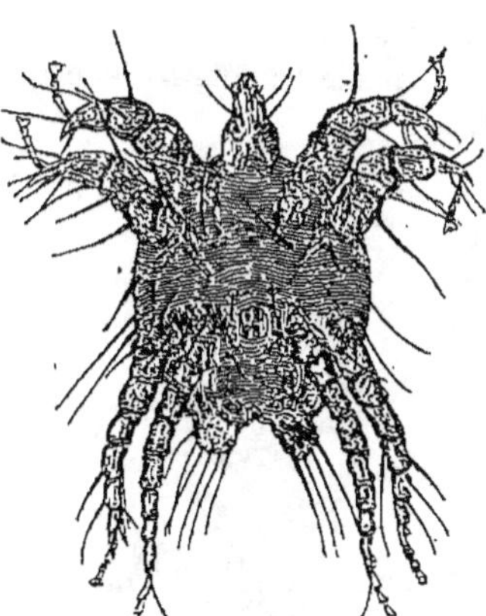

de cette maladie repoussante et con-
tagieuse, mais heureusement facile
à guérir, qu'on appelle la *gale* ; la
plupart des animaux domestiques,
le Cheval, le Chien, le Mouton, peu-
vent aussi être envahis par ces
parasites ; l'*Acarus* ou *Mite*, qui
vit dans la croûte de certains fro-
mages et qui a les pattes termi-
nées par des griffes; le *Rouget*, qui
pénètre sous la peau des jambes
quand on s'aventure dans les hautes

Fig. 364. — Sarcopte de la gale.

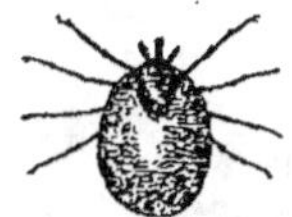

Fig. 365. — Tique des Chiens,
repue et à jeun.

herbes en automne, et qui cause de vives démangeaisons ; la *Tique* des
Chiens (*fig.* 365), qui a une forme globuleuse et qui s'attache sur les
animaux et parfois sur l'Homme ; lorsqu'elle est repue de sang son
volume est quintuplé.

Enfin on peut placer à côté des Acariens les *Tardigrades*, qui
sont des animaux microscopiques, vivant dans la Mousse des

toits et célèbres par leur curieuse propriété de ressusciter après avoir été desséchés : lorsqu'ils sont secs ils ressemblent à de petits grains de poussière et semblent morts ; mais au bout de plusieurs années, ils peuvent reprendre leur activité si on les place dans l'humidité. On dit qu'ils sont *reviviscents*.

IV. — CLASSE DES CRUSTACÉS

Les *Crustacés* sont des Articulés vivant dans l'eau et respirant à l'aide de *branchies*; leur corps est ordinairement protégé par une sorte de *carapace* imprégnée de calcaire.

Les Crustacés sont très nombreux et ont des formes très variées ; aussi nous allons étudier l'organisation de l'un des plus connus, de l'Écrevisse par exemple, et nous énumérerons ensuite les plus importants parmi les autres.

Prenons donc une Écrevisse et examinons-la en détail, d'abord extérieurement, puis intérieurement.

Caractères extérieurs. — L'*Écrevisse* est enveloppée par une carapace calcaire, de couleur brunâtre quand l'animal est vivant, mais qui devient rouge par la cuisson, car l'eau chaude dissout la matière colorante brune et il reste une matière rouge.

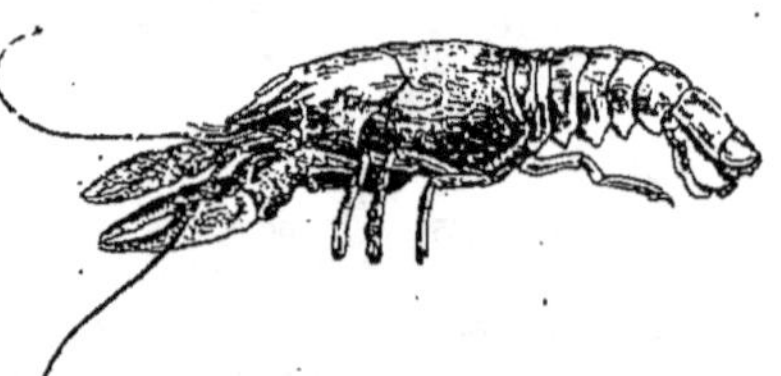

Fig. 366. — Écrevisse vue de profil.

Fig. 367. — Écrevisse vue par la face inférieure: l'abdomen porte des œufs.

Vue de dos ou de profil (*fig.* 366), l'Écrevisse présente deux régions : le *céphalothorax*, protégé par une cuirasse d'une seule pièce, et l'*abdomen*, formé de 7 anneaux bien distincts.

Vue par dessous (*fig.* 367), elle montre que chaque anneau porte une paire d'appendices ; il est même possible, en comptant le nombre d'appendices, de savoir combien d'anneaux se sont soudés pour former le céphalothorax.

On compte 21 paires d'appendices, dont 14 sont portés par le céphalothorax et 7 par l'abdomen. D'avant en arrière, on trouve: 1 paire d'*yeux* ; 2 paires d'*antennes* ; 6 paires de *pièces buccales* destinées à la mastication des aliments et comprenant 1 paire de *mandibules*, 2 paires de *mâchoires* et 3 paires de *pattes-mâchoires ;* 5 paires de *pattes locomotrices* servant à la marche, sauf la première paire transformée en fortes pinces qui constituent des organes d'attaque et de défense ; 6 paires de *pattes abdominales* très peu développées, servant à la natation et auxquelles sont accrochés les œufs chez les femelles ; enfin sur le dernier anneau 1 paire d'appendices aplatis et constituant une sorte de nageoire en éventail.

L'Écrevisse ne marche pas « à reculons », comme on le dit souvent ; elle marche en avançant comme les autres animaux, mais elle peut nager en reculant lorsqu'elle replie brusquement son abdomen, produisant un mouvement de recul.

Organisation. — L'*appareil digestif* s'étend presque en ligne droite de la bouche, située en avant et au-dessous du céphalothorax, à l'anus, situé sur le dernier anneau abdominal ; il présente un renflement, l'*estomac*, à l'intérieur duquel se trouvent des pièces cornées destinées à écraser les aliments ; on y voit aussi des petites pierres blanches en forme de boules appelées vulgairement *yeux d'Écrevisse*. Ces pierres pourront être digérées par l'Écrevisse et lui serviront à fabriquer sa carapace, qui est calcaire.

L'*appareil circulatoire* (*fig.* 368) comprend un cœur situé sous le céphalothorax, et des vaisseaux qui conduisent le sang incolore dans les diverses régions du corps. Le sang tombe ensuite dans des lacunes, puis arrive aux branchies où il respire et d'où il revient au cœur. Pour voir battre le cœur, il suffit d'enlever délicatement un morceau de la carapace au bout du céphalothorax, en face du cœur.

L'*appareil respiratoire* est constitué par des *branchies* attachées à la base des pattes locomotrices et protégées par un prolongement de la carapace (*fig*. 369). L'eau qui baigne ces branchies

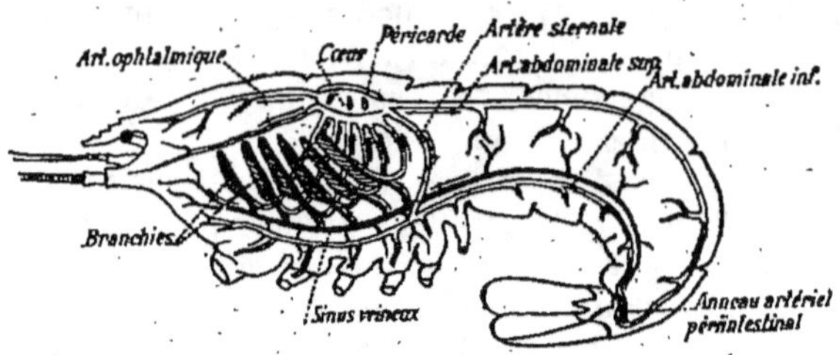

Fig. 368. — Appareil circulatoire d'un Crustacé (Écrevisse).

pénètre par la fente située à la base des pattes et vient sortir en avant, de chaque côté de la bouche.

Fig. 369. — Coupe transversale d'une Écrevisse.

Le *système nerveux* est constitué, comme chez les Insectes, par une chaîne de ganglions plus ou moins allongée, suivant que le corps du Crustacé est long comme celui de l'Écrevisse, ou globuleux comme celui du Crabe.

Les *yeux* sont à *facettes* comme ceux des Insectes ; les *oreilles* sont à la base des premières antennes et les 2 paires d'antennes servent au toucher.

L'Écrevisse femelle pond des *œufs* qui restent attachés aux pattes abdominales (*fig*. 367) et y subissent tout leur développement. A sa naissance la jeune Écrevisse ne diffère de l'adulte que par sa taille, mais elle subit à l'intérieur de l'œuf une série de changements ou *mues*. C'est ainsi qu'au début de sa formation tous les appendices se ressemblent dans toute la longueur du corps ; mais bientôt ils prennent des formes différentes et s'adaptent à des usages divers ; les uns à la mastication, les autres à la marche, d'autres enfin à la natation, etc. Les jeunes Écrevisses restent suspendues pendant un certain temps aux pattes de la mère (*fig*. 370). Lorsque l'Écrevisse grandit, il faut qu'elle change de carapace, car celle-ci ne peut pas s'accroître ; elle se dégage alors de cette enveloppe trop étroite qui se déchire aux points de moindre résistance, et sa peau molle va fabriquer une nouvelle carapace. Pendant la première année la jeune Écrevisse peut muer trois ou quatre fois ; chaque mue est suivie d'un accroissement rapide, bientôt arrêté par la formation de la carapace. Une Écrevisse plus âgée ne change de peau qu'une fois par an. Au moment de la mue, l'Écrevisse devenue plus craintive reste cachée dans des trous.

Un grand nombre de Crustacés sortent de l'œuf sous une forme larvaire qui aura à subir des métamorphoses avant d'arriver à l'état adulte. Ces formes transitoires sont assez nombreuses ; parmi elles on peut

Fig. 370. — Jeunes Ecrevisses suspendues aux pattes de la mère.

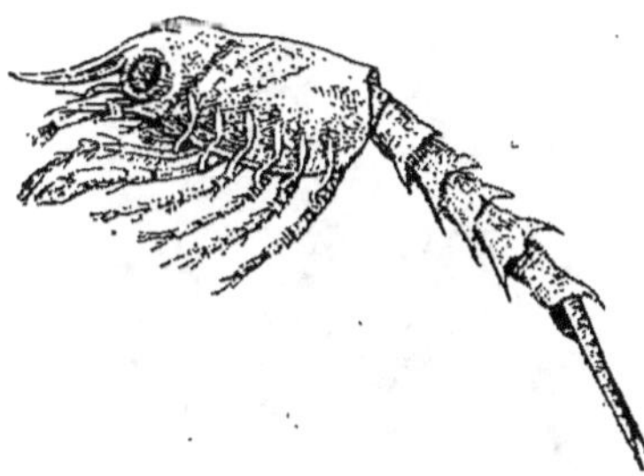

Fig. 371. — Larve de Homard à sa sortie de l'œuf.

citer les formes de *Nauplius*, de *Zoé* (*fig.* 378), de *Mysis* (*fig.* 379).

Principaux genres. — Nous citerons seulement les Crustacés les plus utiles dans l'alimentation de l'Homme et les plus curieux par leurs mœurs.

L'*Écrevisse* vit de préférence dans les eaux douces, courantes et limpides. Dans les rivières de France il en existe deux variétés : celle qui a les pattes rouges et qui est plus estimée que l'autre dont les pattes sont blanches. L'Écrevisse est presque disparue de nos cours d'eau, soit à cause de l'empoisonnement de nos rivières par les eaux provenant des usines, soit à cause de certaines maladies contagieuses qui ont sévi sur ce Crustacé. Les consommateurs français ont donc été obligés de s'adresser à l'étranger, d'abord à l'Allemagne et à l'Autriche, et actuellement à la Russie. C'est surtout de Finlande que nous arrivent par centaines de mille les Écrevisses que nous mangeons en France. Les Halles de Paris reçoivent annuellement de 4 à 8 millions d'Écrevisses, et la consommation annuelle en France s'élève à 15 millions de francs. Aussi l'on comprend que certains pays, en particulier l'Allemagne, fassent de l'élevage d'Écrevisses. On vient d'essayer avec succès d'acclimater en France une Écrevisse américaine, le *Cambarus*, qui résiste aux maladies des Écrevisses européennes. Peut-être alors sera-t-il possible de tenter le repeuplement de nos rivières, à l'aide de ce Cambarus dont la chair est aussi délicate et aussi exquise que celle de notre Écrevisse.

Le *Homard* ou *Écrevisse de mer* a de puissantes pinces et vit sur les côtes de l'Océan et de la Méditerranée. Une femelle de Homard de 40 centimètres de long peut pondre 80.000 œufs ; de chaque œuf sort une petite larve (*fig. 371*) ayant 8 millimètres de longueur et qui va subir de nombreuses mues avant d'atteindre l'état adulte. Les pêcheries de Terre-Neuve ont capturé, en 1895, 8 millions de Homards. La pêche du Homard et de la Langouste est très développée sur nos côtes bretonnes ; ces Crustacés sont livrés vivants par les pêcheurs à des *mareyeurs* qui en conservent une partie dans de grands bassins ou *viviers*, afin de les diriger, suivant les besoins, sur les marchés. Les viviers français produisent annuellement

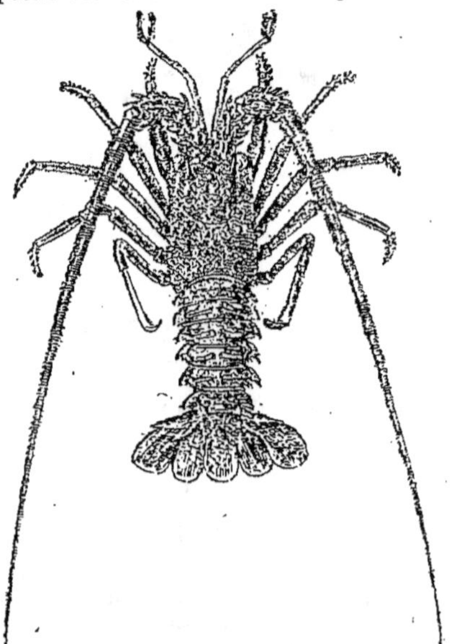

Fig. 372. — Langouste.

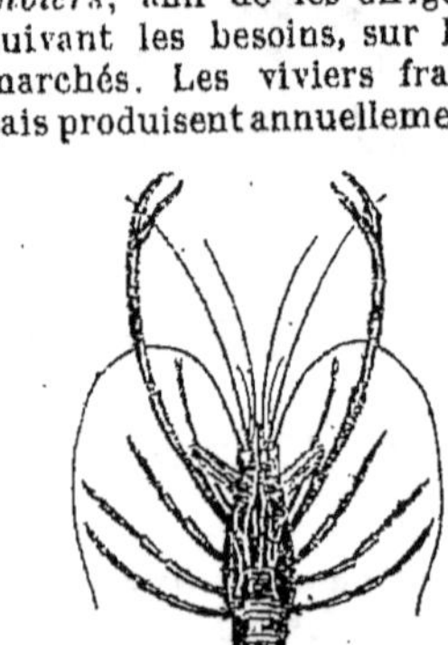

Fig. 373. — Palœmon.

1 million de kilogrammes de ces Crustacés, représentant une valeur d'environ 2 millions de francs.

La *Langouste* (*fig.* 372) diffère du Homard par sa carapace épineuse
et ses longues antennes ; sa chair est encore plus estimée que celle du
Homard. Elle habite de préférence les côtes rocailleuses.

La *Crevette* est de petite taille ; sa carapace presque transparente se

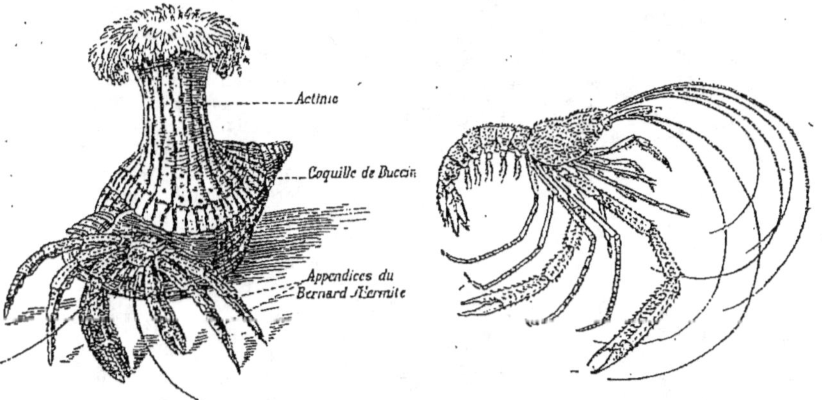

Fig. 374. — Pagure ou Bernard l'Ermite.   Fig. 375. — Pénée.

prolonge en avant par une sorte d'arête. Il en existe deux espèces sur
les côtes de France : le *Palœmon* ou *Crevette rose* ou *Bouquet* (*fig.* 373),
plus grand et plus délicat que le *Crangon* ou *Crevette grise*.

Le *Pagure* ou *Bernard l'Ermite* (*fig.* 374) a l'abdomen mou, et pour
le protéger il se loge
dans une coquille de
Mollusque ; quand
cette habitation est
devenue trop étroite,
il déménage pour en
choisir une autre plus
confortable. Au moin-
dre danger il se retire
dans sa coquille et il
en défend l'entrée en
la fermant avec ses
pinces. On trouve sou-
vent sur la coquille
abritant ce Crustacé

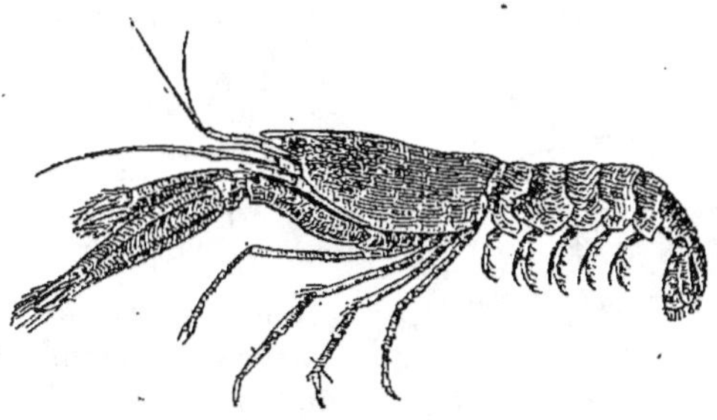

Fig. 376. — Alphée rouge.

une *Actinie* ou *Anémone de mer*. Ces deux êtres se rendent de mu-
tuels services aussi bien dans leur défense contre les autres animaux
que dans la recherche de leur nourriture.

Enfin, citons le *Pénée* (*fig.* 375) et l'*Alphée* (*fig.* 376), dont les yeux sont recouverts par la carapace.

Le *Crabe* (*fig.* 377) diffère des Crustacés précédents par son céphalothorax très large et son abdomen très petit et complètement replié en dessous. Cependant le Crabe en naissant, à sa sortie de l'œuf, a un abdomen bien développé (*fig.* 378), et son céphalothorax est prolongé en avant et en arrière par une longue pointe : c'est à cette larve qu'on a donné le nom de *Zoé*.

Fig. 377. — Crabe.

Le Crabe est commun sur nos côtes, où il se loge dans les anfractuosités des rochers ; lorsqu'on veut le saisir par une patte, il arrive souvent que cette patte se casse et que l'animal s'échappe privé de son membre. Ce membre du reste peut se reproduire assez rapidement. Le même fait a été observé avec des Sauterelles et des Araignées. Une espèce de Crabe, le *Tourteau*, est recherchée comme comestible. Certains Crabes, comme le *Tourlourou* des Antilles, peuvent s'adapter à la vie terrestre.

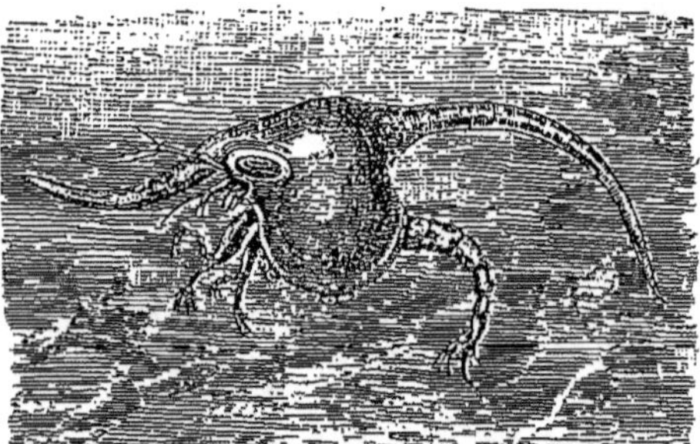

Fig. 378. — Zoé.

Tous les Crustacés que nous avons cités jusqu'ici ont 10 pattes locomotrices ; aussi on les appelle encore *Décapodes* : ce sont

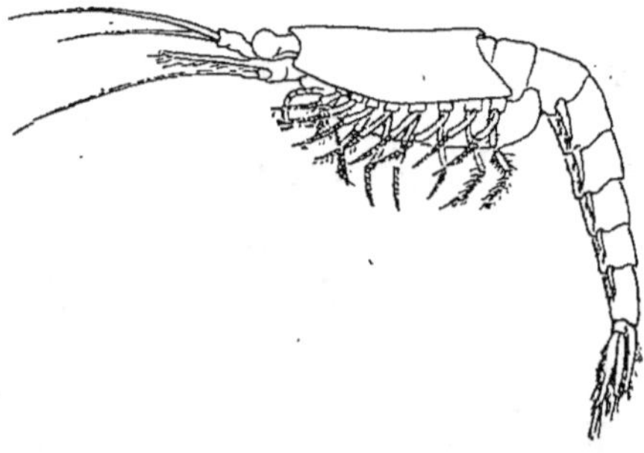

Fig. 379. — Mysis.

les mieux organisés. Mais il en existe d'autres comme la *Mysis*
(*fig.* 379) dont les pattes-mâchoires servent à la locomotion, de
sorte qu'il y a 16 pattes locomotrices au lieu de 10 ; d'autres
enfin qui ont plus de 21 anneaux et par suite plus de 21 appen-
dices.

On peut encore citer parmi les autres Crustacés dont l'organisation
est moins compliquée : le *Gammarus* ou *Chevrette*, abondante dans nos
ruisseaux et qui nage couchée sur le côté ; le *Talitre* ou *Puce de mer*,
qui s'enfonce dans le sable fin des plages et saute avec agilité ; le *Clo-
porte*, qui vit dans les endroits humides et peut se mettre en boule ;
l'*Anatife*, qui vit dans la mer fixé par un long pédoncule aux morceaux
de bois qui flottent ; la *Balane*, dont la coquille calcaire est formée de
plusieurs pièces et qu'on trouve fixée sur les rochers ou les coquilles ;
la *Daphnie* ou *Puce d'eau* et le *Cypris*, dont les jeunes Poissons sont
très friands.

RÉSUMÉ

Les *Articulés* ou *Arthropodes* sont des Invertébrés dont le corps est
formé d'*anneaux* semblables et portant des *pattes articulées*.

On les divise en 4 groupes :

1° Les *Insectes :* 3 paires de pattes et corps divisé en 3 régions.

2° Les *Myriapodes :* nombreuses paires de pattes ;

3° Les *Arachnides :* 4 paires de pattes et corps divisé en 2 régions ;

4° Les *Crustacés :* adaptés à la vie aquatique (branchies).

I. Insectes. — Le corps présente 3 régions distinctes :

1° La *tête* portant les organes des sens (antennes, yeux) ;

2° Le *thorax* portant les pattes et les ailes ;

3° L'*abdomen* formé de 9 anneaux mobiles.

Organisation. — L'*appareil buccal* varie avec le régime de l'Insecte,
suivant qu'il est *broyeur* (Hanneton), *lécheur* (Abeille), *suceur* (Papillon),
piqueur (Cousin).

Le *tube digestif* comprend : bouche, œsophage, jabot, gésier, ventri-
cule chylifique, intestin et tubes de Malpighi qui sont des organes
urinaires.

L'*appareil circulatoire* présente un *vaisseau dorsal* contractile jouant
le rôle de cœur.

La *respiration* se fait à l'aide des *trachées*, tubes qui amènent l'air.

Métamorphoses. — Les Insectes pondent des œufs, qui subissent
des *métamorphoses complètes* ou *incomplètes*.

1° *Métamorphoses complètes* (Hanneton).	1. *Larve.* 2. *Nymphe* ou *Chrysalide.* 3. *Insecte parfait.*
2° *Métamorphoses incomplètes* (Éphémère).	1. *Larve.* 2. *Insecte parfait.*

Tableau des caractères des principaux ordres d'Insectes.

1. Broyeurs	4 ailes dont 2 résistantes appelées *élytres*	Métamorphoses complètes	COLÉOPTÈRES (Hanneton).
		Métamorphoses incomplètes	ORTHOPTÈRES (Criquet).
	4 ailes membraneuses finement réticulées.		NÉVROPTÈRES (Libellule).
2. Lécheurs	4 ailes membraneuses à peu de nervures	Métamorphoses complètes	HYMÉNOPTÈRES (Abeille).
3. Suceurs	4 ailes couvertes d'*écailles*	Métamorphoses complètes	LÉPIDOPTÈRES (Papillon).
	4 ailes dissemblables	Métamorphoses incomplètes	HÉMIPTÈRES (Punaise).
4. Piqueurs	2 ailes antérieures seulement, 2 ailes postérieures transformées *en balanciers*	Métamorphoses complètes	DIPTÈRES (Cousin).

II. Myriapodes. — Les *Myriapodes* sont des Articulés qui ont un très grand nombre de pattes et dont la tête est distincte ; ils respirent dans l'air. Exemples : Scolopendre, Iule.

III. Arachnides. — Les *Arachnides* sont des Articulés qui ont 8 *pattes* et le corps partagé en deux régions (*céphalothorax* et *abdomen*) ; ils respirent dans l'air. On peut les ranger en 3 ordres :

1. Abdomen non divisé en anneaux ; *Chélicères* . . . ARAIGNÉES.
2. Abdomen divisé en anneaux, terminé par un crochet venimeux . . . . SCORPIONS.
3. Abdomen non distinct du céphalothorax ; parasites. . ACARIENS.

IV. Crustacés. — Les *Crustacés* sont des Articulés qui respirent dans l'eau avec des *branchies* ; leur peau incrustée de calcaire forme une carapace.

L'*Écrevisse* peut être prise comme type des Crustacés.

Le corps est divisé en 2 régions (*céphalothorax* et *abdomen*).

Le *céphalothorax* porte 14 paires d'appendices.

L'*abdomen* formé de 7 anneaux porte 7 paires d'appendices.

L'*appareil digestif* présente un estomac contenant des pièces cornées et des boules calcaires.

L'*appareil respiratoire* est formé par des branchies attachées à la base des pattes.

Les Crustacés pondent de nombreux œufs, et les jeunes, soit à l'intérieur de l'œuf, soit lorsqu'ils sont éclos, subissent de nombreuses *mues*.

Principaux genres. — Écrevisse, Homard, Langouste, Crevette, Pagure, Crabe, Mysis, Chevrette, Talitre, Cloporte, Anatife, Balane, Daphnie.

CHAPITRE XI

EMBRANCHEMENT DES VERS

Les *Vers* sont des Invertébrés dont le corps mou et dépourvu de membres est formé d'anneaux semblables et placés bout à bout.

Cet embranchement comprend un grand nombre d'animaux, qui peuvent être rangés en deux groupes :

1° Les *Annélides*, qui vivent en liberté, comme le Ver de terre et la Sangsue ;

2° Les *Vers parasites* ou *Helminthes*, qui vivent en parasites dans les organes de l'Homme ou des animaux.

CLASSE DES ANNÉLIDES

Caractères. — Les *Annélides* vivent en liberté et ont le corps nettement divisé en anneaux. Chaque anneau (*fig.* 380) présente des moignons charnus ou *parapodes* qui servent de pieds et qui portent des *soies*. Tous les anneaux se ressemblent et

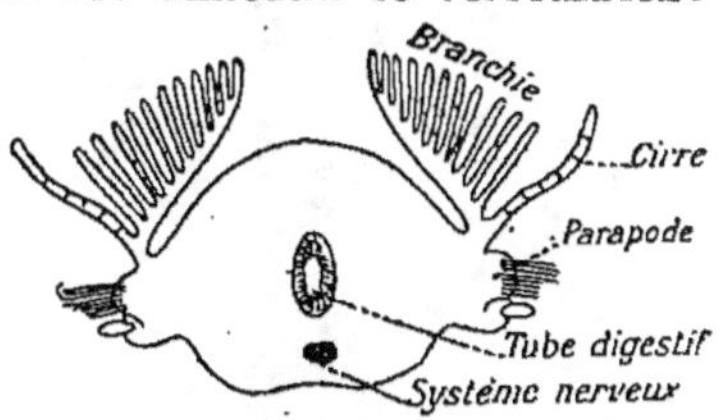

Fig. 380. — Coupe transversale d'un Ver (Annélide).

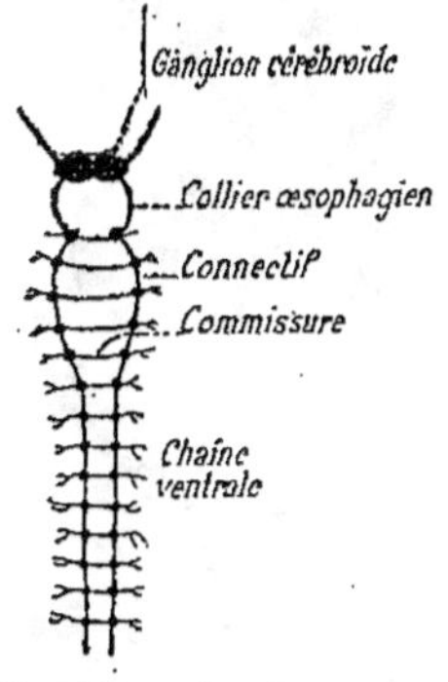

Fig. 381. — Système nerveux d'un Ver (Serpule).

renferment le tube digestif, le système nerveux, les vaisseaux sanguins, etc.

Le *système nerveux* (*fig*. 381) est bien en rapport avec la division en anneaux ou *segmentation* du Ver, car il est formé d'une longue chaine ventrale dispósée à la façon d'une échelle ; de sorte que chaque anneau possède une paire de ganglions et des nerfs.

On divise les Annélides en deux groupes : 1º celles dont les anneaux portent des soies raides servant à la locomotion, comme le *Ver de terre* et les *Vers marins* ; 2º celles qui n'ont pas de soies et sont pourvues de ventouses, comme les *Sang-sues*.

I. Le *Ver de terre* ou *Lombric*, composé de plus de 100 anneaux, porte de chaque côté du corps deux doubles rangées de

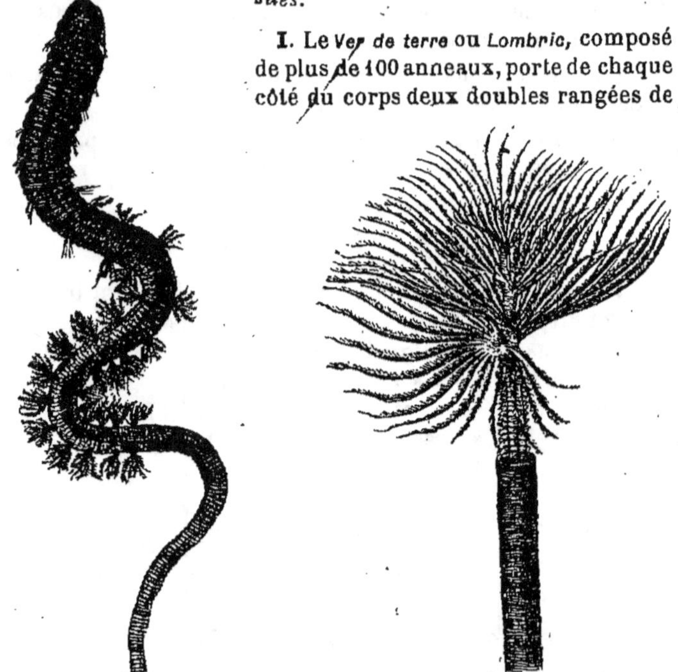

Fig. 382. — Ver errant (Arénicole des pêcheurs).

Fig. 383. — Ver tubicole (Spirographe).

soies légèrement recourbées et qui servent à l'animal pour cheminer dans les galeries souterraines qu'il occupe. Il n'a pas de branchies et respire par la peau, qui pour cela doit être toujours humide ; aussi à l'air sec, il se dessèche en une nuit et devient dur comme une brindille de bois.

Le Ver de terre est abondant partout ; on a compté que dans un champ cultivé, il peut y en avoir 140.000 par hectare. Il se nourrit de débris végétaux qu'il apporte dans la terre, aidant ainsi à la formation de la terre végétale ; il aide aussi à l'ameublissement du sol qu'il sillonne de ses galeries. Mais Pasteur a montré qu'il pouvait aussi ramener de la profondeur des germes infectieux provenant de bêtes mortes de maladies contagieuses et enfouies dans la terre ; de cette façon, le Ver de terre propageait la maladie connue sous le nom de charbon aux Moutons qui venaient brouter l'herbe dans les terrains où avaient été enfouis les animaux morts de cette maladie : ces terrains avaient été appelés à cause de cela *champs maudits*.

La plupart des *Vers marins* sont *errants* : ils respirent à l'aide de branchies qui forment des touffes arborescentes dans la région moyenne du corps, comme chez l'Arénicole (*fig.* 382). D'autres, comme la Serpule, le Spirographe, habitent des tubes calcaires (*fig.* 383) qu'ils sécrètent, et leur tête qui seule peut sortir du tube porte les branchies disposées en un élégant panache.

Parmi les Vers marins, citons l'*Arénicole des pêcheurs* (*fig.* 382), très commun sur nos plages de sable où il se creuse un trou en forme d'U ; à côté de l'entrée du trou se trouve un petit tortillon de sable qui a été rejeté par le Ver ; les pêcheurs le recherchent pour amorcer leur ligne ; la *Serpule,* qui vit dans des tubes calcaires contournés en spirale ; la *Sabelle* ou *Spirographe* (*fig.* 383), etc.

II. Les *Sangsues* ont une ventouse en avant et une en arrière de leur corps ; elles se meuvent en écartant et en rapprochant alternativement les extrémités de leur corps, comme si elles mesuraient le sol sur lequel elles marchent.

La *Sangsue médicinale* (*fig.* 384) habite les ruisseaux et les marais ; son corps comprend une centaine d'anneaux ; sa bouche, placée au milieu de la ventouse antérieure, contient 3 petites mâchoires (*fig.* 385) cornées et hérissées de petites dents. A l'aide de ces mâchoires, la Sangsue incise la peau de l'animal sur lequel elle se fixe et fait une plaie triangulaire par laquelle elle suce le sang. Celui-ci est digéré par l'estomac (*fig.* 386) qui est volumineux et qui présente 11 paires de poches. L'avidité de la Sangsue pour le sang a été utilisée en médecine pour pratiquer des saignées ; aussi on élève des Sangsues dans des marais naturels ou artificiels. Pour les recueillir, on introduit dans ces étangs un Cheval ou un Ane hors de service dont elles viennent sucer le sang.

En 1872 on a produit en France 1 million de Sangsues, et on en a

Fig. 384. — Sangsues.

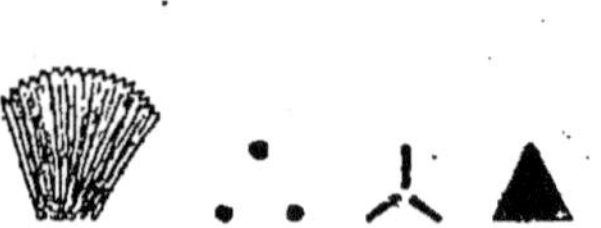

Fig. 385. — Mâchoire de Sangsue et plaie produite par les trois mâchoires.

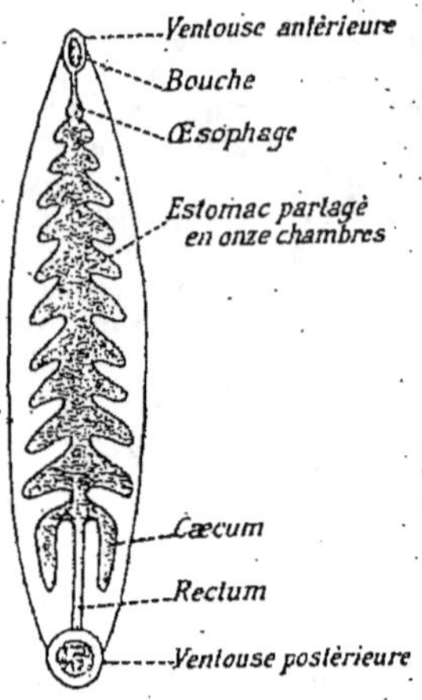

Fig. 386. — Tube digestif d'une Sangsue.

importé 21 millions. Actuellement la médecine a presque abandonné l'usage des Sangsues.

A Ceylan, à Java, en Indo-Chine, il existe des Sangsues terrestres qui s'accrochent aux buissons et dont les piqûres incommodent les voyageurs. Récemment un explorateur français mourait d'une anémie causée par les piqûres de ces Sangsues.

CLASSE DES VERS PARASITES

Caractères. — Les *Vers parasites* ou *Helminthes*, vivant en parasites à l'intérieur du corps de l'Homme ou des animaux, ont leur organisation singulièrement réduite : les organes locomoteurs sont remplacés par les organes de fixation (crochets ou ventouses), le tube digestif peut manquer, ainsi que le système nerveux.

Ils peuvent être rangés en trois ordres : les *Cestodes*, les *Trématodes* et les *Nématodes*.

1º Cestodes. — Les *Cestodes* sont des Vers plats, allongés en forme de rubans, et formés par des anneaux très nets placés bout à bout.

Le principal genre est le *Ténia* ou *Ver solitaire* (*fig.* 387), qui peut atteindre plusieurs mètres de long et qui vit dans l'intestin de l'Homme. Il se fixe aux parois de l'intestin au moyen de sa tête, qui est armée d'une double couronne de crochets et de quatre ventouses. A la suite de la tête vient une longue chaîne d'anneaux, d'abord très petits, puis de plus en plus grands à mesure qu'ils s'éloignent de la tête. De nouveaux anneaux se forment sans cesse entre la tête et les anneaux suivants, de sorte que si la tête n'est pas expulsée de l'intestin de l'Homme, la chaîne d'anneaux se reformera rapidement par une sorte de bourgeonnement. Les derniers anneaux bourrés d'œufs se détachent et sont expulsés au dehors avec les excréments. Ces œufs rejetés sur le fumier, comme cela arrive souvent dans les campagnes, peuvent être avalés par un Porc. Une fois dans l'estomac du Porc, les œufs vont éclore et donner naissance à des embryons (*fig.* 387) munis de six crochets et qui vont perforer la paroi de l'estomac ou de l'intestin et passer dans le sang. Ces embryons

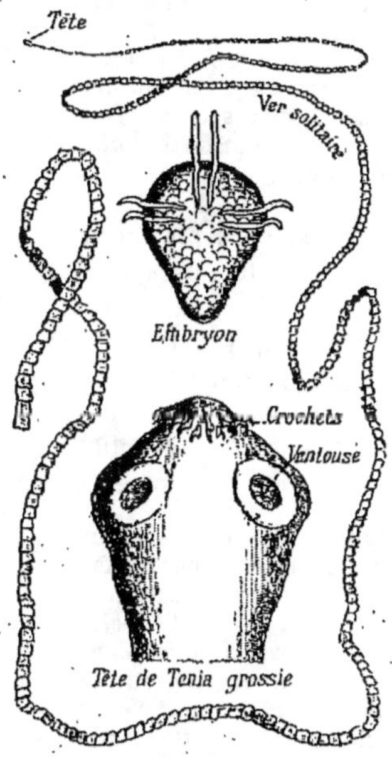

Fig. 387. — Ver solitaire.

charriés par le sang vont alors s'arrêter dans les muscles et se transformer en une sorte de vésicule de la grosseur d'un pois qui contient à l'intérieur la larve du Ver solitaire appelée *Cysticerque ;* cette larve possède déjà la tête du Ténia.

Si cette viande de Porc est mangée crue ou incomplètement cuite, les Cysticerques, une fois dans l'intestin de l'Homme, se développeront, se fixeront et donneront autant de Ténias. C'est donc à tort que cet animal a été appelé Ver *solitaire*, car il peut en exister plusieurs dans l'intestin d'un Homme.

La présence du Ténia dans l'organisme peut amener des troubles; il importe donc de s'en débarrasser. Le mieux est encore de l'éviter en mangeant de la viande très cuite, car la chaleur tue les Cysticerques qui pourraient s'y trouver. Quand un Porc est infesté de ces Cysticerques, on dit qu'il est *ladre* ; on peut facilement le reconnaître, car cet animal présente de chaque côté du frein de la langue des Cysticerques sous forme de petits grains blanchâtres. Dans les abattoirs on enlève parfois ces grains pour tromper les Inspecteurs des viandes. Ce fait que la viande de Porc ladre donne le Ver solitaire explique l'interdiction par Moïse de la viande de Porc aux Hébreux, interdiction qui fut aussi prononcée par Mahomet pour les Musulmans.

De nombreux Cestodes vivent dans l'intestin des animaux et du Chien en particulier : c'est ainsi qu'un Ténia, qui se trouve à l'état adulte dans l'intestin du Chien, existe à l'état de Cysticerque dans le cerveau du Mouton, où il détermine la maladie connue sous le nom de *tournis*, à cause du tournoiement de l'animal qui en est atteint.

2° Trématodes. — Les *Trématodes* sont des Vers plats qui ont un tube digestif et qui subissent des métamorphoses très compliquées.

On peut citer comme exemple la *Douve du foie*, qui a l'aspect d'une feuille aplatie et qui vit dans le foie du Mouton.

3° Nématodes. — Les *Nématodes* ont le corps arrondi, allongé et non divisé en anneaux.

On peut citer parmi les principaux genres : l'*Ascaride*, qui vit surtout dans l'intestin des enfants et qui occasionne des accidents convulsifs ; ses œufs sont introduits dans l'organisme en buvant de l'eau non filtrée ou en mangeant de la salade incomplètement lavée ; l'*Oxyure*, qui est abondant dans l'intestin des enfants ; l'*Anguillule*, qui vit dans la colle ou dans le vinaigre ; la *Trichine*, qui vit dans le tube digestif du Porc et qui peut se loger dans les muscles où elle s'*enkyste*, c'est-à-dire où elle s'entoure d'une coque résistante. Si l'Homme mange cette viande trichinée incomplètement cuite, les embryons vont traverser le tube digestif en causant des désordres aussi graves que ceux causés par la fièvre typhoïde, puis ils iront se loger dans les muscles et causeront une maladie souvent mortelle. Pour montrer le danger de la Trichine, il suffit de dire qu'une livre de viande trichinée peut contenir 400 millions de jeunes larves.

RÉSUMÉ

Les *Vers* sont des Invertébrés dont le corps est *mou, dépourvu de membres*, et formé *d'anneaux* placés bout à bout.

Division en classes de l'embranchement des **Vers.**

I. — Annélides (Vers vivant en liberté).	1. Soies locomotrices.	Nombreuses . . .	*Vers marins.*
		Peu nombreuses.	*Ver de terre.*
	2. Pas de soies; des ventouses.	*Sangsues.*	
II.— Vers parasites ou Helminthes (Vivent à l'intérieur de l'Homme ou des animaux).	1. Corps en forme de ruban . . .	*Cestodes....*	Ténia.
	2. Corps aplati. .	*Trématodes.*	Douve du foie.
	3. Corps cylindrique.	*Nématodes.*	Ascaride, Trichine.

CHAPITRE XII

EMBRANCHEMENT DES MOLLUSQUES

Les *Mollusques* sont des Invertébrés à *corps mou* et souvent
protégé par une *coquille calcaire*, qui peut manquer chez quel-
ques-uns.

On compte plus de 200.000 espèces différentes de Mollusques
vivants ou fossiles. Ces espèces ont été divisées en trois classes.

1º Les Lamellibranches, comme la *Moule*, qui ont les bran-
chies formées de *lamelles* et une coquille composée de deux
pièces ou *valves*, ce qui leur a valu le nom de BIVALVES. On les
appelle encore ACÉPHALES, parce qu'ils sont dépourvus de tête.
Ce sont des Mollusques *fouisseurs*, car ils peuvent s'enfoncer
dans la vase par des mouvements de leur coquille.

2º Les Gastéropodes, comme l'*Escargot*, qui ont une coquille
à une seule valve ; ce sont des Mollusques *rampants*, qui glis-

sent sur le sol en s'appuyant sur une partie élargie du corps, appelée *pied*.

3° Les Céphalopodes, comme la *Pieuvre,* qui ont la tête garnie de longs *tentacules* munis de ventouses ; ce sont des Mollusques *nageurs ;* leur coquille est interne, parfois même ils en sont dépourvus.

CLASSE DES LAMELLIBRANCHES

Caractères. — Les *Lamellibranches* ont leur coquille formée de *deux valves* pouvant s'ouvrir ou se fermer, et comprenant entre elles l'animal, comme la couverture d'un livre en comprend les feuillets.

Les deux valves de la coquille d'une *Moule,* par exemple, sont réunies par une sorte de *charnière (fig. 388)* munie de dents, et elles sont rattachées par un *ligament élastique* qui maintient la coquille béante, comme le dos d'un livre maintient la couverture ouverte lorsqu'il est trop étroit. Deux muscles, les *muscles adducteurs (fig. 390)*, situés l'un près de la bouche, l'autre près de l'anus, peuvent rapprocher les deux valves en se contractant ; si l'animal meurt, les muscles ne se contractent plus et la coquille *bâille.* Donc une Moule morte laisse toujours bâiller sa coquille.

La coquille est tapissée intérieurement par un repli du corps, le *manteau*, qui est divisé en deux lobes (*fig.* 388). Entre ces

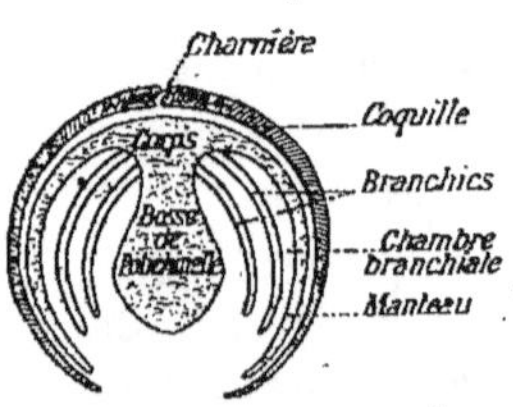

Fig. 388. — Coupe transversale
d'une Moule.

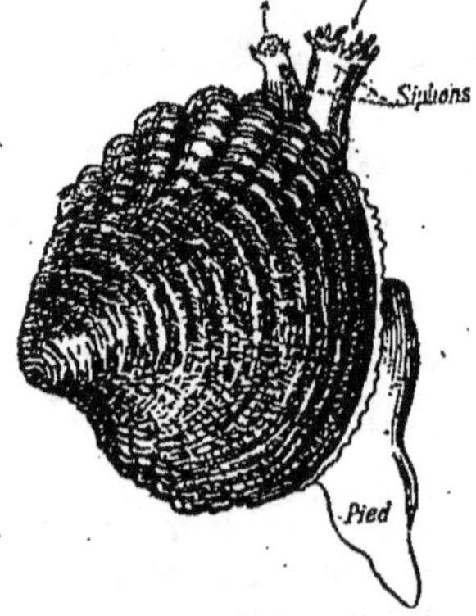

Fig. 389. — Lamellibranche (Vénus) avec
les siphons et le pied étalés.

lobes et le corps de l'animal se trouvent deux cavités ou *chambres branchiales* contenant deux rangées de lamelles superposées qui sont les *branchies*. Entre les deux lobes du manteau se trouve une masse contenant les viscères et appelée *bosse de Polichinelle*, à cause de sa forme. Un peu en avant de cette bosse se trouve le *pied* (*fig*. 389), organe charnu, allongé en forme de langue, et servant à l'animal pour écarter la vase et se frayer un passage. Ce pied, chez la Moule, produit une substance soyeuse particulière, le *byssus*, qui durcit dans l'eau. Pour se fixer, la Moule allonge son pied, dépose ce byssus sur le rocher ou le caillou qu'elle a choisi, puis elle contracte son pied et se trouve ainsi suspendue à l'extrémité d'une petite touffe de filaments agglomérés.

Certains Mollusques, comme la *Vénus* (*fig*. 389), mènent une vie sédentaire, s'enfonçant dans des trous d'où ils ne sortent pas. Dans ce cas, le manteau se prolonge en arrière de façon à former deux tubes appelés *siphons* capables de s'allonger ou de se rétracter. Quand l'animal creuse son trou, il s'enfonce la bouche en bas et les siphons tournés en l'air vers l'orifice du trou. Le courant d'eau déterminé par les branchies est alors régularisé : il entre par un siphon, toujours le même, et sort par l'autre, entraînant avec lui les excréments et les œufs pondus par le Mollusque.

Organisation. — L'*appareil digestif* (*fig*. 390) comprend : la *bouche*, munie de quatre palpes destinées à amener l'eau tenant la nourriture en suspension ; l'*estomac*, entouré du *foie* et présentant chez la Moule un cui-de-sac contenant une petite tige cristalline ; l'*intestin*, recourbé et venant s'ouvrir du côté opposé à la bouche après avoir traversé le cœur.

L'*appareil circulatoire* est lacunaire, c'est-à-dire que les vaisseaux viennent s'ouvrir dans des cavités du corps ou *lacunes* : le *cœur* est formé d'un ventricule, traversé par l'intestin, et de deux oreillettes.

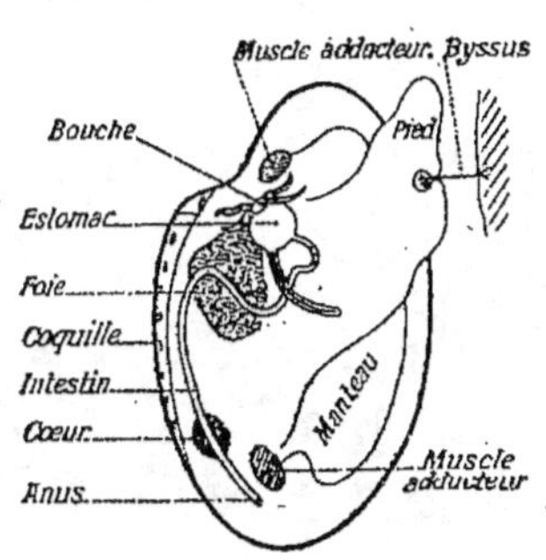

Fig. 390. — Organisation d'une Moule.

L'appareil respiratoire est constitué par deux paires de bran-
chies disposées symétriquement de chaque côté du corps (*fig.* 388).
Les branchies sont recouvertes de petits prolongements très fins
et très mobiles, les *cils vibratiles*, qui battent l'eau et assurent
son renouvellement.

Le *système nerveux* est formé de nerfs qui présentent sur leur
trajet trois paires de ganglions : 1° les *ganglions cérébroïdes*,
situés au-dessus du tube digestif ; 2° les *ganglions pédieux*,
situés dans le pied ; 3° les *ganglions viscéraux*, situés au-dessous
du tube digestif.

Classification. — Les *Lamellibranches* peuvent être partagés
en deux groupes :

1° Ceux dont le manteau est prolongé par des siphons. Les
principaux genres sont :

La *Vénus* (*fig.* 389) et le *Cardium*, coquillages qui se vendent sur nos
marchés sous le nom de *Palourde* et de *Coque* ; le *Solen* ou *Couteau* dont la
coquille allongée a la forme d'un couteau et qui, lorsque la mer descend,
s'enfonce verticalement dans le sable de la mer en laissant un orifice
à la surface, mais si l'on place une poignée de sel sur cet orifice, le
Mollusque croit au retour de la mer et remonte à la surface où l'on
peut le saisir ; le *Tridacne* ou *Bénitier*, dont la coquille énorme pouvant
peser 200 kilogrammes est souvent employée, comme bénitier, dans
les églises : il vit dans l'Océan In-
dien ; la *Pholade* (*fig.* 391), qui à l'aide

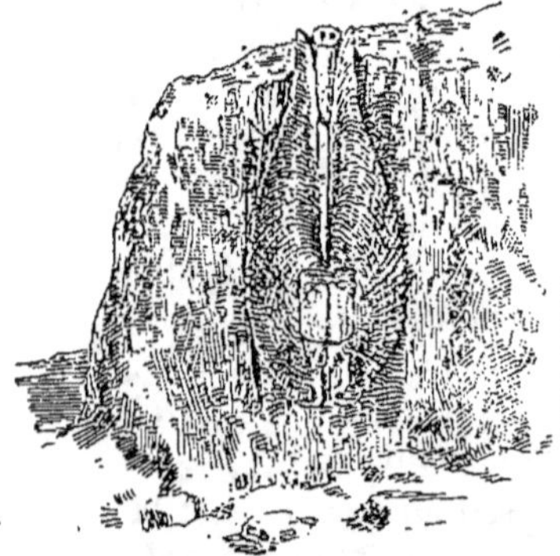

Fig. 391. — Pholad.

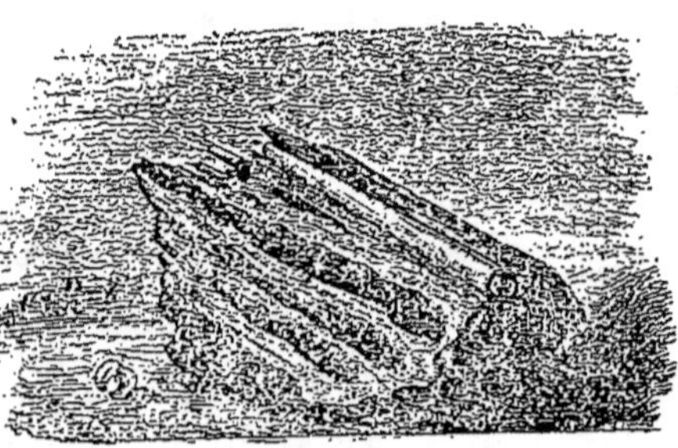

Fig. 392. — Galeries percées dans le bois
par les Tarets.

de sa coquille rugueuse perce un trou dans le rocher et y demeure ; le
manteau et les siphons sont phosphorescents ; le *Taret*, qui est nui-
sible, car il creuse de longues galeries dans les bois submergés des

bateaux, des pilotis, des digues, etc. (*fig.* 392) ; c'est ainsi qu'au commencement du xviii° siècle, la Hollande dépensa des millions pour refaire rapidement les pilotis des digues qui protègent les côtes hollandaises contre l'invasion de la mer, pilotis qui avaient été rongés par les Tarets ;

2° Ceux qui n'ont pas de siphons et dont les principaux genres sont l'Huître et la Moule.

L'*Huître* se fixe par une valve aux rochers, de sorte qu'elle est immobile toute sa vie ; aussi le pied devenu inutile à l'animal fixé disparaît. Elle est abondante sur les côtes de France où elle vit par *bancs* à une assez faible profondeur. Ces bancs naturels sont exploités par des bateaux, ou par des pêcheurs à pied lorsqu'ils émergent à chaque marée. La pêche en bateau se fait à l'aide d'une *drague* (*fig.* 393), sorte de filet à mailles solides et terminé en avant par une barre de fer qui fonctionne comme un couteau pour détacher les Huîtres du fond. Les

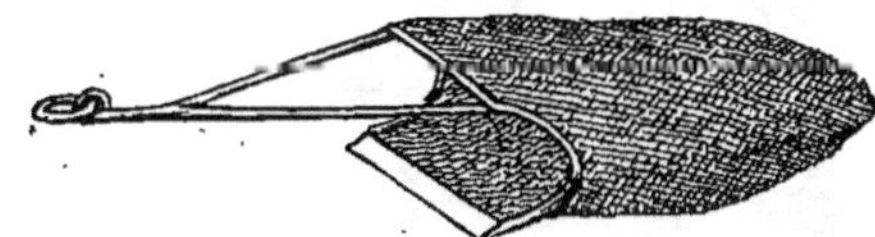

Fig. 393. — Drague à Huîtres.

Fig. 394. — Patin du bassin d'Auray.

pêcheurs à pied se servent de la main ou d'un râteau, mais sur les fonds vaseux leurs pieds sont munis de patins qui tantôt, comme à Arcachon, sont de simples planches attachées sous la plante du pied, tantôt, comme à Auray (*fig.* 394), sont des planches fixées à demeure sous les sabots.

Une Huître peut donner naissance à 2 millions d'œufs chaque année ; ces œufs sont pondus d'avril en septembre, d'où ce préjugé qu'il ne faut pas manger d'Huîtres pendant les *mois sans r* (Mai à Août), c'est-à-dire pendant l'époque de la reproduction. En réalité l'Huître peut être mangée sans danger pendant cette époque ; du reste sa vente est autorisée sur les marchés : elle est seulement de qualité inférieure. Les œufs éclosent dans le manteau de l'Huître ; puis ces jeunes Huîtres ou *naissain* munies d'organes de natation se dispersent et sont exposées à de nombreux dangers; aussi périssent-elles en grand nombre, dévorées par les animaux marins. On a donc songé : 1° à les recueillir en plaçant dans le voisinage des bancs d'Huîtres des fagots ou des tuiles creuses sur lesquels le naissain vient se fixer ; c'est la spécialité d'Arcachon ; 2° à transporter ces Huîtres lorsqu'elles ont atteint une certaine taille dans des *parcs* (*fig.* 395), c'est-à-dire dans des bassins que la mer vient visiter soit à chaque marée, soit aux grandes marées seulement ; là

elles vont se développer et s'engraisser, surtout si, comme à Marennes,
elles sont placées dans des bassins visités peu souvent par la mer et où
l'eau de pluie vient s'ajouter et donner de l'eau saumâtre. Il faut de
3 à 5 ans pour que l'Huître puisse être livrée au commerce. Le diamètre
moyen des valves d'une Huître de

15 jours est de	1mm		12 à 18 mois est de	4cm
1 à 2 mois est de	5mm		2 à 3 ans —	6cm
3 à 4 mois —	1cm		3 à 4 ans —	8cm
5 à 6 mois —	2cm			(fig. 396).

Fig. 395. — Un parc à Huîtres.

Les Huîtres prises en dehors de ces élevages sont aussi déposées dans
ces bassins avant d'être livrées au commerce: non seulement elles y
perdent le goût désagréable de la vase, mais elles prennent une couleur
verte fort appréciée dans le commerce. Cette coloration est due à des
végétaux microscopiques, à des Algues, que l'Huître avale par millions
et dont la matière colorante se répand surtout dans les branchies.

Cet élevage de l'Huître est désigné sous le nom d'*ostréiculture*. Cette
industrie très développée en France produit par an plus d'un milliard

d'Huîtres d'une valeur de 20 millions de francs, alors que la pêche sur les bancs naturels produit 500.000 francs.

Chaque année, la France vend à l'Angleterre plus de 50 millions d'Huîtres représentant une valeur de près de 2 millions de francs.

Fig. 396. — Huîtres de divers âges.

Fig. 397. — Huître perlière.

L'*Huître perlière* ou *Pintadine* (*fig.* 397) est voisine de l'Huître comestible ; mais elle est plus grande et vit dans les régions chaudes de l'Océan Pacifique et du golfe du Mexique. Le manteau forme la nacre très brillante de la coquille ; il peut arriver que des globules de cette nacre se déposent dans les organes de l'Huître et donnent les *perles fines* dont le prix est si élevé. Les petits grains de sable introduits entre le manteau et la coquille sont souvent les noyaux autour desquels se forment les perles qui peuvent adhérer à la coquille. On peut recouvrir un objet, une petite statuette par exemple, d'une couche de nacre en l'introduisant entre la coquille et le manteau : les Chinois sont habiles à pratiquer cette industrie. La pêche des perles est pratiquée par des plongeurs dont les plus habiles restent sous l'eau, souvent à 20 mètres de profondeur, pendant 1 minute 1/2 ; durant ce temps ils peuvent trouver 50 à 100 coquilles qu'ils placent dans un filet attaché à leur corps. Chaque plongeur fait journellement 40 à 50 descentes, et une barque montée par 10 plongeurs pêche en moyenne de 20 à 30.000 Mollusques par jour. La couleur de la perle peut être blanche, bleutée, rose ou noire. L'éclat d'une perle ou *orient* est chose fragile, car au contact de la peau, souvent les reflets irisés pâlissent, la perle se ternit et « *meurt* », suivant l'expression employée. On a essayé depuis quelques années, en particulier à Tahiti, d'établir des parcs d'Huîtres perlières semblables aux parcs à Huîtres

Fig. 398. — Un *bouchot* chargé de Moules.

comestibles. La pêche de la nacre à Tahiti produit annuellement 500 quintaux de nacre, dont la valeur dépasse un million de francs. Le produit de la pêche des perles est bien plus considérable.

Fig. 399. — Pêcheur de Moules et son *pousse-pied*.

La *Moule* se trouve partout sur nos côtes ; elle peut se fixer sur les rochers, mais elle peut vivre dans la vase. La Moule est utilisée dans l'alimentation ; on a dit avec raison que c'était l' « Huître du pauvre ».

Aussi la culture de la Moule a pris une certaine importance, surtout aux environs de La Rochelle. Sur ces plages vaseuses on enfonce de longs pieux qu'on dispose en rangées régulières appelées *bouchots* (*fig.* 398). Les pieux les plus avancés dans la mer sont isolés et c'est sur eux que les jeunes Moules viennent se fixer ; ceux qui sont plus rapprochés du rivage sont reliés par des branches qui forment des sortes de claies sur lesquelles les Moules s'attachent. Au bout de deux ans ces Moules ont atteint la taille nécessaire pour être livrées au commerce. Pour récolter les Moules dans ces lacs de vase, le pêcheur utilise une sorte de bateau à fond plat appelé *acon* ou *pousse-pied* (*fig.* 399) ; le pêcheur laisse pendre une jambe en dehors du bateau et s'en sert comme d'une rame pour pousser son esquif qui glisse sur la vase avec une vitesse dont on ne saurait donner une idée. Cette culture produit annuellement en France plus d'un million de francs. Les Moules peuvent causer des empoisonnements assez graves pour amener la mort. On a cru longtemps que ces accidents étaient dus à un petit Crabe qui se trouve souvent entre les valves de la Moule ; or ce Crabe est inoffensif. On a dit aussi que les Moules pouvaient contenir du cuivre ; or on a constaté que ces animaux seraient eux-mêmes empoisonnés par le cuivre, même à faible dose. En réalité, les Moules ne contiennent du poison que lorsqu'elles ont vécu dans des eaux stagnantes et putrides.

Parmi les Lamellibranches on peut encore citer le *Pecten* ou *Coquille Saint-Jacques*, et quelques-uns qui vivent dans les eaux douces, comme l'*Anodonte* ou *Moule d'étang*, l'*Unio* ou *Moule des peintres*, etc.

CLASSE DES GASTÉROPODES

Caractères. — Les *Gastéropodes* sont des Mollusques protégés par une coquille *univalve*, c'est-à-dire formée d'une seule pièce et *enroulée* en spirale autour d'un axe appelé *columelle*.

Fig. 400. — Escargot

Prenons pour exemple l'Escargot (*fig.* 400). Lorsqu'il rampe sur le sol, son corps est nettement divisé en trois parties : 1° le *tronc* ou *tortillon*, qui contient les principaux organes et qui est logé dans la coquille ; 2° la *tête*, qui porte quatre *cornes* ou *tentacules* dont les deux plus grands portent les yeux ; 3° le *pied*, qui a la forme d'une large semelle musculaire sur laquelle rampe l'animal et qui laisse sur le sol une mucosité bien connue marquant le trajet suivi.

Lorsqu'on touche un Escargot, il rentre ses cornes, contracte son pied et s'enferme dans sa coquille. C'est ainsi qu'il passe l'hiver dans une immobilité absolue ; de plus il a soin de boucher l'entrée de sa coquille à l'aide d'un mucus qui durcit au contact de l'air en formant un petit couvercle calcaire appelé *épiphragme*, lequel se détache au printemps suivant. Les Gastéropodes qui vivent dans l'eau ferment leur coquille à l'aide d'une petite pièce cornée ou calcaire qui est portée par le pied et qui vient se rabattre sur l'orifice de la coquille lorsque l'animal rentre dans celle-ci.

Organisation. — L'*appareil digestif* commence à la bouche, qui est située, en avant, au-dessous des cornes, et se continue par l'estomac et l'intestin qui se recourbe dans le tortillon où il est entouré par le foie, puis enfin revient en avant s'ouvrir à droite de l'ouverture de la coquille. A l'intérieur de la bouche se trouve une sorte de langue, la *radula*, qui a la forme d'un ruban et qui est recouverte de milliers de dents cornées disposées avec une admirable régularité ; les mâchoires cornées broient les herbes dont ces animaux se nourrissent, et la radula les râpe, les réduit en pulpe. La salive qui s'écoule dans la bouche contient parfois une certaine quantité d'acide sulfurique.

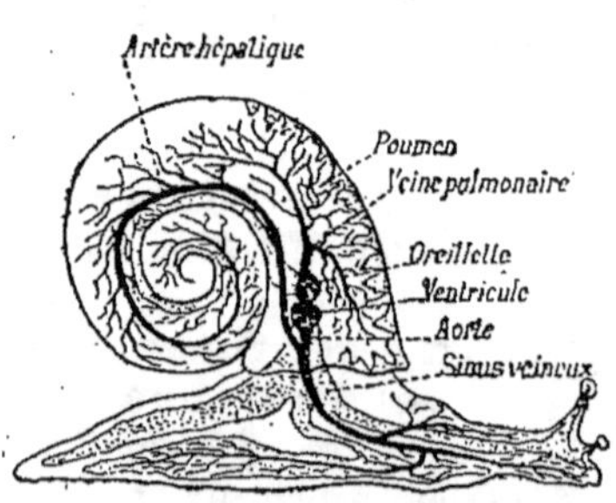

Fig. 401. — Appareil circulatoire de l'Escargot.

L'*appareil circulatoire* (*fig.* 401) présente un cœur à deux cavités : une oreillette et un ventricule. L'oreillette reçoit le sang artériel qui vient de respirer au poumon ou dans les branchies, et le ventricule lance le sang dans l'aorte, qui va le distribuer aux organes. Des artères le sang tombe dans de grands espaces ou *lacunes* qui le ramènent au poumon ou aux branchies. Le sang est incolore et dépourvu de globules.

L'*appareil respiratoire* est formé par des branchies ou un poumon, suivant que le Mollusque est aquatique ou aérien.

Chez la *Paludine*, qui vit dans nos eaux douces, on peut voir une *branchie* située dans une chambre branchiale formée par le manteau. Chez l'*Escargot*, qui est terrestre, la branchie disparaît et la chambre branchiale devient le *poumon* : cette cavité remplie d'air humide communique avec l'extérieur par un étroit orifice que l'animal peut ouvrir ou fermer à volonté.

Le *système nerveux*, comme celui des Lamellibranches, est composé de trois paires de ganglions. Les *yeux* sont portés par les grands tentacules ; les *oreilles* sont des vésicules contenant de petites pierres ; enfin les petits tentacules servent au *toucher*.

Les Gastéropodes pondent des *œufs* ; c'est ainsi que l'Escargot dépose dans la terre une cinquantaine d'œufs de la grosseur d'un pois et d'où sortiront au bout de 20 jours de jeunes animaux ayant leur forme définitive. Les œufs des Gastéropodes marins donnent des larves qui nagent et qui subissent des métamorphoses avant d'atteindre leur forme définitive.

Principaux genres. — On peut les ranger en deux groupes : 1° ceux qui ont des *branchies* : 2° ceux qui ont un *poumon*.

1° La plupart des Gastéropodes à *branchies* sont marins. Parmi les plus connus, citons : la *Patelle*, dont la coquille a la forme d'un cône et qui se fixe sur les rochers battus par les vagues ; l'*Haliotide*, qui a une coquille nacrée en forme d'oreille et percée de petits trous ; elle est comestible et souvent désignée sous le nom d'*Ormeau* ou d'*Oreille de mer* ; la *Littorine* ou *Vignot* ; le *Murex* (fig. 402), qui a une coquille épineuse et dont une variété, le *Bigorneau* (fig. 402), fait des ravages dans les parcs à Huîtres en perforant la coquille de ces animaux pour se nourrir de leur substance ; la *Pourpre*, qui possède dans la chambre branchiale une glande dont le produit donne à la lumière une magnifique couleur rose, puis pourpre, fort appréciée des Romains de l'antiquité pour teindre les étoffes ; enfin le *Cône*, le *Casque*, qui sert à faire des camées, le *Strombe*, la *Porcelaine*, etc., qui sont des coquilles des mers chaudes utilisées comme ornements. Certains Gastéropodes comme l'*Eolis*, la *Doris* n'ont pas de coquille et portent sur le dos des branchies plumeuses souvent de forme élégante.

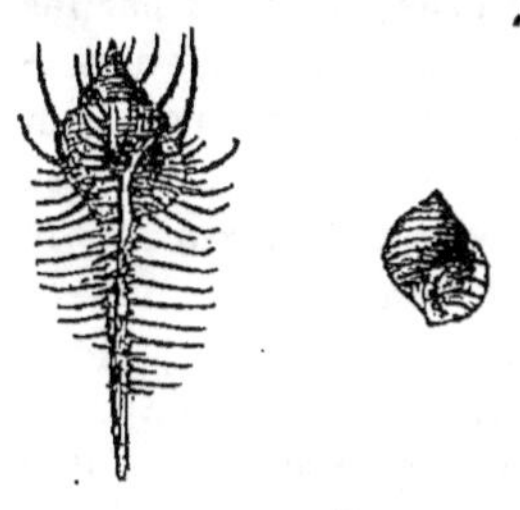

Murex.   Bigorneau.
Fig. 402.

Quelques-uns, comme la *Paludine*, vivent dans les eaux douces.

2° Parmi ceux qui respirent avec un *poumon*, citons : l'*Escargot*, uti-

lisé dans l'alimentation mais qui cause des dégâts dans nos cultures ;
le *Cyclostome*, petite coquille allongée vivant dans les herbes et sur les
arbres ; la *Limace* (*fig.* 403), dont la coquille très petite est cachée dans une sorte de petit bouclier situé en arrière de la tête comme l'Escargot, c'est un herbivore nuisible.

Certains Gastéropodes comme la *Lymnée* et la *Planorbe*, quoique ayant un poumon, vivent dans les eaux douces sur le bord des étangs et des ruisseaux.

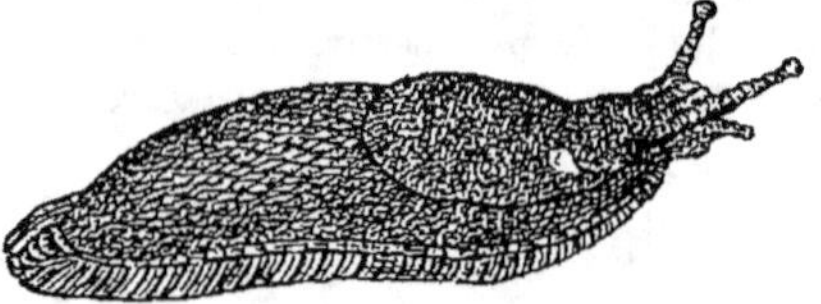

Fig. 403. — Limace.

CLASSE DES CÉPHALOPODES

Caractères. — Les *Céphalopodes* sont des Mollusques qui portent sur leur tête une couronne de bras ou *tentacules*, au centre de laquelle se trouve la bouche.

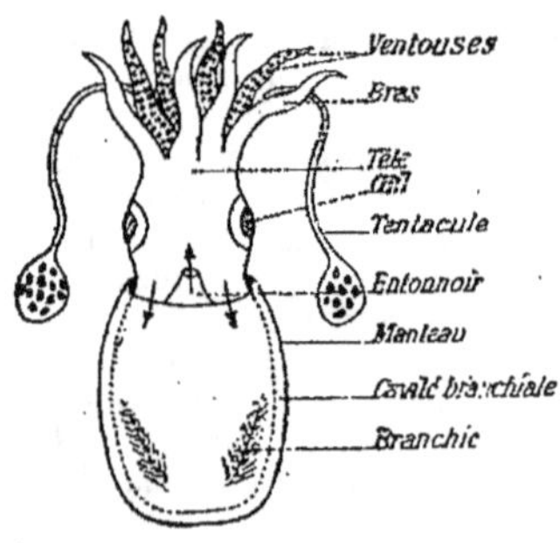

Fig. 404. — Organisation d'une Seiche.

Prenons, comme exemple, la *Seiche* (*fig.* 404), qu'on peut trouver facilement sur nos côtes. Son corps présente deux parties bien distinctes : 1° la *tête*, qui porte deux gros yeux sur les côtés et une couronne de bras à la partie supérieure ; 2° la *masse viscérale*, qui contient la plupart des organes.

Les bras, au nombre de huit, sont garnis de *ventouses*, à l'aide desquels l'animal peut se fixer sur une proie, ou ramper lorsqu'il ne nage pas (*fig.* 407). Ces ventouses ne peuvent pas servir à l'animal pour *sucer* sa proie, car elles ne communiquent pas avec le tube digestif ; elles ne lui servent qu'à fixer cette proie. En dedans de la couronne de bras se trouvent deux autres tentacules très longs et terminés par une sorte de palette munie de ventouses ; ces tentacules servent en quelque sorte de harpons à la Seiche pour saisir les animaux qui passent à sa portée et les amener vers la bouche.

Le *manteau* (*fig.* 404 et 405) enveloppe le corps des Céphalopodes comme une sorte de sac ; il est soudé à la partie dorsale de l'animal et limite en avant une cavité contenant une paire de branchies : c'est la *cavité branchiale*. Devant l'ouverture de la fente qui conduit dans cette cavité se trouve un tube gros et court : c'est l'*entonnoir*, par lequel l'animal peut rejeter l'eau

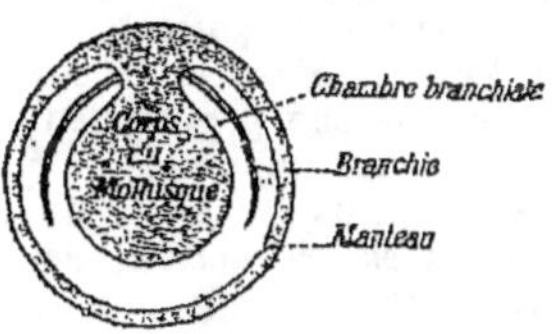

Fig. 405. — Coupe transversale d'une Seiche.

qui a servi à sa respiration et qui est entrée par la fente, comme l'indiquent les flèches de la figure 404. En lançant par son entonnoir un violent jet d'eau, l'animal subit un mouvement de recul qui le projette en arrière : c'est par ce moyen que les Céphalopodes nagent à reculons. Normalement la Seiche nage à l'aide d'une mince nageoire qui fait le tour du corps et qui est une partie amincie du manteau.

Dans l'épaisseur du manteau, à la partie dorsale, on trouve la coquille bien connue sous le nom *d'os de Seiche* ou de *biscuit de mer* et qu'on donne aux Oiseaux pour s'aiguiser le bec.

Moyens de défense. — Le manteau des Céphalopodes contient de belles matières colorantes qui permettent à ces animaux de changer de couleur plus brusquement que le Caméléon. L'animal, à volonté, peut prendre la teinte uniforme qui lui plaît, ou donner des teintes variées aux différentes parties du corps. Pour montrer que ces changements dépendent du cerveau de l'animal, on peut faire la curieuse expérience suivante : on coupe d'un côté du cerveau le nerf qui se rend au manteau et qui commande les mouvements de ces matières colorantes ; immédiatement ce côté est paralysé et devient incolore, tandis que l'autre côté, où le nerf est intact, passe par toutes les nuances du jaune, du rouge et du noir. C'est un spectacle des plus singuliers que de voir s'agiter en tous sens cet animal moitié rouge, moitié blanc, dont les contorsions et le costume rappellent les fous des cours de la Renaissance. Cette faculté de changer de teinte permet aux Céphalopodes de se dissimuler sur les fonds de la mer où ils vivent et d'échapper à leurs ennemis. Par exemple, s'ils rampent sur un sable jaune clair, parsemé de cailloux, de débris de coquilles et d'Algues, ils deviennent jaunes avec de petites plaques blanches, vertes et noires, imitant parfaitement les accidents du terrain. Cette propriété ne se trouve nulle part aussi développée que chez les Céphalopodes.

La Seiche possède un autre moyen de défense particulièrement propre à protéger sa fuite. Lorsqu'elle est poursuivie par un animal, par un gros Poisson, par exemple, elle lance par son entonnoir un nuage d'encre sur son ennemi et pendant que celui-ci cherche péniblement à se débrouiller dans l'obscurité, la Seiche s'éloigne. Ce liquide noir est produit par une glande qui débouche près de l'anus dans la cavité branchiale : c'est la *poche du noir* ou *poche à encre*. Cette encre, rejetée à la volonté de l'animal, est connue des peintres sous le nom de *sépia* et entre dans la fabrication de l'*encre de Chine*.

Organisation. — L'*appareil digestif* a la forme d'un tube recourbé en U. La bouche est au centre des bras et contient deux mâchoires formant un véritable bec de Perroquet.

L'*appareil circulatoire* est lacunaire comme chez les autres Mollusques et le cœur comprend 2 oreillettes et 1 ventricule.

L'*appareil respiratoire* est formé de 2 ou 4 branchies.

Le *système nerveux* est rassemblé dans la tête où un cartilage le protège comme une sorte de crâne.

Les *organes des sens* sont bien développés, en particulier les *yeux*, dont la pupille est entourée d'un cercle d'or aux reflets changeants.

Principaux genres. — Les principaux genres sont : la *Seiche*, le *Calmar*, le *Poulpe*, l'*Argonaute* qui ont 2 branchies, et le *Nautile* qui en a 4.

La *Seiche* est fréquente sur nos côtes et pond de gros œufs noirs qu'elle attache aux herbes marines et que les pêcheurs appellent *raisins de mer*. Le *Calmar* (*fig.* 406) a le corps élancé en forme de cornet et ses nageoires sont en forme de losange ; c'est un animal de haute mer et bien connu sur les marchés, où il est très apprécié sous le nom d'*Encornet* ; il possède une coquille interne cornée appelée *plume*. Certains Calmars atteignent une taille gigantesque pouvant mesurer jusqu'à 15 et 18 mètres de longueur de la

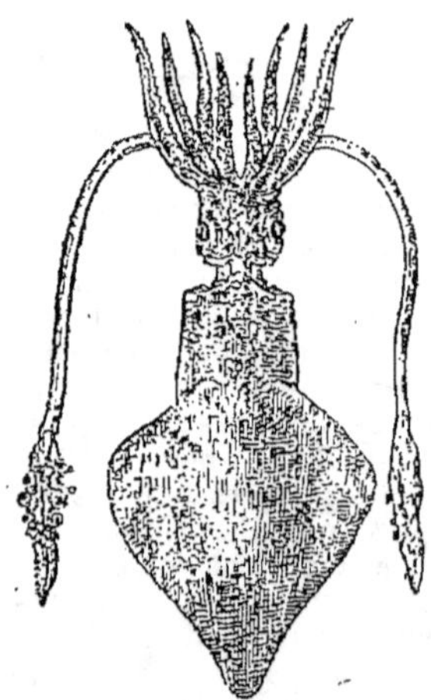

Fig. 406. — Calmar.

pointe de la nageoire au bout des bras.

Le *Poulpe* ou *Pieuvre* (*fig.* 407) n'a que huit bras ; il n'a pas de co-
quille ; il vit dans des trous près du rivage et dévore surtout les Crabes.
On le voit parfois se traîner sur les rochers, halant son corps sur les
ventouses des bras. On peut placer à côté l'*Elédone*, dont la peau pro-
duit du musc qu'on peut extraire, et qui est transformé en *ambre gris*
lorsque l'Elédone est dévoré par un Cachalot.

L'*Argonaute* est une petite Pieuvre qui vit dans la Méditerranée et
dont la femelle sécrète une élégante coquille, mince comme du papier,
dans laquelle l'animal vague sur les flots. Les anciens croyaient que
l'Argonaute placée dans cette nacelle, élevait deux de ses bras munis

Fig. 407. — Pieuvre rampant.

Fig. 408. — Nautile.

d'expansions semblables à des voiles, et qu'alors une légère brise gon-
flant ces appendices, faisait glisser sur l'eau l'esquif et le gondolier. La
vérité est que ces bras aplatis ont servi à sécréter la coquille d'abord,
et à la maintenir ensuite. Cette coquille est une sorte de nid destiné à
abriter les œufs, puis les petits, qui sont pour ainsi dire couvés par la
mère dans ce berceau flottant. Le mâle n'a pas de coquille.

Le *Nautile* (*fig.* 408) a une coquille externe dont l'intérieur est formé
de très belle nacre. C'est le seul représentant actuel d'une famille com-
plètement éteinte de nos jours, celle des *Ammonites*, dont nous parle-
rons longuement quand nous étudierons la Géologie. La coquille enrou-
lée en spirale est partagée en loges par des cloisons transversales percées
d'un trou pour laisser passer un prolongement de l'animal qui s'attache
au fond de la première loge et qu'on appelle le *siphon*. L'animal n'oc-
cupe que la dernière de ces loges. Il peut à volonté remplir ou vider
l'air de ces chambres, ce qui lui permet de plonger ou de venir à la
surface avec une grande agilité.

RÉSUMÉ

Les *Mollusques* sont des Invertébrés à *corps mou* ordinairement
protégé par une *coquille calcaire*.

On les range en trois classes, dont nous résumons les caractères dans le tableau suivant :

Tableau des caractères des classes des **Mollusques.**

I. — Mollusques fouisseurs. Coquille bivalve. Branchies en lamelles. Pas de tête.	Lamellibranches ou Bivalves ou Acéphales.	1. *Siphons.* Vénus, Cardium. 2. Pas de *siphons*. Huître, Moule.
II. — Mollusques rampants. Coquille univalve et contournée. Pied servant à ramper.	Gastéropodes.	*Des branchies.* Haliotide, Murex, Pourpre. *Poumon.* Escargot, Lymnée, Limace.
III. — Mollusques nageurs. Couronne de bras sur la tête. Coquille interne ou nulle.	Céphalopodes.	2 bran-)10 bras. Seiche, Calmar. chies) 8 bras. Pieuvre. 4 branchies. Nautile.

CHAPITRE XIII

LES RAYONNÉS OU ZOOPHYTES

Tous les animaux étudiés jusqu'ici ont une *symétrie bilatérale,* c'est-à-dire que leur corps présente deux moitiés semblables et qu'on y peut distinguer une droite et une gauche.

Les animaux que nous allons étudier ont une *symétrie rayonnée*, c'est-à-dire que les diverses parties de leur corps sont disposées comme des rayons autour d'un centre.

La grande ressemblance de ces animaux avec les plantes leur a valu le nom de *Zoophytes*, ce qui signifie *animaux-plantes.*

Les Rayonnés comprennent deux embranchements :

1° Les *Échinodermes*, dont le tube digestif est distinct de la paroi du corps ;

2° Les *Cœlentérés* ou *Polypes*, dont la cavité digestive se confond avec les parois du corps.

EMBRANCHEMENT DES ÉCHINODERMES

Caractères généraux. — Les *Échinodermes* sont des *Rayonnés* dont le corps est protégé par une enveloppe calcaire hérissée de *piquants* ; leur appareil digestif est bien distinct de la paroi du corps.

Ils peuvent être rangés en cinq groupes : les *Oursins*, les *Étoiles de mer*, les *Ophiures*, les *Holothuries* et les *Crinoïdes*.

1° Les Oursins. — Les *Oursins* ou *Châtaignes de mer* (*fig.* 409) ont le corps à peu près sphérique et recouvert de nombreux piquants. Si l'on enlève ces piquants, on aperçoit la carapace ou *test* formée d'un grand nombre de pièces calcaires, soudées et régulièrement disposées suivant 5 régions semblables qui rayonnent à partir du sommet. Dans le milieu de chacune de ces 5 régions se trouvent des trous laissant passer des prolongements de la peau, de petits tubes mous rappelant les cornes

Fig. 409. — Oursin commun.

de l'Escargot ; ce sont les *ambulacres*, qui servent à la locomotion.

En effet, lorsque l'animal veut se déplacer dans une certaine direction, il allonge les ambulacres dans cette direction, les fixe au sol ou sur le rocher et les contracte, ce qui le fait glisser sur le sol.

En certains points, en particulier autour de la bouche, se trouvent des pinces à deux ou trois branches, les *pédicellaires*, (*fig.* 410), qui sont de véritables organes de préhension.

La *bouche* occupe le centre de la face inférieure de l'Oursin (*fig.* 411) ; elle est pourvue de 5 dents portées par 5 pyramides

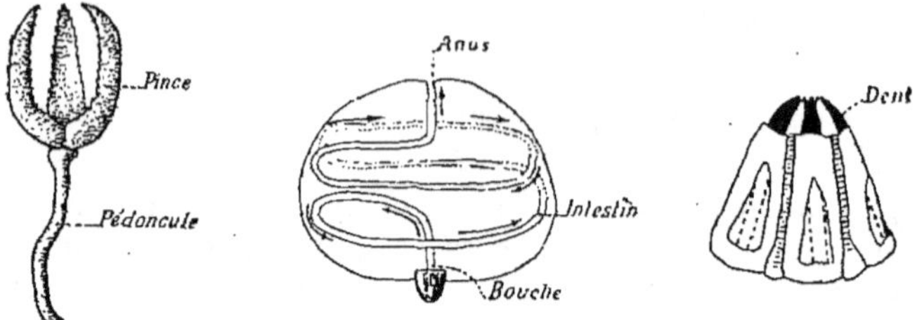

Fig. 410. — Pédicellaire très grossi.

Fig. 411. — Tube digestif de l'Oursin.

Fig. 412.— La lanterne d'Aristote.

osseuses dont l'ensemble est appelé *lanterne d'Aristote* (*fig.* 412). Le tube digestif se contourne et vient se terminer par l'anus, placé sur la face dorsale.

L'*appareil circulatoire* est en communication avec l'extérieur, de sorte que l'eau de mer peut pénétrer dans le sang.

La plupart des Oursins sont comestibles, et dans les villes du littoral on les vend sur les marchés.

Certains Oursins, comme le *Cidaris* (*fig.* 413), ont de gros piquants en forme de massue ; d'autres, comme le *Spatangue*, ont une forme irrégulière.

Fig. 413. — Cidaris.

Fig. 414. — Etoile de mer.

2° Les Étoiles de mer. — Les *Etoiles de mer* (*fig.* 414) sont formées d'une partie centrale d'où partent des prolongements ou *bras* disposés comme les rayons d'une étoile. Le nombre des bras est généralement de 5, mais on en trouve jusqu'à 40 chez

certaines espèces. La bouche, située au centre de la face ventrale
tournée vers le sol, donne accès dans une poche digestive qui
envoie des prolongements dans chacun des bras. La face infé-
rieure de ces bras est creusée d'une gouttière dans laquelle se
trouvent des *ambulacres* semblables à ceux des Oursins. Si l'un
des bras se brise, il peut se reproduire par une sorte de bour-
geonnement.

Les Étoiles de mer sont communes sur nos côtes où on les découvre
facilement à marée basse; certaines vivent jusqu'à 5.000 mètres de
profondeur.

3° **Les Ophiures**. — Les *Ophiures* (*fig.* 415) ont des bras longs
et flexibles rattachés à un disque central nettement distinct.
Ces bras ne contiennent aucun organe et peuvent parfois se
ramifier comme chez l'*Euryale*; ils
se cassent avec une grande facilité.

Les Ophiures se meuvent en fai-
sant onduler leurs bras comme des
Serpents.

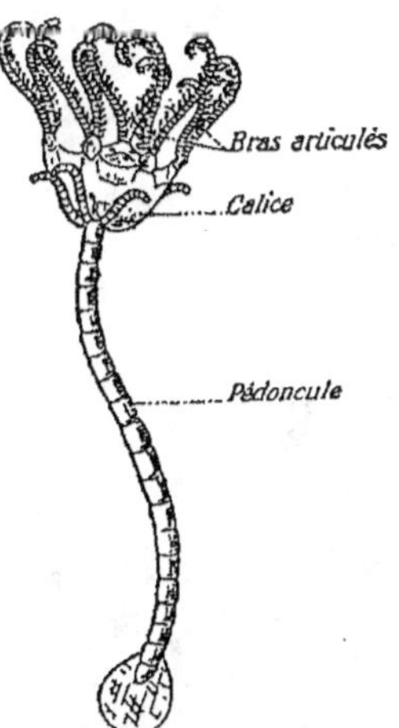

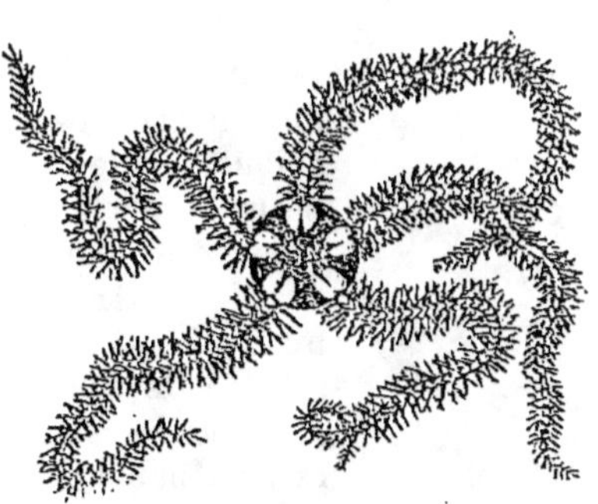

Fig. 415. — Ophiure cassante.   Fig. 416. — Jeune Comatule.

4° **Les Crinoïdes**. — Les *Crinoïdes* ont le corps globuleux ou
en forme de calice; ils ont les bras articulés et leur bouche
est tournée vers le haut. Ils sont fixés au sol par un pédoncule.

Certains, comme la *Comatule*, qui vit sur nos côtes, sont fixés
seulement pendant leur jeune âge. Ainsi la jeune Comatule
(*fig*. 416) se balance comme une fleur au sommet d'un long

pédoncule articulé ; puis bientôt le pédoncule se brise et la Comatule (*fig.* 417) nage à l'aide de ses bras longs et flexibles.

D'autres, comme la *Pentacrine* (*fig.* 418) restent fixés pendant toute leur vie et leur pédoncule grandit toujours.

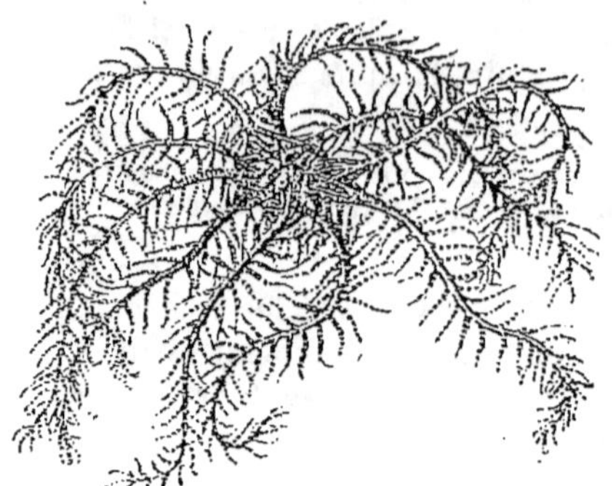

Fig. 417. — Comatule adulte.   Fig. 418. — Pentacrine.

Les Crinoïdes des premières époques géologiques étaient dans ce cas.

5° Les Holothuries. — Les *Holothuries* (*fig.* 419) ont le corps allongé et cylindrique ; leur peau n'est plus recouverte d'un test calcaire, mais elle est incrustée de corpuscules calcaires. La bouche, située à l'une des extrémités du corps, est entourée d'une couronne de tentacules rétractiles ; l'anus est à l'autre extrémité.

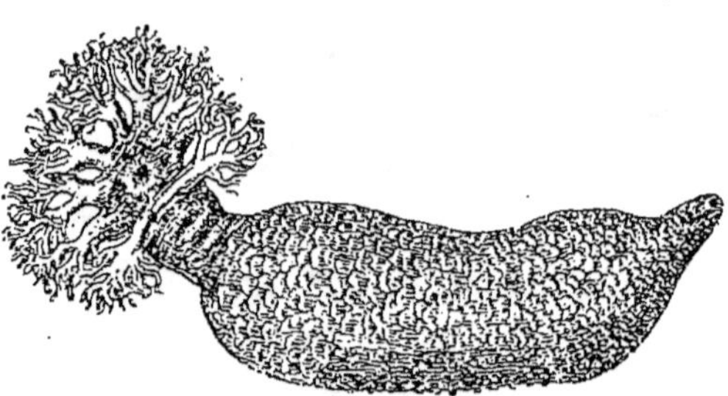

Fig. 419. — Holothurie.

Ces animaux sont peu abondants sur nos côtes ; cependant on en trouve aux îles Glenans, près de Concarneau, et sur les côtes de la

Méditerranée. Les Chinois sont très friands d'une Holothurie desséchée et fumée qu'ils consomment sous le nom de *Trépang*. La pêche et la préparation du Trépang constituent, en Extrême-Orient, une véritable industrie.

EMBRANCHEMENT DES CŒLENTÉRÉS OU POLYPES

Caractères généraux. — Les *Cœlentérés* ou *Polypes* ont une cavité digestive (*fig.* 420) qui se confond avec la cavité générale; ils sont généralement fixés. Leur corps a la forme d'un sac dont l'unique ouverture sert à la fois de bouche et d'anus; cette poche sert à la digestion des aliments aussi bien qu'à la circulation des liquides nourriciers; d'où son nom de *cavité gastro-vasculaire*.

Ces animaux ont dans l'épaisseur de leur peau des vésicules microscopiques contenant un fil enroulé en spirale et qui peut se dérouler au dehors au moindre choc. Aussi lorsqu'on touche un Cœlentéré, le filament pénètre dans la peau comme une flèche et produit une piqûre brûlante analogue à celle que fait une Ortie; c'est pourquoi ces petits corps sont appelés *organes urticants* ou *nématocystes*.

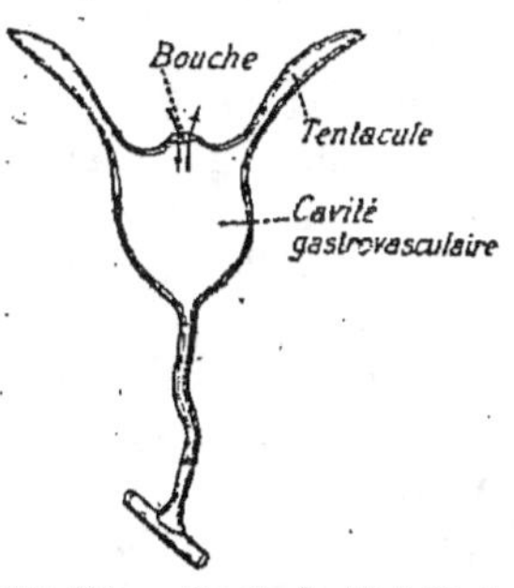

Fig. 420. — Un Cœlentéré (Hydre).

On peut diviser cet embranchement en quatre classes : les *Hydroméduses*, les *Siphonophores*, les *Acalèphes* et les *Coralliaires*.

1° Les Hydroméduses. — Prenons comme exemple de ce groupe l'*Hydre d'eau douce* (*fig.* 421), dont l'histoire est des plus curieuses. C'est un petit animal qui a la forme d'un simple sac et qui vit fixé aux feuilles nageant à la surface de l'eau. Autour de la bouche se trouve une couronne de *bras* ou *tentacules* armés de nématocystes et servant à l'animal pour pêcher sa nourriture. Ces tentacules sont de véritables lignes vivantes qui lancent elles-mêmes leurs hameçons venimeux sur l'animal qui vient à les frôler et le tuent ainsi. C'est ensuite que l'Hydre enroule son bras autour de la victime et la porte à sa bouche.

L'Hydre a une vitalité étonnante : on peut la retourner comme un doigt de gant sans la tuer ; elle continue alors à digérer avec la peau renversée qui est devenue l'estomac.

On peut même la couper en plusieurs morceaux, et chaque morceau deviendra vite une Hydre nouvelle.

Si l'Hydre est bien nourrie, il se produit des *bourgeons* qui vont grossir et donner de nouvelles Hydres. Ces Hydres poussent sur l'Hydre mère comme des rameaux sur une tige ; et leur estomac restant en communication avec celui de la mère,

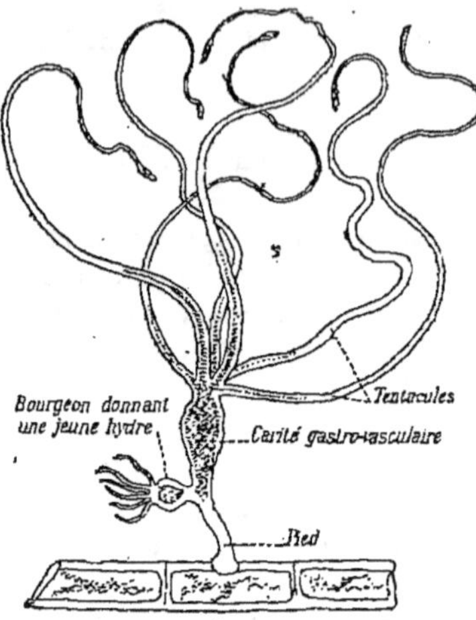

Fig. 421. — Hydre verte.

elles profiteront par suite de la nourriture commune. La mère et les filles forment alors une petite *colonie* ; mais bientôt les filles vont se détacher de la mère pour aller se fixer ailleurs et produire elles-mêmes des Hydres nouvelles.

L'Hydre se reproduit aussi par des *œufs* qui passent l'hiver et éclosent au printemps.

Certains animaux marins voisins de l'Hydre, au lieu de bourgeonner de nouveaux polypes, produisent des organismes nouveaux, rayonnés et semblables à des fleurs, qui se détachent quand ils sont développés et s'en vont nager librement dans la mer : ce sont les *Méduses*.

Une Méduse (*fig.* 422) a la forme d'une cloche transparente, appelée *ombrelle*, garnie de tentacules sur ses bords, et présentant à son sommet un battant ou *manubrium* qui porte la bouche et vient s'ouvrir dans la cavité digestive. Celle-ci communique avec un *canal circulaire* situé sur le bord de l'ombrelle. Enfin sur ce bord se trouve un repli ou *velum* qui ferme en partie l'ouverture de la cloche.

Les Méduses nagent àl aide des contractions de leur ombrelle : quand l'ombrelle se dilate, elle se remplit d'eau ; puis elle se contracte brusquement, comprime cette eau qui s'échappe en partie en réagissant sur le fond de l'ombrelle, ce qui projette l'animal en arrière. Ces Méduses avancent ainsi par soubresauts.

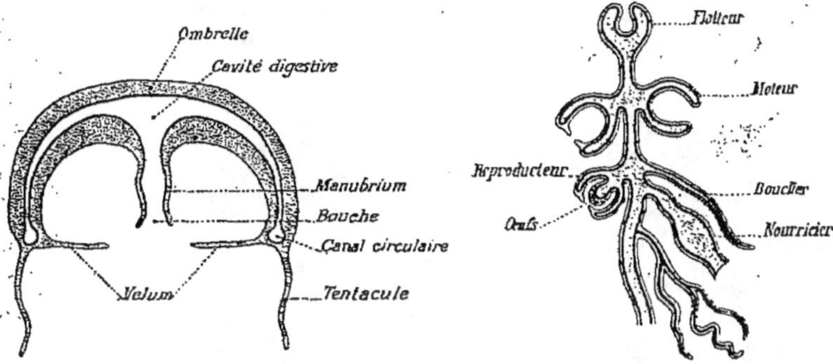

Fig. 422. — Coupe d'une Méduse.   Fig. 423. — Siphonophore.

2º Les Siphonophores. — Les *Siphonophores* (*fig.* 423) sont des colonies flottantes d'Hydres et de Méduses réunies sur une tige creuse. Leurs ondulations gracieuses et leurs teintes merveilleuses les ont fait justement comparer à des guirlandes de pierres précieuses. Par un temps calme ils viennent s'étaler à la surface de la mer en y décrivant de gracieuses spirales, et c'est alors qu'on peut contempler ces fleurs animées dans toute leur beauté ; par des tempêtes ils se laissent aller au gré des vagues.

Les différents individus qui composent cette colonie n'accomplissent pas la même besogne ; il existe une division du travail qui produit les différentes formes des individus : les uns (*fig.* 423) sont réduits à de simples poches gonflées d'air et jouent le rôle de *flotteurs* ; les autres digèrent, ce sont les *nourriciers* de la colonie ; d'autres chargés de nématocystes pêchent les proies, ce sont les *pêcheurs* et les *défenseurs* de la société ; d'autres enfin produisent les *œufs* destinés à reproduire la colonie. En somme, le Siphonophore est une véritable société coopérative, où chaque individu profite du travail de tous les membres de la colonie.

La *Physophore* (*fig.* 424) par exemple est constituée par plusieurs ran.
gées de Méduses et de longs filaments pêcheurs.

3° Les Acalèphes. — Les *Acalèphes* ou *Orties de mer* (*fig.* 425)
sont des Méduses de grande taille qui n'ont pas de velum, qui
se reproduisent par des œufs, et qui ne proviennent pas d'une

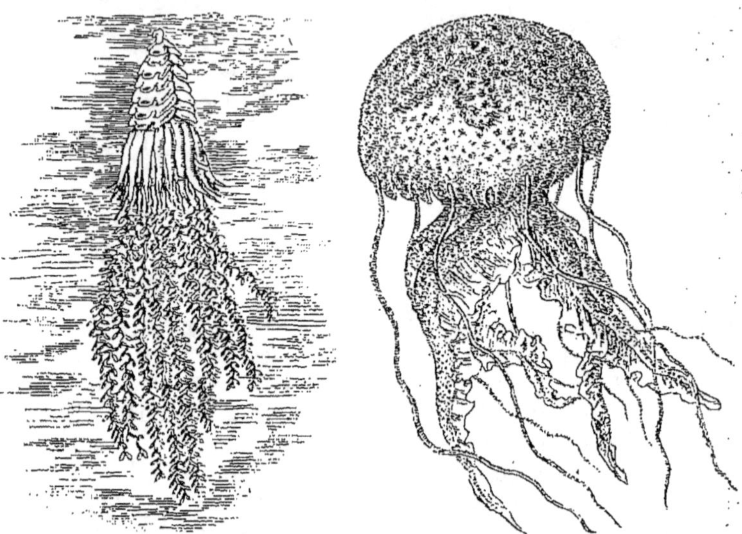

Fig. 424. — Physophore.   Fig. 425. — Méduse acalèphe (Pélagie).

colonie de Polypes. L'œuf donne une larve qui se fixe sur le sol,
s'allonge puis se divise en un certain nombre de disques dont
chacun devient une Méduse.

Ces Méduses nagent souvent en bandes nombreuses et tracent, pendant
la nuit, un sillon phosphorescent à la surface de la mer.

4° Les Coralliaires. — Les *Coralliaires* ont leur cavité gastro-
vasculaire divisée en chambres par des cloisons ; ces chambres
communiquent avec les tentacules qui sont creux.

On peut les diviser en deux groupes :

1° Les *Actiniaires*, dont le nombre de tentacules est un multiple de six. Prenons comme exemple l'*Actinie* ou *Anémone de mer*, qui est fréquente sur nos côtes. Elle a la forme d'un cylin-

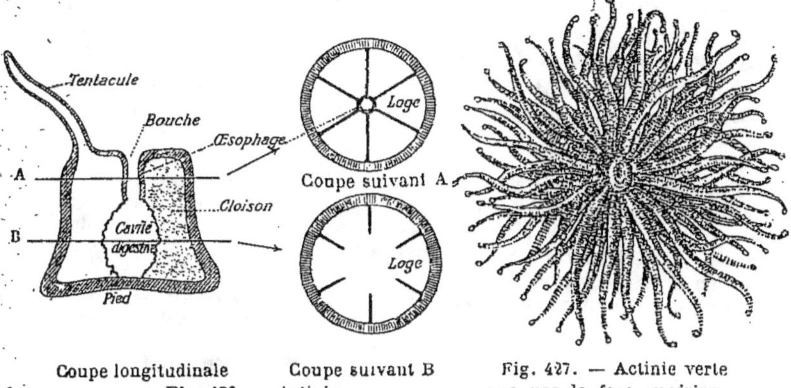

Fig. 426. — Actinie.

Fig. 427. — Actinie verte vue par la face supérieure.

dre (*fig*. 426) dont la base s'attache au rocher ou s'enfonce dans

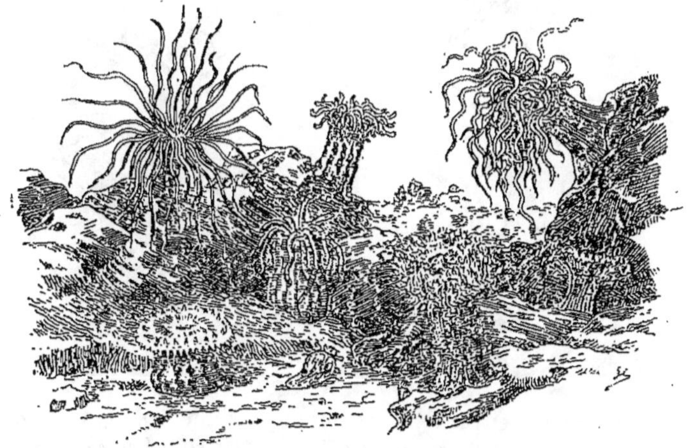

Fig. 428. — Diverses formes d'Actinies.

le sable. A la partie supérieure se trouve la bouche entourée de plusieurs cercles de tentacules contractiles (*fig*. 427). Lorsque ces animaux sont bien étalés, ils ressemblent à des fleurs épanouies, d'autant mieux qu'ils sont brillamment colorés en vert, en rouge ou jaune. Ces Anémones de mer forment de véritables jardins dans les anfractuosités des rochers (*fig.* 428). Ces fleurs chassent et mangent, elles sont même très voraces et engloutissent facilement dans leur cavité digestive des Crabes et des Mollusques dont elles rejettent ensuite la coquille vide.

Le *Cérianthe* (*fig.* 429) est une Actinie habitant un tube qu'il a formé autour de lui ; il se loge dans les fissures des rochers d'où il émerge le soir seulement. Ses tentacules sont annelés de poupre, de vert et de jaune d'un éclat incomparable. Aussi est-ce un spectacle merveilleux que de voir, au coucher du soleil, ces animaux sortir des fissures des rochers et s'épanouir comme des fleurs ; et en certains points des côtes de la Méditerranée il n'est pas exagéré de dire que les rochers fleurissent et ressemblent à des corbeilles de fleurs aux nuances riches et variées.

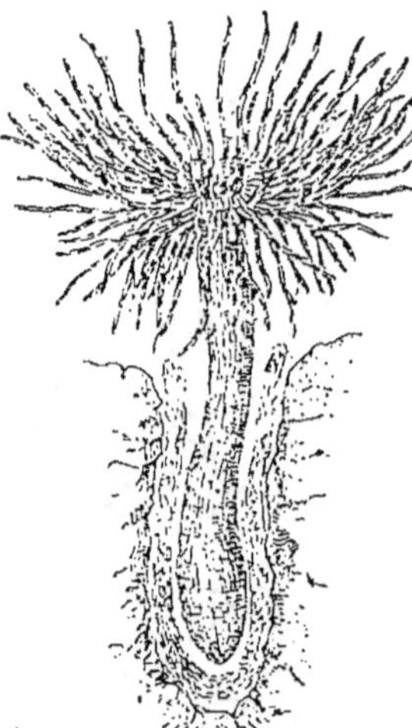

Fig. 429. — Cérianthe.

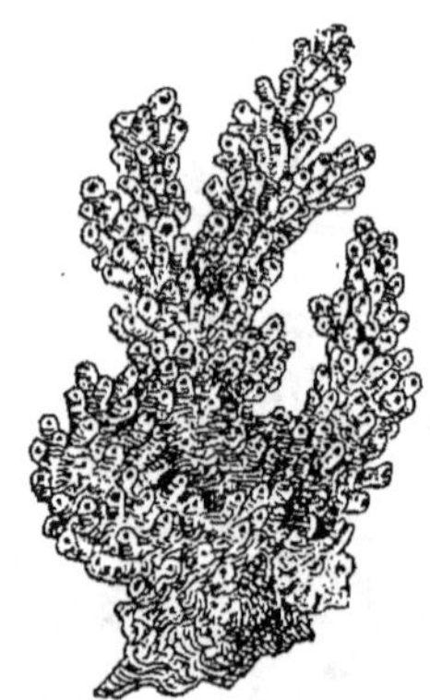

Fig. 430. — Madrépore.

Les Actinies peuvent bourgeonner, comme les Hydres, et rester accolées pour former une colonie : tels sont les Madrépores (*fig.* 430). Ces Actiniaires ont un squelette calcaire appelé *Polypier* qui présente à sa surface une foule de cavités étoilées dont chacune correspond à un individu. A l'intérieur de chaque loge le Polypier envoie des cloisons verticales qui alternent avec les cloisons molles. Les Madrépores vivent en grande abondance

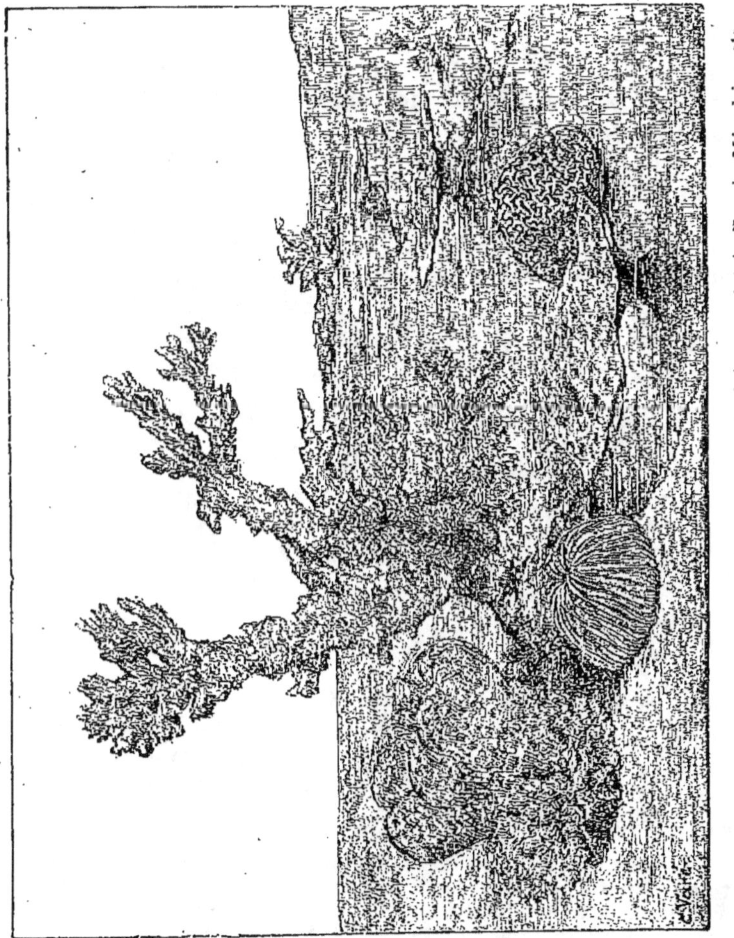

Fig. 431. — Un coin d'un Récif dans l'Océan Pacifique. Madrépores : Astrée, Fungie, Méandrine, etc.

dans les mers chaudes et en particulier dans le Pacifique où ils constituent des îles connues des navigateurs sous le nom de *récifs* (*fig.* 431). Ces récifs et l'histoire de leur formation seront étudiés dans le cours de géologie.

2° Les *Alcyonnaires*, dont les tentacules sont au nombre de huit et sont barbelés sur les bords. Prenons comme exemple le *Corail*, qui se trouve dans le commerce sous forme de branches ramifiées (*fig.* 432). Pendant longtemps il fut considéré comme une plante portant de magnifiques fleurs blanches à huit pétales. En réalité ces fleurs sont des Polypes, et les huit pétales sont les huit tentacules de ces animaux (*fig.* 433). Ces Polypes sont

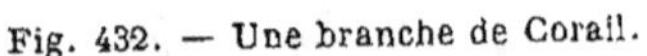

Fig. 432. — Une branche de Corail.

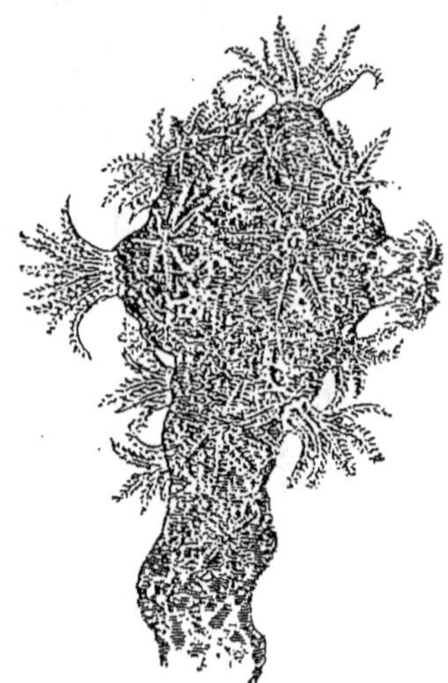

Fig. 433. — Corail épanoui.

réunis les uns aux autres par un tissu commun de couleur rouge et par de nombreux canaux. Le Corail est donc bien une colonie de Polypes, et cette colonie est soutenue par un polypier calcaire de couleur rouge et qui n'est autre chose que la matière employée en bijouterie.

Le Corail vit surtout dans la Méditerranée sur les côtes de l'Algérie et de la Tunisie, où il est l'objet d'une pêche active dont le produit annuel est d'environ 35.000 kilogrammes, représentant une valeur, une fois mise en œuvre, de 15 millions de francs. Le Corail se fixe à la face inférieure des rochers, d'où il est difficile à détacher, ce qui rend sa pêche pénible, si pénible qu'un proverbe local dit qu'il faut « avoir tué ou volé pour être corailleur ».

Il existe plusieurs variétés de Corail : le *Corail rose* ou *Peau d'ange* qui est le plus estimé ; le *Corail rouge ;* le *Corail noir,* dont la coloration est due à la décomposition de la matière organique qui a séjourné longtemps dans la vase ; le *Corail blanc.*

Enfin parmi les Alcyonnaires on peut citer les Pennatules qui vivent en colonies libres et s'enfoncent dans la vase ; les Alcyons ou *Mains de mer,* dont la masse est ramifiée comme une main. La plupart de ces animaux sont phosphorescents.

RÉSUMÉ

Échinodermes. — Les *Echinodermes* sont des animaux *rayonnés* dont le corps est protégé par une enveloppe calcaire hérissée de *piquants,* et dont le tube digestif est distinct de la paroi du corps.

Tableau des classes des Échinodermes.

Corps globuleux.			1° OURSINS.
Corps étoilé	*libres.*	Bras et corps non distincts	2° ÉTOILES DE MER.
		Bras distincts soudés à un disque central	3° OPHIURES.
	fixés, au moins pendant le jeune âge		4° CRINOÏDES.
Corps cylindrique			5° HOLOTHURIES.

Cœlentérés ou Polypes. — Les *Cœlentérés* sont des animaux *rayonnés* dont la cavité digestive est confondue avec la cavité générale. Leur peau contient des *nématocystes,* petit corps contenant un fil qui peut se dérouler et produire une piqûre.

Tableau des classes des Cœlentérés.

Cavité gastro-vasculaire simple.	Polypes fixés vivant isolés ou en colonies, pouvant produire par bourgeonnement des Méduses	1° HYDROMÉDUSES,	
	Colonies flottantes de Méduses et de Polypes.	2° SIPHONOPHORES.	
	Méduses de grande taille sans voile	3° ACALÈPHES.	
Cavité gastro-vasculaire divisée par des cloisons.		4° CORALLIAIRES.	Nombre de tentacules est un multiple de 6 : *Actiniaires.* 8 tentacules : *Alcyonnaires*

CHAPITRE XIV

EMBRANCHEMENT DES ÉPONGES

Caractères généraux. — Les *Éponges* vivent dans la mer et
les eaux douces. Elles ont une organisation très simple : leur
corps est comparable à une urne (*fig.* 434) dont les parois seraient
percées de trous (*fig.* 435) ; parmi ces orifices, les uns sont pe-
tits, ce sont les *pores* par où l'eau pénètre, les autres, en moins
grand nombre, mais plus larges, servent à la sortie de l'eau, ce
sont les *oscules*. L'Éponge est donc traversée par un courant
d'eau continu qui lui amène la nourriture. Les pores présentent
souvent des renflements ta-
pissés de petits poils ou *cils*
qui battent l'eau et activent
son mouvement ; ce sont les
corbeilles vibratiles.

Fig. 434. — Éponge.

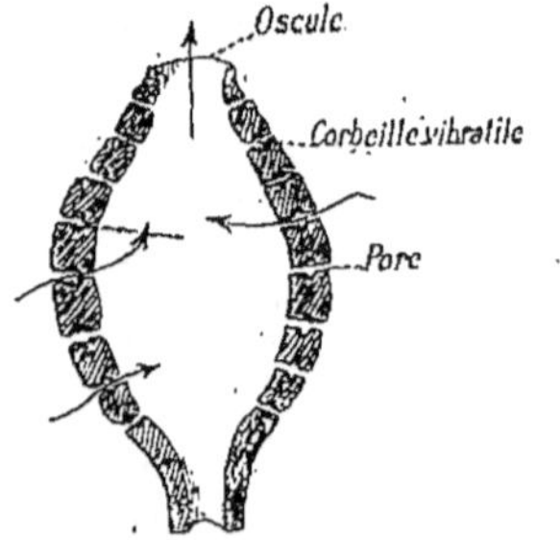

Fig. 435. — Coupe d'une Eponge.

Le tissu de l'Éponge est mou, mais il est soutenu par une sorte
de squelette formé de petits corps appelés *spicules*. Les spicules
peuvent être cornés, calcaires ou siliceux ; d'où trois caté-
gories d'Éponges.

Les diverses Éponges. — D'après la nature de leur squelette et aussi d'autres caractères, les Éponges sont divisées en *Eponges cornées, calcaires* et *siliceuses*.

Les *Eponges cornées* ont pour type l'*Eponge de toilette*, dont le squelette corné est élastique et soyeux. Ce que nous appelons vulgairement une Eponge n'est donc en réalité que le squelette de l'animal.

La pêche des Éponges se fait surtout dans la Méditerranée (côtes de Syrie, archipel grec et côtes de Tunisie) et dans la mer des Antilles (Cuba, Bahama, côtes de la Floride). En Méditerranée cette pêche produit annuellement 8 millions de francs, et sur les côtes américaines 5 millions. La France seule importe pour 10 millions d'Eponges, dont 5 millions pour la consommation et 5 millions pour l'exportation. Citons comme exemple de l'importance de la consommation la Compagnie des Omnibus de Paris, qui emploie 12.000 Eponges par an pour l'entretien de ses chevaux et de son matériel.

Au point de vue commercial les Eponges sont divisées en trois groupes : 1° les Eponges de toilette, qui viennent principalement des côtes de Syrie ; 2° les Eponges de ménage ; 3° les Eponges d'industrie, provenant surtout des Antilles.

Certains pêcheurs d'Eponges, sur les côtes de Syrie, ne se servent d'aucun instrument et se contentent d'aller chercher l'Eponge en plongeant. Pour cela, ils attachent une corde à un bloc de marbre blanc et enroulent cette corde autour de leur poignet gauche ; puis ils se laissent couler au fond de l'eau jusqu'à une profondeur de 35 à 40 mètres, où ils peuvent rester près de deux minutes en rayonnant autour de la pierre qui leur sert de point de repère et en entassant les Eponges dans un filet suspendu au cou. Enfin, lorsqu'ils sont à bout de souffle, ils donnent un coup sec sur la corde qui les rattache à la barque et se font rapidement hisser sur celle-ci. Cette pêche ne se pratique que dans les endroits où les Requins sont inconnus, et la plus désagréable rencontre que le pêcheur puisse faire au fond de l'eau est celle du Chien de mer attiré par l'éclat du marbre blanc ; un mouvement du bras suffit alors pour l'écarter.

Sur les côtes de Tunisie, on utilise plus souvent la *gangava*, sorte de chalut analogue à celui que nous avons décrit à propos de la pêche des Huîtres. Mais cet instrument a le grave inconvénient de détruire tout sur son passage, Eponges grandes ou petites. Aussi son usage devrait-il être réglementé sévèrement. On se sert aussi de la *foène*, sorte de trident composé d'une longue tige en bois munie à son extrémité de trois pointes recourbées en fer. Avec cet instrument le pêcheur harponne toute Eponge qu'il aperçoit jusqu'à une profondeur de dix à douze mètres.

L'appareil qui paraît devoir supplanter tous les autres est le *scaphandre* (fig. 436), car il permet au pêcheur de choisir les Eponges qu'il veut cueillir et d'explorer le fond avec soin. Aussi la pêche au scaphandre est la plus productive. Malheureusement cet appareil coûte cher (plus de 2.000 francs), et sa manœuvre nécessite plusieurs hommes pour assurer le fonctionnement de l'appareil à transmission

Fig. 436. — La pêche des Éponges avec le Scaphandre

d'air et la surveillance du scaphandrier. Et puis, cette pêche est celle qui fait le plus de victimes à cause du refroidissement qui saisit le pêcheur à sa sortie de l'appareil. Le vêtement de caoutchouc qui l'enveloppe entièrement, sauf les mains, entretient sur le corps une moiteur qui le rend sensible à la température de l'air extérieur. Dès que le pêcheur revient à l'air libre, il doit donc prendre de grandes précautions.

Au sortir de l'eau, l'Eponge se présente sous la forme d'une boule noire percée de trous qui sont garnis d'une matière visqueuse. Cette matière gluante va s'échapper et la membrane de l'Eponge va se décomposer. On lave alors l'Eponge afin de la débarrasser de toutes ces matières, puis on la remet dans l'eau de mer pendant plusieurs semaines, et enfin on l'expose au soleil. Une fois bien séchées, les Eponges sont emballées dans des sacs et parfois pressées à l'aide d'appareils puissants. Arrivées en Europe, les Eponges sont lavées à l'eau de brome, qui remplace leur coloration brune par une teinte plus claire. Les Eponges utilisées par les chirurgiens subissent un traitement plus compliqué afin d'être rendues *aseptiques,* c'est-à-dire d'une propreté absolue.

Les *Éponges siliceuses* ont leur squelette formé par un réseau délicat de spicules siliceux. Elles vivent dans les grandes profondeurs jusqu'à 2.000 mètres et sont recherchées pour l'élégance de leurs formes. Citons seulement l'*Euplectelle* ou *Corbeille de Vénus* des îles Philippines et du Japon.

Les *Éponges calcaires* ont une structure ordinairement simple.

EMBRANCHEMENT DES PROTOZOAIRES

Caractères. — Les *Protozoaires* sont les plus simples de tous les animaux ; ils sont aussi les plus petits, et la plupart d'entre eux ne peuvent être vus qu'au microscope.

Pour observer ces animaux il suffit de prendre une goutte d'eau dans laquelle on a laissé tremper pendant quelques jours des plantes vertes ou du foin ; puis on place cette goutte d'eau sur une lame de verre et on la recouvre avec une lamelle de verre mince ; on met ensuite le tout sous le microscope (*fig.* 437) et l'on découvre dans cette gouttelette fortement grossie une foule de petits animaux dont on peut suivre facilement les évolutions.

On peut diviser les Protozoaires en deux groupes :

1o les *Infusoires,* qui sont pourvus d'une membrane et qui ne changent pas de forme ;

2o Les *Rhizopodes,* qui sont dépourvus de membrane et qui par suite peuvent se déformer.

1o Infusoires. — Les *Infusoires* doivent leur nom à ce qu'on les trouve en abondance dans les *infusions* de plantes. Ils sont formés d'une petite masse de matière vivante appelée *proto-*

plasma enveloppée par une *membrane* qui porte de nombreux prolongements ou *cils vibratiles*. Ces cils battent constamment l'eau et servent à l'animal pour nager aussi bien que pour faire

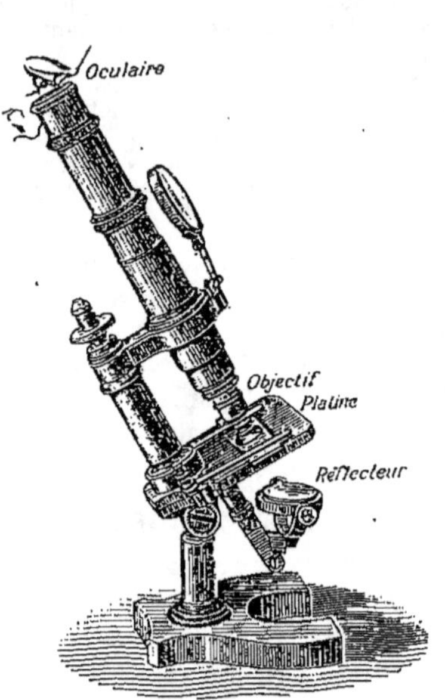

Fig. 437. — Microscope.

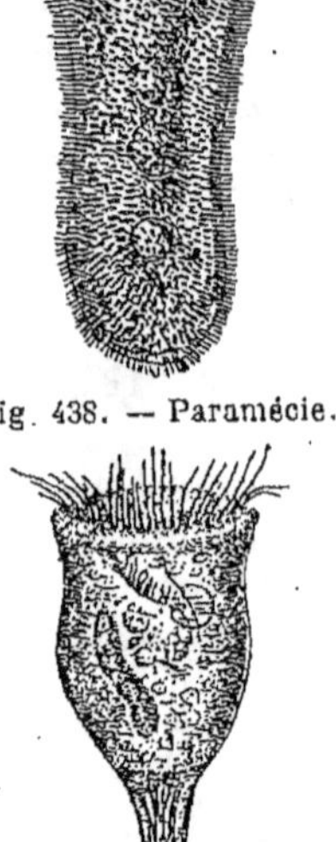

Fig. 438. — Paramécie.

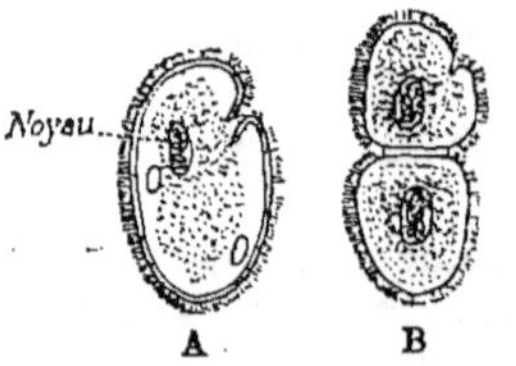

Fig. 439. — Infusoire se partageant
en deux.

Fig. 440. — Vorticelle.

tourbillonner l'eau et attirer à lui les matières alimentaires (*fig.* 438). Souvent à la surface du protoplasma existe une sorte de bouche par où les aliments pénètrent pour s'incorporer à la matière vivante.

Les Infusoires peuvent se multiplier par une simple division transversale (*fig.* 439) et donner ainsi en quelques heures un nombre considérable d'individus ; cette rapidité dans la reproduction explique pourquoi l'eau dans laquelle ces animaux vivent devient vite infecte.

Certains Infusoires, comme la *Paramécie* (*fig.* 438) vivent libres; d'autres, comme la *Vorticelle* (*fig.* 440), sont fixés par un pied sur un débris de végétal.

Parmi les Infusoires on peut encore placer les *Noctiluques*, qui produisent la phosphorescence de la mer; ils sont tellement nombreux qu'ils peuvent, sur de grandes étendues, rendre la mer laiteuse pendant le jour et lumineuse pendant la nuit.

2° Rhizopodes. — Les *Rhizopodes* n'ont pas de membrane, de sorte que le protoplasma peut changer sans cesse de forme.

Ils peuvent être rangés en trois groupes : les *Radiolaires*, les *Foraminifères* et les *Amibes*.

Les *Radiolaires* sont marins et ont un squelette siliceux souvent d'une grande élégance.

Les *Foraminifères* ont une carapace calcaire souvent percée de trous pour laisser passer des prolongements du protoplasma ; ces carapaces en s'accumulant constituent la boue du fond des mers ; elles ont contribué à la formation de la craie.

Les *Amibes* (*fig.* 441) sont les Protozoaires les plus simples, puisqu'ils sont réduits à une masse de protoplasma qui change de forme à chaque instant ; ils renferment cependant un petit corps arrondi, le *noyau*, et une cavité ou *vacuole*.

Fig. 441. — Amibes.

Enfin chez les *Monères* le noyau disparaît et il ne reste plus qu'une petite masse de protoplasma, une sorte de goutte de blanc d'œuf qui peut se mouvoir, se nourrir et respirer comme les autres êtres vivants. Nous touchons donc ici à la forme vivante la plus simple, puisque dans ce grumeau de protoplasma nous trouvons toutes les manifestations de cette merveilleuse puissance qu'on appelle la *vie*.

En somme le *Protozoaire* accomplit toutes les fonctions de l'animal supérieur, mais il les accomplit d'une façon un peu grossière, car le simple élément qui le forme est chargé de toutes ces fonctions, tandis que l'animal supérieur, qu'on peut considérer comme une association de Protozoaires, a certaines régions du corps employées à une seule fonction, à un seul travail : en un mot il a des organes qui se spécialisent et se perfectionnent. De sorte qu'on pourrait comparer le Protozoaire à un modeste ouvrier de campagne faisant à lui seul un ouvrage complet ; tandis qu'un animal supérieur serait plutôt comparable à une usine où le travail est divisé et où chaque ouvrier faisant une partie de la besogne, toujours la même, acquiert forcément plus d'habileté dans l'exécution de ce travail.

L'étude du monde animal nous montre donc un progrès continu dans les organismes, un enchaînement admirable entre toutes les formes qui vont depuis l'Amibe, aux fonctions grossières, jusqu'au corps humain, aux puissantes et admirables facultés. Ce merveilleux enchaînement nous le retrouverons encore plus net lorsque nous étudierons, dans le Cours de Géologie, le monde des animaux disparus des continents et des mers dans le lointain des âges géologiques.

RÉSUMÉ

Eponges. — Les *Éponges* sont des animaux marins ou d'eau douce : leur corps formé d'une matière ayant l'aspect gélatineux est soutenu par un squelette qui peut être *corné, calcaire* ou *siliceux*.

Protozoaires. — Les *Protozoaires* sont les animaux les plus simples ; ils sont généralement très petits et ne peuvent être vus qu'au microscope.

On les divise en deux groupes :

1° les *Infusoires*, pourvus d'une membrane et dont le corps ne change pas de forme ;

2° les *Rhizopodes*, dépourvus de membranes et pouvant se déformer sans cesse ; ils comprennent les Radiolaires, les Foraminifères et les Amibes.

DISTRIBUTION DES ANIMAUX

A LA SURFACE DU GLOBE

Faunes. — Les animaux ne sont pas répartis uniformément à la surface du globe. Le climat et la nature du sol ont en effet une influence considérable sur cette distribution des animaux. Aussi chaque région de la terre a son paysage particulier caractérisé par l'ensemble des animaux ou *faune*, et par l'ensemble des végétaux ou *flore*. De même, chaque région marine, suivant qu'elle est chaude ou froide, superficielle ou profonde, rapprochée ou éloignée des rivages, a des animaux et des végétaux, une *faune* et une *flore* qui lui sont propres.

Nous avons remarqué en étudiant les différents groupes zoologiques que les animaux qui vivent dans l'eau trouvent plus facilement leur nourriture que ceux qui vivent dans l'air, que d'autre part les organes de la circulation et de la respiration sont plus simples chez les êtres aquatiques que chez les êtres aériens ; en un mot nous avons vu que pour vivre dans l'air les animaux ont besoin d'organes plus perfectionnés, aussi est-ce dans l'eau qu'on trouve les animaux les plus inférieurs.

D'autre part, la Géologie nous apprend que c'est dans l'eau que les premiers êtres vivants sont apparus, ce qui est du reste en accord avec les récits de l'Écriture. puis peu à peu les habitants des *premières mers* se sont risqués timidement vers les *eaux douces* et enfin quelques-uns sont devenus *terrestres*. Actuellement ces trois sortes de faunes, quoique bien distinctes, présentent cependant des types intermédiaires qui permettent de suivre graduellement le passage d'une faune à l'autre.

Nous allons donc examiner rapidement les faunes des diverses régions en les groupant en trois catégories : 1° *faunes marines* ; 2° *faunes des eaux douces* ; 3° *faunes terrestres.*

1° Faunes marines. — Les faunes marines varient : 1° suivant les diverses régions ; 2° suivant la profondeur de la mer·

Les *faunes littorales*, c'est-à-dire celles qui existent sur les rivages, présentent une grande variété de formes, mais elles ne sont pas réparties sur de vastes surfaces : c'est ainsi par exemple que les faunes marines des deux côtés de l'isthme de Panama sont absolument distinctes. Quelques espèces seulement sont communes aux deux côtes.

Les *faunes pélagiques*, c'est-à-dire celles qui existent à la surface de la mer et loin des côtes, occupent au contraire de vastes étendues, car les animaux de haute mer sont transportés à de grandes distances par les courants superficiels. C'est ainsi que les mêmes espèces d'animaux peuvent se trouver à la fois dans la mer Rouge, la mer des Indes et le Pacifique.

L'exploration de la région de l'Atlantique faite par des savants français sur le bateau le *Talisman*, a montré que la faune littorale s'étend jusqu'à environ 400 mètres de profondeur ; puis de 400 à 1.500 mètres on trouve une faune différente, riche surtout en Éponges siliceuses, en Oursins mous et en grands Crustacés ; vers 2.000 mètres cette faune s'accentue, mais tandis que les Éponges siliceuses diminuent, les Crinoïdes fixés (Pentacrines) apparaissent, donnant à la faune une physionomie plus ancienne, car ces animaux sont caractéristiques de certaines époques géologiques. Enfin au-delà de 2.000 mètres, se trouvent des formes spéciales où abondent les Holothuries, les Crustacés aveugles, les Poissons aux aspects étranges dont nous avons parlé page 200 : c'est cet ensemble qu'on appelle la *faune abyssale.* Les animaux que la drague a ramenés de ces abîmes ont en général une grande ressemblance avec les espèces animales des mers froides des régions polaires ; cette ressemblance s'explique par le fait de la basse température qui existe dans les grands fonds de l'Océan aussi bien que dans les régions arctiques. C'est ainsi qu'on trouve des Échinodermes, des Vers, des Crustacés, des Mollusques, communs au nord de l'Atlantique et à la pointe sud de l'Amérique.

2° Faunes des eaux douces. — C'est surtout dans les lacs qui se sont séparés de la mer qu'il est possible de trouver des intermédiaires entre les animaux marins et ceux d'eau douce ; ces animaux se sont accommodés successivement de l'eau salée, puis de l'eau saumâtre et enfin de l'eau douce. On trouve ainsi dans certains lacs italiens et les marais Pontins des Crustacés (Palœmon) et des Poissons (Blennius) dont les ressemblances avec ceux de la Méditerranée sont évidentes ; de même dans le lac Tanganyika il existe des Mollusques Gastéropodes dont les caractères marins sont des plus remarquables.

Certains Mollusques, voisins des Moules, les *Dreissensia*, originaires de la région de la mer Caspienne, ne se trouvent dans les eaux douces de l'Europe occidentale que depuis le commencement du siècle, et depuis lors ils ont envahi la Tamise, la Seine et la Loire. Certains Poissons, comme les Plies, remontent la Loire jusque près d'Orléans ; d'autres, comme l'Esturgeon, le Saumon, la Lamproie, partagent leur existence entre la mer et les eaux douces.

3° Faunes terrestres. — En examinant successivement les différentes régions du globe, on constate que certains animaux sont cantonnés dans une petite étendue de terre, tandis que d'autres se répandent sur presque toute la surface du globe. C'est ainsi que l'Orang-Outang n'existe que dans l'île de Bornéo, tandis que le Canard sauvage se rencontre depuis la Laponie jusqu'au cap de Bonne-Espérance, et depuis les États-Unis jusqu'en Chine.

Il est évident que les animaux qui peuvent se mouvoir rapidement, comme les Oiseaux et les Insectes, sont aussi ceux qui se répandent le plus ; alors que d'autres, moins mobiles, comme les Mollusques et les Reptiles, restent cantonnés dans des limites étroites.

Les rivières sont parfois des barrières suffisantes pour séparer deux faunes ; c'est ainsi que la Meuse et la Loire ont des faunes différentes sur leur rive gauche et leur rive droite.

L'Homme a aussi une influence sur la distribution des animaux. En voici un exemple : le Cheval, originaire des steppes de l'Asie centrale, n'existait pas en Amérique à l'époque de la découverte de ce nouveau monde ; mais les Espagnols l'y transportèrent il y a environ trois siècles ; de sorte qu'aujourd'hui non seulement l'Amérique possède des Chevaux en abondance, mais ces animaux y ont repris la vie sauvage et s'y rencontrent par troupes innombrables.

Pour nous faire une idée au moins approximative des différentes faunes terrestres, suivons un voyageur qui ferait le tour du monde et notons ce qui le frapperait le plus dans l'aspect de la faune de chaque grande région, comme l'Europe, l'Asie, l'Afrique , l'Amérique , l'Australie et diverses grandes îles comme Madagascar et l'Archipel de la Sonde.

Europe. — C'est en Europe qu'on trouve le moins d'animaux sauvages, car l'Homme en défrichant les forêts, en assainissant les marais, a dispersé les bêtes dont il n'avait pas besoin.

Le climat d'Europe est froid ou tempéré ; aussi on y trouve parmi les Herbivores : les Rennes, qui habitent les contrées les plus froides, les Chamois des montagnes, les Cerfs et les Chevreuils des forêts du Centre ; parmi les Carnivores : les Renards, les Loups, les Ours bruns des hautes montagnes, les Ours blancs des régions polaires ; enfin de nombreux Oiseaux, surtout des Passereaux.

Parmi les animaux en voie de disparition, citons : les Bisons ou Aurochs, qui n'existent plus que dans quelques forêts de la Russie ; les Bouquetins, qui disparaissent de nos montagnes de l'Europe centrale ; les Ours bruns, qui sont de moins en moins nombreux ; enfin les Castors, presque disparus aujourd'hui des rives de nos fleuves européens.

Asie. — La faune y est plus riche et plus variée, car elle comprend non seulement les animaux des pays froids et tempérés, mais encore ceux des pays chauds.

Le sud de l'Asie comprend les plus grands Herbivores connus : l'Éléphant indien, le Rhinocéros et le Chameau, qui n'existe plus qu'à l'état domestique ; sur les hauts plateaux de l'Asie centrale nous trouvons les Chèvres, des troupeaux de Yacks, les Chevrotins porte-musc ; enfin citons aussi les grands

Carnivores, tels que le Tigre et la Panthère. Le Lion existe encore en Perse.

Les Oiseaux au plumage brillant y sont abondants, et dans le sud de l'Asie les Serpents venimeux ou non y sont fort nombreux.

Afrique. — La faune de l'Afrique tropicale et australe a de grandes ressemblances avec celle du sud de l'Asie, mais elle diffère beaucoup de celle du nord de l'Afrique, dont elle est séparée par l'immense désert de Sahara, barrière difficile à franchir.

La faune du nord africain rappelle celle du sud de l'Europe avec ses Caméléons, ses Geckos, ses Porcs-Épics, etc.

Quant à la faune du centre et du sud, elle est encore plus riche en grands Mammifères que celle de l'Asie. Outre les Éléphants et les Rhinocéros, on y trouve l'Hippopotame et la Girafe, les Dromadaires, des troupeaux d'Antilopes, les Zèbres, parmi les Herbivores ; parmi les Carnivores, le Lion, la Panthère, l'Hyène, le Chacal ; enfin les plus grands Singes, le Gorille et le Chimpanzé.

Les grands Oiseaux y sont aussi fort nombreux : des bandes d'Autruches habitent le Centre et le Sud ; les Grues, les Aigrettes et les Marabouts y sont très communs.

Enfin les Reptiles y sont abondants, en particulier les Serpents et les Crocodiles.

Amérique. — La faune américaine, surtout celle de l'Amérique du Sud, est très différente de celle de l'Ancien monde. Les animaux y sont généralement de plus petite taille et d'organisation inférieure.

1º Dans l'*Amérique du Nord*, on rencontre : parmi les Herbivores, le Bison, le Cerf de Virginie ; parmi les Carnivores, le Puma ou Couguar, le Chat-Tigre, les Ours ; de nombreuses sociétés de Castors sur le bord des lacs du Canada. On y trouve aussi des Serpents venimeux et des Caïmans.

2º Dans l'*Amérique du Sud*, il existe : de nombreux Singes à queue prenante, des Édentés, comme le Tatou et le Fourmilier, et des Marsupiaux, comme la Sarigue ; les Lamas dans les montagnes du Chili et **du** Pérou ; les Jaguars, semblables aux Panthères.

Dans l'Amérique tropicale et en particulier au Brésil existent en abondance les Oiseaux-Mouches, les Colibris, les Perroquets, et dans les plaines, les Nandous, qui sont voisins des Autruches.

Australie. — La faune australienne a un caractère tout particulier. Tous les Marsupiaux connus, sauf la Sarigue qui habite l'Amérique, sont rassemblés en Australie ; les Monotrèmes (Ornithorhynque et Échidné) habitent également cette région.

Les Oiseaux coureurs y sont représentés par le Casoar et l'Aptéryx.

Les Européens y ont introduit les Chiens, abondants aujourd'hui à l'état sauvage, et les Lapins, devenus si nombreux qu'ils sont un véritable fléau pour l'Agriculture. On y élève d'immenses troupeaux de Moutons et de Bœufs.

Madagascar. — La faune de cette grande île, comme la flore, ressemble beaucoup plus à celle de l'Inde et de l'Australie qu'à celle de l'Afrique. Les animaux y ont un cachet particulier.

Les Singes y sont remplacés par les Lémuriens (Makis) ; il n'y a pas de bêtes fauves, ni d'Éléphants comme en Afrique ; les Caméléons y sont d'une abondance extraordinaire. Enfin les restes d'un Oiseau, l'*Æpyornis*, qui y ont été trouvés, rappellent le Casoar et l'Aptéryx de la Nouvelle-Zélande et de l'Australie.

Archipel de la Sonde. — Les îles de la Sonde peuvent être partagées en deux groupes :

1° *Java, Sumatra, Bornéo*, îles reliées à l'Indo-Chine par un plateau sous-marin recouvert de 50 mètres d'eau ; leur faune est *asiatique* et comprend des Singes, des Éléphants, des Rhinocéros et des Tigres ;

2° Les *Célèbes*, les *Moluques* et la *Nouvelle-Guinée*, qui se rattachent plutôt à l'Australie, dont elles ont du reste la faune et la flore ; on y trouve en effet, comme dans la faune *australienne*, des Kangourous, des Casoars et de nombreux Oiseaux de Paradis.

En somme, le peuplement des îles se fait de deux façons, suivant que ces îles se sont détachées de continents plus vastes, ou suivant qu'elles sont de formation nouvelle, d'origine volcanique ou madréporique (récifs).

Les iles de la Sonde que nous venons de citer constituent un bon exemple du premier cas, aussi leur faune provient de celle du continent d'où ces iles se sont détachées : ce qui explique la formation de deux faunes bien distinctes dans cet archipel de la Sonde, *asiatique* à l'ouest, *australienne* à l'est.

Dans le second cas, toute la faune est constituée par des animaux apportés des continents voisins, soit par les courants aériens, soit par les courants marins : de sorte que cette faune est toute d'importation. Les iles Canaries et les iles Açores ont été peuplées de cette façon. C'est ainsi qu'aux Açores les Insectes et les Oiseaux, qui semblent d'origine européenne, ont dû être apportés par les vents venant d'Europe, et l'on comprend alors pourquoi des groupes entiers d'animaux y font défaut : les Serpents manquent, et les Grenouilles n'y ont été introduites que récemment.

Les renseignements que nous venons de donner sur la distribution géographique des animaux actuels nous permettront de mieux comprendre la répartition des fossiles, c'est-à-dire des animaux disparus au cours des âges géologiques. L'étude du présent nous aidera ainsi à déchiffrer les mystères du passé.

TABLEAU DES NOMS
donnés au mâle, à la femelle et aux jeunes de quelques animaux.

MALE	FEMELLE	JEUNE
Aigle	Aigle	Aiglon (*m.*). — Aiglonne (*f.*)
Ane, Baudet	Anesse	Anon.
Chameau	Chamelle	Chamélon.
Bœuf, Taureau	Vache	Veau (*m.*). — Génisse (*f.*)
Bouc	Chèvre	Chevreau, Cabri, Biquet (*m.*) Chevrette, Cabre, Bique (*f.*)
Chat, Matou	Chatte	»
Cheval	Jument	Poulain (*m.*). — Pouliche (*f.*)
Cerf	Biche	Faon. — Daguet.
Chevreuil	Chevrette	Broquart (1 an).
Canard	Cane	Halbran. — Caneton (6 mois).
Coq, Chapon	Poule, Poularde	Poussin. — Poulet.
Coq Faisan	Poule Faisane	Faisandeau.
Dindon	Dinde	Dindonneau.
Jars	Oie	Oison.
Lapin	Hase	Lapereau.
Lièvre, Bouquin	Hase	Levreau. — Trois quarts.
Lion	Lionne	Lionceau.
Loup	Louve	Louveteau.
Mouton, Bélier	Brebis	Agneau (1 an). — Antenois (2 ans).
Mulet	Mule	»
Paon	Paonne	Paonneau.
Pigeon	. . . . . .	Pigeonneau.
Perdrix	. . . . . .	Perdreau. — Pouillard.
Porc, Vérat	Truie	Cochon de lait. — Goret. — Porcelet.
Ours	Ourse	Ourson.
Sanglier, Solitaire	Laie	Marcassin.
Tigre	Tigresse	»

CRIS ET BRUITS DES ANIMAUX

LES PLUS COMMUNS

Mammifères.

L'Ane	brait.	L'Éléphant . . .	barit.
Le Bœuf	mugit.	Le Lion.	rugit.
La Vache. . . .	beugle.	Le Loup	hurle.
Le Chat. . . .	miaule.	Le Mouton . . .	béle.
Le Chien . . .	aboie.	La Chèvre . .	
Le petit Chien. .	jappe.	L'Ours	grogne.
Le Cheval. . .	hennit.	Le Renard . . .	glapit.
Le Cerf. . . .	bráme.	Le Zébu.	grogne.
Le Cochon . . .	grogne.		

Oiseaux.

La Chouette. . .	ulule.	La Perdrix . . .	rappelle.
Le Hibou		Le Pigeon. . . .	roucoule.
Le Coq	chante.	La Pie	jase.
Le Corbeau. . .	croasse.		jacasse.
La Cigogne . . .	claquette.	La Poule	caquette.
Le Dindon . . .	glousse.	Le Poussin . . .	piaule.
Le Moineau. . .	pépie.	Le Rossignol . .	chante.
Le Merle	siffle.	La Tourterelle.	gémit.

Reptiles :   Le Serpent. . . . . siffle.
Batraciens : La Grenouille . . . coasse
Insectes :   L'Insecte. . . . . . bourdonne

INDEX ALPHABÉTIQUE

TABLE DES MATIÈRES

Chapitre III.

Chapitre IV.

Chapitre V.

Chapitre VI.

Chapitre VII.

Chapitre VIII.

Chapitre IX.

Chapitre X.

Chapitre XI.

Chapitre XII.

Chapitre XIII.

CHAPITRE XIV.